机械制造技术（VR版）

主　编　付　平　杨化林　吴俊飞

北京理工大学出版社
BEIJING INSTITUTE OF TECHNOLOGY PRESS

内 容 简 介

本书是根据教育部工程材料及机械制造基础课程教学指导组有关"工程材料及机械制造工艺基础"系列课程教学基本要求，以国家教育部课程改革指南为指导，结合国外教材内容、结构特点，并结合作者多年来的理论教学和实践教学经验编写而成的。本书以科学性、先进性、系统性、实用性为目标，注重培养学生获取知识、分析问题、解决工程技术问题的实践能力、综合素质与创新能力。

本书共7章，内容包括机械加工基础知识、金属切削加工、零件表面加工方法的分析、工件的装夹及夹具、机械加工工艺规程的制订、机械加工精度、机械加工表面质量。为此，本书在编写内容上，对于目前仍广泛应用于现代制造行业的常规工艺精选保留，对于过时的内容予以淘汰，增加了技术上较为成熟的、应用范围较宽或发展前景看好的"三新"（即新材料、新技术、新工艺）内容，既体现了常规制造技术与现代制造技术、材料科学和现代信息技术的密切交叉与融合，也体现了制造技术的历史传承和未来发展趋势。本书在编写过程中力求取材新颖、联系实际、结构紧凑、文字简练、直观形象、图文并茂。

本书可作为高等院校不同专业、不同学时的机械类、近机类各专业的教材，也可以作为高职类工科院校及机械制造工程技术人员的参考书。

图书在版编目（CIP）数据

机械制造技术／付平，杨化林，吴俊飞主编 . —北京：北京理工大学出版社，2018.1
ISBN 978 – 7 – 5682 – 4784 – 9

Ⅰ. ①机…　Ⅱ. ①付…②杨…③吴…　Ⅲ. ①机械制造工艺 – 高等学校 – 教材
Ⅳ. ①TH16

中国版本图书馆 CIP 数据核字（2017）第 209922 号

出版发行／北京理工大学出版社有限责任公司
社　　址／北京市海淀区中关村南大街 5 号
邮　　编／100081
电　　话／（010）68914775（总编室）
　　　　　（010）82562903（教材售后服务热线）
　　　　　（010）68948351（其他图书服务热线）
网　　址／http：//www. bitpress. com. cn
经　　销／全国各地新华书店
印　　刷／三河市天利华印刷装订有限公司
开　　本／787 毫米×1092 毫米　1/16
印　　张／17.25　　　　　　　　　　　　　责任编辑／封　雪
字　　数／410 千字　　　　　　　　　　　　文案编辑／张鑫星
版　　次／2018 年 1 月第 1 版　2018 年 1 月第 1 次印刷　　责任校对／周瑞红
定　　价／85.00 元　　　　　　　　　　　　责任印制／施胜娟

VR 版教材使用说明

本套 VR 版教材是一款面向普通高等院校理工科学生的数字化教学产品。本产品在充分研究理工科院校课程教学大纲及特点的基础上，根据 VR 版教材的编者提供的资源开发文档，利用增强现实、数字图像处理等多种信息化技术，有针对性地构建了每一章的数字化资源。

VR 版教材中的数字化资源的方案策划及展示形式的设计依托于教材而又高于教材。具体是由编者及虚拟仿真方面的专家完成，从而保证了产品的系统性、完整性；教学资源的科学性、适用性；展示形式的多样化、互动趣味性与先进性。

安装该 APP 的移动设备，通过扫描 VR 版教材中带有手机扫描标识 的二维插图，即可"立体化"的学习相关知识点。具体使用说明如下：

第一步：打开手机上的二维码扫描软件，扫描书背面下方的"APP 下载二维码"，进入 APP 下载页面。

第二步：下载完成后，安装 APP。

第三步：打开 APP，在注册界面中完成注册。

第四步：注册完成后，直接用 APP 扫描书背面上方的激活二维码激活。

第五步：激活后，扫描书中带有手机扫描标识 插图，即可浏览资源。

友情提示：目前该 APP 仅支持安卓系统手机使用。

前　言

本书是根据教育部工程材料及机械制造基础课程教学指导组有关"工程材料及机械制造工艺基础"系列课程教学基本要求，以国家教育部课程改革指南为指导，以科学性、先进性、系统性、实用性为目标进行编写的，注重学生获取知识、分析问题、解决工程技术问题的实践能力、综合素质与创新能力的培养。

本书是一部面向 21 世纪、建立在原金属工艺学机械加工部分基础上、力图把传统与先进制造工艺基础联系在一起的宽口径、涉及不同学科的教材，吸收了不同学科大量的新理论、新材料、新工艺、新技术、新方法知识，有助于学生更好地适应社会的需求，并兼顾个人的长远发展。本书内容涉及机械加工基础知识、金属切削加工、零件表面加工方法的分析、工件的装夹及夹具、机械加工工艺规程的制订、机械加工精度、机械加工表面质量等多方面知识，既体现了常规制造技术与现代制造技术、材料科学和现代信息技术的密切交叉与融合，也体现了制造技术的历史传承和未来发展趋势，为学生的进一步学习及今后从事机械产品设计和加工制造方面的工作奠定基础。

本书在编写过程中力求取材新颖、联系实际、结构紧凑、文字简练、直观形象、图文并茂。本书有一定的灵活性，在保证教学基本要求的前提下，各院校在安排课程内容时，可结合自己学校的情况来选择决定。本书既是各专业学习现代制造技术的专业基础教材，也是提高本科生的全面素质，培养高素质、复合型和创新型人才，为理、工、文、医、经、管、艺术等不同学科之间提供快速工业知识的特色教材。

本书由付平、杨化林、吴俊飞任主编，第一章由付平编写，第二章和第三章由吴俊飞编写，第四章由杨化林编写，第五章由郭克红编写，第六章和第七章由王帅编写。全书由付平、杨化林统稿。

本书既可作为高等院校不同专业、不同学时的机械类、近机类各专业的教材，也可以作为高职类工科院校及机械制造工程技术人员的参考书。

由于编者水平所限，书中难免有不当之处，诚请广大读者提出宝贵意见。

编　者

目 录

第一章 机械加工基础知识

切削加工是使用切削工具，在工具和工件的相对运动中，把工件上多余的材料层切除，使工件获得规定的几何参数和表面质量的加工方法。机器上的零件除极少数采用精密铸造或精密锻造等无屑加工的方法获得以外，绝大多数零件都是靠切削加工的方法来获得的。切削加工可以根据要求达到不同的精度和表面粗糙度，能获得较高的加工精度和很低的表面粗糙度，获得较好的表面质量，对被加工材料、工件几何形状及生产批量具有广泛的适应性。切削加工既可用于碳钢、合金钢、铸铁、有色金属及其合金等各种金属材料的加工，又可用于石材、木材、塑料和橡胶等非金属材料的加工。它们的尺寸从小到大不受限制，重量可以达数百吨。因此切削加工在机械制造业中占有十分重要的地位。

切削加工分为机械加工和钳工两大类。机械加工是指利用各种金属切削机床对工件进行的切削加工。机械加工主要有车削、钻削、铣削、刨削、磨削、镗削、拉削等，所用的机床分别为车床、钻床、铣床、刨床、磨床、镗床、拉床等。钳工是指工人手持工具进行的切削加工。钳工的基本操作有划线、锯削、锉削、钻孔、攻螺纹、套螺纹、刮削、机械装配和设备维修等。钳工是一种比较复杂、细微、工艺要求较高的工作。钳工所用的工具简单，操作灵活方便，适应面广，还可以完成机械加工所不能完成的某些工作。钳工劳动强度大，生产率低，对工人技术水平要求较高，但在机械制造和修配中仍起着特殊的、不可取代的作用。随着生产的发展，钳工机械化的内容也越来越丰富。

第一节 切削运动及切削要素

一、零件表面的形成

机器零件的形状虽然很多，但主要是由基本表面和成形面组成。基本表面包括外圆面、内圆面（孔）、平面，成形面包括螺纹、齿轮的齿形和各种沟槽等。外圆面和孔是以某一直线为母线，以圆为轨迹做旋转运动所形成的表面。平面是以某一直线为母线，以另一直线为轨迹做平移运动所形成的表面。成形面是以曲线为母线，以圆或直线为轨迹做旋转或平移运动所形成的表面。这些表面可分别用图1-1所示的相应加工方法来获得。

二、切削表面与切削运动

1. 切削表面

切削加工过程是一个动态过程，在切削加工中，工件上通常存在着三个不断变化的表面，即待加工表面、过渡表面（加工表面）、已加工表面，如图1-2所示。待加工表面是指工件上即将被切除的表面。已加工表面是工件上已切去切削层而形成的表面。过渡表面是指加工时工件上正在被刀具切削着的表面，介于待加工表面和已加工表面之间。

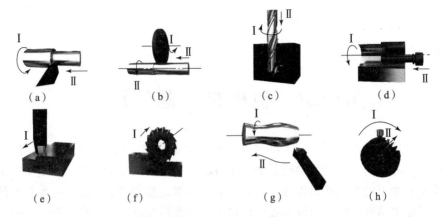

图 1-1　零件不同表面加工时的切削运动

（a）车外圆面；（b）磨外圆面；（c）钻孔；（d）车床上镗孔；（e）刨平面；

（f）铣平面；（g）车成形面；（h）铣成形面

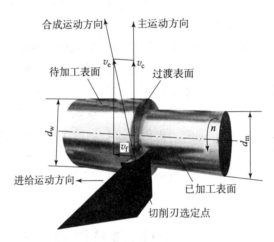

图 1-2　切削运动和加工表面

2. 切削运动

　　无论在哪一种机床上进行切削加工，刀具和工件间必须有一定的相对运动，即切削运动。切削运动可以是旋转运动或直线运动，也可以是连续运动或间歇运动。根据在切削中所起的作用不同，切削运动分为主运动（图 1-1 中 I）和进给运动（图 1-1 中 II）。切削时实际的切削运动是一个合成运动。主运动是使刀具和工件之间产生相对运动，促使刀具接近工件而实现切削的运动，如图 1-2 所示车外圆时工件的旋转运动。主运动速度高，消耗功率大，只有一个。主运动可以由工件完成，也可以由刀具完成，主运动的运动形式有旋转运动和往复运动两种。车削、铣削、磨削加工时，主运动是旋转运动。刨削、插削加工时，主运动是往复直线运动。进给运动是使刀具与工件之间产生附加的相对运动，与主运动配合，即可连续地切除余量，如图 1-2 所示车刀的移动。根据工件表面形成的进给运动可以是一个，也可以是多个；进给运动可以是连续的，也可以是断续的。当主运动为旋转运动时，进给运动是连续的，如车削、钻削；当主运动为直线运动时，进给运动是断续的，如刨削、插削等。

三、切削用量

切削用量三要素包括切削速度 v_c、进给量 f（或进给速度 v_f）和背吃刀量 a_P。

1. 切削速度

切削刃上选定点相对工件主运动的瞬时速度称为切削速度，以 v_c 表示，单位为 m/s 或 m/min。

若主运动为旋转运动（如车削、铣削等），切削速度一般为其最大线速度。

$$v_c = \frac{\pi d n}{1\,000}$$

式中，d——工件（或刀具）的直径，mm；

　　　n——工件（或刀具）的转速，r/s 或 r/min。

若主运动为往复直线运动（如刨削、插削等），则常以其平均速度为切削速度，即

$$v_c = \frac{2L n_r}{1\,000}$$

式中，L——往复行程长度，mm；

　　　n_r——主运动每秒或每分钟的往复次数，str/s 或 str/min。

2. 进给量

刀具在进给运动方向上相对工件的位移量称为进给量。不同的加工方法，由于所用刀具和切削运动形式不同，进给量的表述和度量方法也不相同。用单齿刀具（如车刀、刨刀等）加工时，当主运动是回转运动时，进给量指每转进给量，即工件或刀具每回转一周，两者沿进给方向的相对位移量，单位为 mm/r；当主运动是直线运动时，进给量指每行程进给量，即刀具或工件每往复直线运动一次两者沿进给方向的相对位移量。用多齿刀具（如铣刀、钻头等）加工时，进给运动的瞬时速度称为进给速度，以 v_f 表示，单位为 mm/s 或 mm/min。刀具每转或每行程中每齿相对工件进给运动方向上的位移量，称为每齿进给量，以 f_z 表示，单位为 mm/z。f_z、f、v_f 之间有如下关系：

$$v_f = fn = f_z zn$$

式中，n——刀具或工件转速，r/s 或 r/min；

　　　z——刀具的齿数。

3. 背吃刀量

在通过切削刃上选定点并垂直于该点主运动方向的切削层尺寸平面中，垂直于进给运动方向测量的切削层尺寸，称为背吃刀量，以 a_P 表示，单位为 mm。如图 1-2 所示，车外圆时，a_P 可用下式计算，即

$$a_P = \frac{d_w - d_m}{2}$$

式中，d_w、d_m——分别为工件待加工表面和已加工表面直径，mm。

四、切削层参数

切削层是指切削过程中，由刀具切削部分的一个单一动作（如车削时工件转一圈，车刀主切削刃移动一段距离）所切除的工件材料层。它决定了切屑的尺寸及刀具切削部分的

载荷。切削层的尺寸和形状，通常是在切削层尺寸平面中测量的，如图1-3所示。

（1）切削层公称横截面积 A_D。在给定瞬间，切削层在切削层尺寸平面里的实际横截面积，单位为 mm^2。

（2）切削层公称宽度 b_D。在给定瞬间，作用于主切削刃截面上两个极限点间的距离，在切削层尺寸平面中测量，单位为 mm。

（3）切削层公称厚度 h_D。同一瞬间切削层公称横截面积与其公称宽度之比，单位为 mm。由定义可知

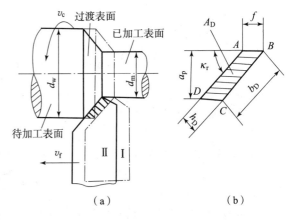

图1-3　车削时切削层尺寸

$$A_D = b_D h_D$$

第二节　切削刀具及其材料

切削加工过程中，直接完成切削工作的是刀具。无论哪种刀具，一般都由切削部分和夹持部分组成。夹持部分是用来将刀具夹持在机床上的部分，要求它能保证刀具正确的工作位置，传递所需要的运动和动力，并且夹固可靠、装卸方便。切削部分是刀具上直接参加切削工作的部分。刀具切削性能的好坏，取决于刀具切削部分的几何参数、结构及材料。

一、切削刀具的结构

切削刀具的种类繁多、形状各异，但不管它们的结构多么复杂，切削部分的结构要素和几何角度都有着许多共同的特征。各种多齿刀具，就其一个刀齿而言，都相当于一把车刀的刀头，所以，研究切削刀具时总是以车刀为基础，如图1-4所示。

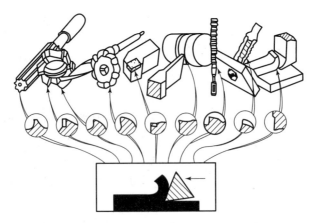

图1-4　刀具的切削部分

1. 车刀切削部分的组成

车刀由工作部分和非工作部分组成，车刀的工作部分即切削部分，非工作部分就是车刀的柄部（或刀杆）。

车刀切削部分由下列要素组成（图1-5）。

（1）前刀面：刀具上切屑流过的表面。

（2）后刀面：刀具上，与工件切削中产生的表面相对的表面。同前刀面相交形成主切削刃的后刀面称为主后刀面；同前刀面相交形成副切削刃的后刀面称为副后刀面。

（3）切削刃：指刀具前刀面上做切削用的刀刃。它有主切削刃和副切削刃之分，主切削刃是起始于切削刃上主偏角为零的点，并至少有一段切削刃用来在工件上切出过渡表面的那整段切削刃。切削时主要的切削工作由主切削刃来负担。副切削刃是指

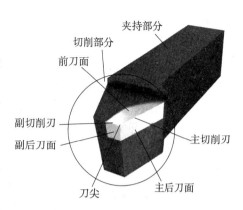

图1-5 外圆车刀的切削部分

切削刃上除主切削刃以外的刃，亦起始于主偏角为零的点，但它向背离主切削刃的方向延伸。切削过程中，副切削刃也起一定的切削作用，但不很明显。

（4）刀尖：指主切削刃与副切削刃的连接处相当少的一部分切削刃。实际刀具的刀尖并非绝对尖锐，而是一小段曲线或直线，分别称为修圆刀尖或倒角刀尖。

2. 车刀切削部分的主要角度

刀具要从工件上切除余量，就必须使它的切削部分具有一定的切削角度。为定义、规定不同角度，适应刀具在设计、制造及工作时的多种需要，需选定适当组合的基准坐标平面作为参考系。其中用于定义刀具设计、制造、刃磨和测量几何参数的参考系，称为刀具静止参考系；用于规定刀具进行切削加工时几何参数的参考系，称为刀具工作参考系。工作参考系与静止参考系的区别在于用实际的合成运动方向取代假定主运动方向，用实际的进给运动方向取代假定进给运动方向。

1）刀具静止参考系

刀具静止参考系主要包括基面、主切削平面、正交平面和假定工作平面，如图1-6所示。

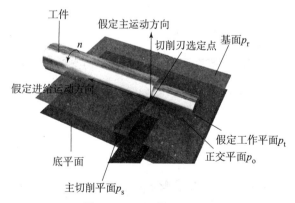

图1-6 刀具静止参考系

（1）基面：过切削刃选定点，垂直于该点假定主运动方向的平面，以 p_r 表示。

（2）主切削平面：过切削刃选定点，与切削刃相切，并垂直于基面的平面，以 p_s 表示。

（3）正交平面：过切削刃选定点，并同时垂直于基面和主切削平面的平面，以 p_o 表示。

（4）假定工作平面：过切削刃选定点，垂直于基面并平行于假定进给运动方向的平面，

以 p_t 表示。

2）车刀的主要角度

车刀的主要角度是在车刀设计、制造、刃磨及测量时，必须考虑的主要角度，如图 1-7 所示。

（1）主偏角 κ_r：在基面中测量的主切削平面与假定工作平面间的夹角。

（2）副偏角 κ'_r：在基面中测量的副切削平面与假定工作平面间的夹角。

主偏角主要影响切削层截面的形状和参数，影响切削分力的变化，并和副偏角一起影响已加工表面的粗糙度；副偏角还有减小副后刀面与已加工表面间摩擦的作用。如图 1-8 所示，当背吃刀量和进给量一定时，主偏角越小，切削层公称宽度越大而公称厚度越小，即切下宽而薄的切屑。这时，主切削刃单位长度上的负荷较小，并且散热条件较好，有利于刀具寿命的提高。

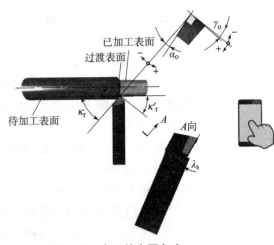

图 1-7 车刀的主要角度

由图 1-9 可以看出，当主、副偏角小时，已加工表面残留面积的高度 h_c 亦小，因而可减小表面粗糙度的值，并且刀尖强度和散热条件较好，有利于提高刀具寿命。但是，当主偏角减小时，背向力将增大，若加工刚度较差的工件（如车细长轴），则容易引起工件变形，并可能产生振动。主、副偏角应根据工件的刚度及加工要求选取合理的数值。一般车刀常用的主偏角有 45°、60°、75°、90° 等几种；副偏角为 5°～15°，粗加工时取较大值。

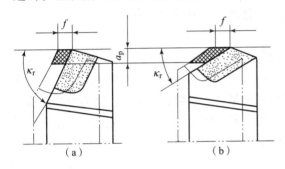

图 1-8 主偏角对切削层参数的影响

（a）主偏角大；（b）主偏角小

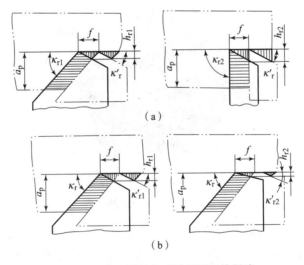

图 1-9 主、副偏角对残留面积的影响

（a）主偏角对残留面积的影响；（b）副偏角对残留面积的影响

（3）前角 γ_o：在正交平面中测量的前刀面与基面间的夹角。根据前刀面和基面相对位置的不同，分别规定为正前角、零度前角和负前角，如图 1-10 所示。当取较大的前角时，切削刃锋利，切削轻快，即切削层材料变形小，切削力也小。但当前角过大时，切削刃和刀头的强度、散热条件和受力状况变差，将使刀具磨损加快，刀具寿命降低，甚至崩刃损坏。若取较小的前角，虽切削刃和刀头较强固，散热条件和受力状况也较好，但切削刃不够锋利，对切削加工不利。前角的大小常根据工件材料、刀具材料和加工性质来

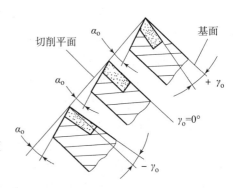

图 1-10 前角的正与负

选择。当工件材料塑性大、强度和硬度低或刀具材料的强度和韧性好或精加工时，取大的前角；反之取较小的前角。例如，用硬质合金车刀切削结构钢件，γ_o 可取 $10° \sim 20°$；切削灰铸铁件，γ_o 可取 $5° \sim 15°$。

（4）后角 α_o：在正交平面中测量的刀具后刀面与切削平面间的夹角。

后角的主要作用是减少刀具后刀面与工件表面间的摩擦，并配合前角改变切削刃的锋利与强度。后角只能是正值，后角大，摩擦小，切削刃锋利。但后角过大，将使切削刃变弱，散热条件变差，加速刀具磨损。反之，后角过小，虽切削刃强度增加，散热条件变好，但摩擦加剧。后角的大小常根据加工的种类和性质来选择。例如，粗加工或工件材料较硬时，要求切削刃强固，后角取较小的值：$\alpha_o = 6° \sim 8°$。反之，对切削刃强度要求不高，主要希望减小摩擦和已加工表面的粗糙度值，后角可取稍大的值：$\alpha_o = 8° \sim 12°$。

（5）刃倾角 λ_s：在主切削平面中测量的主切削刃与基面间的夹角。与前角类似，刃倾角也有正、负和零值之分，如图 1-11 所示。刃倾角主要影响刀头的强度、切削分力和排屑方向。负的刃倾角可起到增强刀头的作用，但会使背向力增大，有可能引起振动，而且还会使切屑排向已加工表面，划伤和拉毛已加工表面。因此，粗加工时为了增强刀头，λ_s 常取负值；精加工时为了保护已加工表面，λ_s 常取正值或零值；车刀的刃倾角一般在 $-5° \sim +5°$ 选取。有时为了提高刀具耐冲击的能力，λ_s 可取较大的负值。

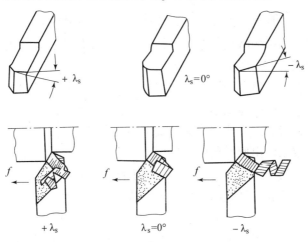

图 1-11 刃倾角及其对排屑方向的影响

3）刀具的工作角度

刀具的工作角度是指在工作参考系中定义的刀具角度。刀具工作角度考虑了合成运动和刀具安装条件的影响。一般情况下，进给运动对合成运动的影响可忽略。在正常安装条件下，如车刀刀尖与工件回转轴线等高、刀柄纵向轴线垂直于进给方向时，车刀的工作角度近似于静止参考系中的角度。但在切断、车螺纹及车非圆柱表面时，就要考虑进给运动的影响。

车刀安装高度对前角和后角的影响如图 1-12 所示。车外圆时，若刀尖高于工件的回转轴线，则工作前角 $\gamma_{oe} > \gamma_o$，而工作后角 $\alpha_{oe} < \alpha_o$；反之，若刀尖低于工件的回转轴线，则 $\gamma_{oe} < \gamma_o$，$\alpha_{oe} > \alpha_o$（镗孔时的情况正好与此相反）。当车刀刀柄的纵向轴线与进给方向不垂直时，将会引起主偏角和副偏角的变化，如图 1-13 所示。

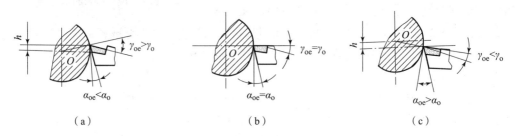

（a）　　　　　　　　　　（b）　　　　　　　　　　（c）

图 1-12　车刀安装高度对前角和后角的影响

（a）偏高；（b）等高；（c）偏低

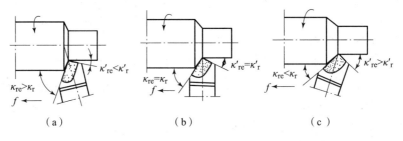

（a）　　　　　　　　　　（b）　　　　　　　　　　（c）

图 1-13　车刀安装偏斜对主偏角和副偏角的影响

3. 刀具结构

刀具的结构形式对刀具的切削性能、切削加工的生产效率和经济性有着重要的影响。下面以车刀为例说明刀具结构的特点。车刀的结构形式有整体式、焊接式、机夹重磨式、机夹可转位式等几种，如图 1-14 所示。

早期使用的车刀多半是整体结构，切削部分与夹持部分材料相同，由于这种结构对贵重的刀具材料消耗较大，因此整体式车刀常用高速钢制造。焊接式车刀是将硬质合金刀片焊接在开有刀槽的刀杆上，然后刃磨使用。焊接式车刀结构简单、紧凑、刚性好、灵活性大，可根据加工条件和加工要求磨出所需角度，应用十分普遍。但焊接式车刀的硬质合金刀片经过高温焊接和刃磨后，容易产生内应力和裂纹使切削性能下降，对提高生产效率不利。机夹重磨式车刀主要特点是刀片和刀杆是两个可拆开的独立元件，工作时靠夹紧元件把它们紧固在一起。车刀磨钝后，将刀片卸下刃磨，然后重新装上继续使用。这类车刀避免了焊接引起的缺陷，相较焊接式车刀提高了刀具耐用度，提高了生产率，刀杆可重复使用，利用率较高，降低了生产成本，但结构复杂、不能完全避免由于刃磨而引起刀片产生裂纹。

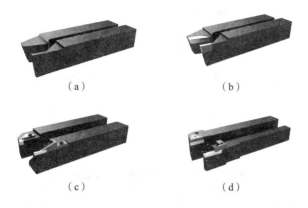

（a）　　　　　　　　　　　（b）

（c）　　　　　　　　　　　（d）

图 1－14　车刀的结构形式

（a）整体式；（b）焊接式；（c）机夹重磨式；（d）机夹可转位式

机夹可转位式车刀（图 1－15）是将压制有一定几何参数的多边形刀片，用机械夹固的方法装夹在标准的刀体上形成的车刀。使用时，刀片上一个切削刃用钝后，只需松开夹紧机构，将刀片转位换成另一个新的切削刃便可继续切削。因机械夹固车刀的切削性能稳定，在现代生产中应用越来越多。机夹可转位式车刀具有以下优点：不需刃磨和焊接，避免了因焊接而引起的缺陷，刀片材料能较好地保持原有力学性能、切削性能、硬度和抗弯强度，刀具切削性能提高；减少了刃磨、换刀、调刀所需的辅助时间，提高了生产效率；可使用涂层刀片，提高刀具耐用度；刀具使用寿命延长，节约刀体材料及其制造费用。

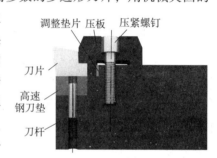

图 1－15　机夹可转位式车刀

二、刀具材料

1. **刀具材料应具备的性能**

切削过程除了要求刀具具有适当的几何参数外，还要求刀具有良好的切削性能。刀具的切削性能主要取决于刀具材料。刀具材料是指切削部分的材料。

刀具材料在切削时要承受高压、高温、摩擦、冲击和振动。金属切削过程中的加工质量、加工效率和加工成本在很大程度上取决于刀具材料的合理选择。为了保证切削的正常进行，刀具材料应具备以下基本性能：

（1）较高的硬度。刀具材料硬度必须高于工件材料硬度。刀具材料常温硬度一般要求在 60 HRC 以上。

（2）较好的耐磨性。刀具材料具有较好的耐磨性可以抵抗切削过程中的磨损，维持一定的切削时间。一般刀具材料的硬度越高、晶粒越细，耐磨性就越好。

（3）足够的强度和韧度。刀具材料具有足够的强度和韧度可以承受切削力、冲击和振动，防止刀具脆性断裂和崩刃。

（4）较高的耐热性。刀具材料具有较高的耐热性可以在高温下仍能保持较高的硬度、耐磨性、强度和韧度。耐热性又称之为红硬性或热硬性。

（5）良好的工艺性和经济性。即刀具材料应具有良好的锻造性能、热处理性能、焊接性能、切削加工性能、磨削加工性能等，以便制造成各种刀具，而且要追求高的性能价格比。

目前尚没有一种刀具材料能全面满足上述要求。因此，必须了解常用刀具材料的性能和特点，以便根据工件材料的性能和切削要求，选用合适的刀具材料。同时，应进行新型刀具材料的研制。

2. 常用的刀具材料

常用刀具材料的基本性能见表1-1。

表1-1　常用刀具材料的基本性能

刀具材料	代表牌号	硬度 HRA（HRC）	抗弯强度 σ_{bb}		冲击韧度 a_K		耐热性/℃	切削速度之比
			GPa	kg/mm²	GPa	kg/mm²		
碳素工具钢	T10A	81～83（60～64）	2.45～2.75	250～280	—	—	~200	0.2～0.4
合金工具钢	9SiCr	81～83.5（60～65）	2.45～2.75	250～280	—	—	250～300	0.5～0.6
高速钢	W18Cr4V	82～87（62～69）	3.43～4.41	350～450	98～490	1～5	540～650	1
硬质合金	K30	89.5～91	1.08～1.47	110～150	19.6～39.2	0.2～0.4	800～900	6
	P10	89.5～95.2	0.88～1.27	90～130	2.9～6.8	0.03～0.07	900～1 000	6
陶瓷	AM	91～94	0.44～0.83	45～85	—	—	>1 200	12～14

碳素工具钢是含碳量较高的优质钢（含碳量为0.7%～1.2%，如T7、T8、T9、T10A、T12A等），淬火后硬度较高，价格低廉，但耐热性较差。在碳素工具钢中加入少量的Cr、W、Mn、Si等元素，形成合金工具钢（如9SiCr、CrWMn等），可适当减少热处理变形和提高耐热性。由于这两种刀具材料的耐热性较低，常用来制造一些切削速度不高的手工工具，如锉刀、锯条、铰刀、丝锥、板牙等，较少用于制造其他刀具。

目前生产中应用最广的刀具材料是高速钢和硬质合金，而陶瓷刀具主要用于精加工。

高速钢是加入较多W、Mo、Cr、V等合金元素的高合金钢。热处理后硬度可达63～66 HRC，切削温度在500℃～650℃时仍能进行切削。它的硬度、耐磨性和耐热性虽略低于硬质合金，但强度和韧度却高于硬质合金，工艺性较硬质合金好，价格也比硬质合金低。普通高速钢如W18Cr4V是国内使用最为普遍的刀具材料，广泛地用于制造形状较为复杂的各种刀具，如麻花钻、铣刀、拉刀、齿轮刀具和其他成形刀具等。高性能高速钢是在普通高速钢中加入Co、V等合金元素，使其常温硬度可达67～70 HRC，抗氧化能力、耐磨性与热稳定性进一步提高，如$W_2Mo_9Cr_4VCo_8$是世界上用得较多的高性能高速钢，用于制造加工耐热合金、高强度钢、钛合金、不锈钢等难切削材料的各种刀具。粉末高速钢是用高压氩气或纯氮气雾化熔融的高速钢钢水而得到细小的高速钢粉末，通过粉末冶金工艺制成的刀具材料，适用于制造各种高性能精密刀具，如加工汽轮机叶轮的轮槽铣刀、拉刀、滚刀、插齿刀、剃齿刀等。

硬质合金是以高硬度、高熔点的金属碳化物（WC、TiC等）作基体，以金属Co等作黏结剂，用粉末冶金的方法制成的一种合金。它的硬度高、耐磨性好、耐热性高，允许的切削速度比高速钢高数倍，但其强度和韧度均较高速钢低，工艺性也不如高速钢。因此，硬质合金常制成各种形式的刀片，焊接或机械夹固在车刀、刨刀、端铣刀等的刀柄（刀体）上使用。按 ISO 标准，硬质合金可分为 P、M、K 三个主要类别。P 类硬质合金（蓝色）是以 WC 为基体，添加 TiC，用 Co 作黏结剂烧结而成。合金中 TiC 含量提高，Co 含量降低，其硬度、耐磨性和耐热性进一步提高，但抗弯强度、导热性，特别是冲击韧性明显下降，适合加工长切屑的黑色金属，如钢、铸钢等。其代号有 P01、P10、P20、P30、P40、P50 等，数字越大，耐磨性越低而韧度越高。精加工可用 P01；半精加工可用 P10、P20；粗加工可用 P30。M 类硬质合金（黄色）是在 YT 类硬质合金中加入 TaC 或 NbC 烧结而成，可提高抗弯强度、疲劳强度、冲击韧性、抗氧化能力、耐磨性和高温硬度，既适用于加工脆性材料，又适用于加工塑性材料，适合加工长（短）切屑的金属材料，如钢、铸钢、不锈钢等难切削材料等。其代号有 M10、M20、M30、M40 等，数字越大，耐磨性越低而韧度越高。精加工可用 M10；半精加工可用 M20；粗加工可用 M30。K 类硬质合金（红色）是以 WC 为基体，用 Co 作黏结剂烧结而成，具有较好的韧性、塑性、导热性，但耐磨性较差，适合加工短切屑的金属或非金属材料，如淬硬钢、铸铁、铜铝合金、塑料等。其代号有 K01、K10、K20、K30、K40 等，数字越大，耐磨性越低而韧度越高。精加工可用 K01；半精加工可用 K10、K20；粗加工可用 K30。

3. 新型刀具材料

涂层刀具材料是指通过气相沉积或其他技术方法，在硬质合金或高速钢的基体上涂覆一薄层高硬度、高耐磨性的难熔金属或非金属化合物而构成的刀具材料。这是提高刀具材料耐磨性而又不降低其韧性的有效方法之一，主要涂层材料有 TiC、TiN、TiC + TiN、TiC + Al_2O_3、TiC + TiN + Al_2O_3 或金刚石等多种。采用多涂层可使涂层具有更高的结合强度和使刀片具有更好的切削性能。涂层硬质合金刀具的寿命比不涂层的可提高 1～3 倍，涂层高速钢刀具寿命比不涂层的可提高 2～10 倍。

陶瓷刀具材料按化学成分可分为 Al_2O_3 基和 Si_3N_4 基两类，它们是以氧化铝或以氮化硅为基体再添加少量金属，在高温下烧结而成的刀具材料。大部分属于前者，主要成分是 Al_2O_3。陶瓷刀具具有很高的硬度、耐热性和耐磨性、良好的化学稳定性和抗氧化性，与金属的亲和力小、抗黏结和抗扩散能力强，能以更高的速度（可达 750 m/min）切削，并可切削难加工的高硬度材料，加之 Al_2O_3 的价格低廉，原料丰富，因此很有发展前途。但是陶瓷材料抗弯强度低，性脆、抗冲击韧度差，易崩刃。近年来，各国已先后研制成功多种"金属陶瓷"，如我国制成的 SG4、DT35、HDM4、P2、T2 等牌号的陶瓷材料。陶瓷材料可做成多种刀片并使切削刃磨出 20°的负倒棱、加大刀尖圆弧半径、适当加厚刀片厚度等措施，以减少切削刃崩刃和刀尖破损的可能。陶瓷刀具主要用于冷硬铸铁、高硬钢等难加工材料的半精加工和精加工。

金刚石刀具材料包括天然金刚石和人造金刚石两种。天然金刚石是自然界最硬的材料，其硬度范围在 HK8 000～12 000（HK，Knoop 硬度，单位为 kgf[①]/mm^2），耐热性为 700℃～

---

① 千克力，1kgf = 9.8N。

800℃。天然金刚石的耐磨性极好，但价格昂贵，主要用于加工精度和表面粗糙度要求极高的零件，如加工磁盘、激光反射镜、感光鼓、多面镜等。人造金刚石是通过金属触媒的作用在高温、高压下由石墨转化而成的人工制造出的最坚硬物质，显微硬度可达 10 000 HV（硬质合金为 1 000 ~ 2 000 HV），耐磨性好，切削刃口锋利，刃部表面摩擦系数小，不易产生黏结或积屑瘤。聚晶金刚石大颗粒可制成各种车刀、镗刀、铣刀等一般切削工具，单晶微粒主要制成砂轮或作研磨剂用，主要用于精加工非铁金属及非金属材料，如铝、铜及其合金、硬质合金、陶瓷、合成纤维、强化塑料和硬橡胶等。金刚石刀具材料主要缺点是不宜加工铁族金属，因为铁和碳原子的亲和力较强，易产生黏结作用而加快刀具磨损。

聚晶立方氮化硼（CBN）具有很高的硬度及耐磨性，热稳定性好，硬度在 3 000 ~ 4 500 HV，仅次于金刚石。其耐热性达 1 300℃ ~ 1 500 ℃，化学惰性大，与铁族金属亲和力小，导热性好，摩擦系数低，主要用于加工淬硬工具钢、冷硬铸铁、耐热合金及喷焊等难加工材料的半精加工和精加工，是一种很有发展前途的刀具材料。

第三节　切削过程及控制

在金属切削过程中，始终存在着刀具切削工件和工件材料抵抗切削的矛盾，从而会产生一系列物理现象，如切削力、切削热与切削温度、刀具磨损与刀具寿命等。对这些现象进行研究的目的在于揭示其内在的机理，探索和掌握金属切削过程的基本规律，从而主动地加以有效的控制，这对于切削加工技术的发展和进步，保证加工质量，提高生产率，降低生产成本和减轻劳动强度都具有十分重大的意义。

一、切屑形成过程及切屑种类

1. 切屑形成过程

金属切削过程实际上与金属的挤压过程很相似。以龙门刨削为例，当刀具刚与工件接触时，接触处的压力使工件产生弹性变形，在工件材料向刀具切削刃逼近的过程中，材料的内应力逐渐增大，当剪切应力为 τ 时，材料就开始滑移而产生塑性变形，如图 1-16 所示。OA 线表示材料各点开始滑移的位置，称为始滑移线，即点 1 在向前移动的同时沿 OA 滑移，其合成运动将使点 1 移动到点 2，$2'—2$ 就是它的滑移量。随着滑移变形的继续进行，剪切应力不断增大，当 P 点顺次向 2、3…各点移动时，剪应力不断增加，直到点 4 位置时，此时其流动方向与刀具前刀面平行，不再沿 OM 线滑移，故称 OM 为终滑移线。OA 与 OM 间的区域称为第 I 变形区。该区域是切削力、切削热的主要来源区，也消耗大部分切削

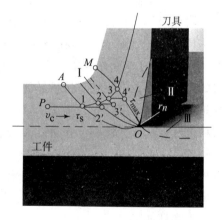

图 1-16　切屑形成过程及三个变形区

能量。切屑（chips）沿前刀面流出时，还需要克服前刀面对切屑的挤压而产生的摩擦力，切屑受到前刀面的挤压和摩擦继续产生塑性变形，切屑底面的这一层薄金属区域称为第 II 变形区。该区域对积屑瘤的形成和刀具前刀面磨损有直接影响。工件已加工表面受到切削刃钝

圆部分和后刀面的挤压、回弹与摩擦，产生塑性变形，导致金属表面的纤维化与加工硬化。工件已加工表面的变形区域称为第Ⅲ变形区。该区域对工件表面的变形强化和残余应力及后刀面磨损有很大影响。必须指出，第Ⅰ变形区和第Ⅱ变形区是相互关联的，第Ⅱ变形区内前刀面的摩擦情况与第Ⅰ变形区内金属滑移方向有很大关系，当前刀面上的摩擦力大时，切屑排除不通畅，挤压变形加剧，使第Ⅰ变形区的剪切滑移增大。

经过塑性变形的切屑，其厚度 h_{ch} 大于切削层公称厚度 h_D，而长度 l_{ch} 小于切削层公称长度 l_D（图 1-17），这种现象称为切屑收缩。切屑厚度与切削层公称厚度之比称为切屑厚度压缩比，以 Λ_h 表示。由定义可知

$$\Lambda_h = \frac{h_{ch}}{h_D}$$

在一般情况下，$\Lambda_h > 1$。

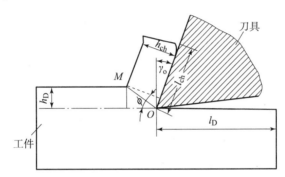

图 1-17　切屑厚度压缩比

切屑厚度压缩比反映了切削过程中切屑变形程度的大小，对切削力、切削温度和表面粗糙度有重要影响。在其他条件不变时，切屑厚度压缩比越大，切削力越大，切削温度越高，表面越粗糙。因此，在加工过程中，可根据具体情况采取相应的措施来减小变形程度，改善切削过程。例如，在中速或低速切削时，可增大前角以减小变形，或对工件进行适当的热处理，以降低材料的塑性，使变形减小等。

2. 切屑种类

由于工件材料的塑性不同、刀具的前角不同或采用不同的切削用量等，会形成不同类型的切屑，并对切削加工产生不同的影响。常见的切屑有如下几种，如图 1-18 所示。

（a）　　　　　　　　　　　（b）　　　　　　　　　　　（c）

图 1-18　切屑的类型

（a）崩碎切屑；（b）带状切屑；（c）节状切屑

1）崩碎切屑

在切削铸铁和黄铜等脆性材料时，切削层金属发生弹性变形以后，一般不经过塑性变形

就突然崩落，形成不规则的碎块状屑片，即为崩碎切屑［图 1 – 18 （a）］。当刀具前角小、进给量大时易产生这种切屑。产生崩碎切屑时，切削热和切削力都集中在主切削刃和刀尖附近，刀具易崩刃、刀尖易磨损，并容易产生振动，影响表面质量。

2）带状切屑

在用大前角的刀具、较高的切削速度和较小的进给量切削塑性材料时，容易得到带状切屑［图 1 – 18 （b）］。形成带状切屑时，切削力较平稳，加工表面较光洁，但切屑连续不断，不太安全或可能擦伤已加工表面，因此要采取断屑措施。

3）节状（挤裂）切屑

在采用较低的切削速度和较大的进给量、刀具前角较小、粗加工中等硬度的钢材料时，容易得到节状切屑［图 1 – 18 （c）］。形成这种切屑时，金属材料经过弹性变形、塑性变形、挤裂和切离等阶段，是典型的切削过程。由于切削力波动较大，工件表面较粗糙。

切屑的形状可以随切削条件的不同而改变。在生产中，常根据具体情况采取不同的措施来得到需要的切屑，以保证切削加工的顺利进行。例如，加大前角、提高切削速度或减小进给量，可将节状切屑变成带状切屑，使加工的表面较为光洁。

二、积屑瘤

在一定范围的切削速度下切削塑性金属形成带状切屑时，常发现在刀具前刀面靠近切削刃的部位黏附着一小块很硬的金属楔块，这就是积屑瘤（the built – up edge），或称刀瘤。

1. 积屑瘤的形成

当切屑沿刀具的前刀面流出时，在一定的温度与压力作用下，与前刀面接触的切屑底层受到很大的摩擦阻力，致使这一层金属的流出速度减慢，形成一层很薄的"滞流层"。当前刀面对滞流层的摩擦阻力超过切屑材料的内部结合力时，就会有一部分金属黏结或冷焊在切削刃附近，形成积屑瘤。积屑瘤形成后不断长大，达到一定高度又会破裂，而被切屑带走或嵌附在工件表面上。上述过程是反复进行的，如图 1 – 19 所示。

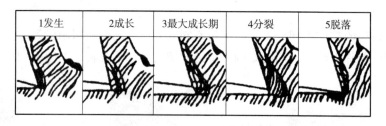

| 1发生 | 2成长 | 3最大成长期 | 4分裂 | 5脱落 |

图 1 – 19　积屑瘤的形成与脱落

2. 积屑瘤对切削加工的影响

在形成积屑瘤的过程中，金属材料因塑性变形而被强化。因此，积屑瘤的硬度比工件材料的硬度高，能代替切削刃进行切削起到保护切削刃的作用。同时，由于积屑瘤的存在，增大了刀具的实际工作前角，使切削轻快。所以，粗加工时可利用积屑瘤。

但是，积屑瘤的顶端伸出切削刃之外，而且在不断地产生和脱落使切削层公称厚度不断变化，影响尺寸精度。此外，还会导致切削力的变化，引起振动，并会有一些积屑瘤碎片黏附在工件已加工表面上，增大表面粗糙度和导致刀具磨损。因此，精加工时应尽量避免积屑瘤产生。

3. 积屑瘤的控制

影响积屑瘤形成的主要因素有：工件材料的力学性能、切削速度和冷却润滑条件等。

对工件材料的力学性能来说，影响积屑瘤形成的主要是塑性。塑性越大，越容易形成积屑瘤。例如，加工低碳钢、中碳钢、铝合金等材料时容易产生积屑瘤。要避免积屑瘤的产生，可将工件进行正火或调质处理，以提高其强度和硬度，降低塑性。

在对某些工件材料进行切削时，切削速度是影响积屑瘤的主要因素。切削速度是通过切削温度和摩擦来影响积屑瘤形成的。以切削中碳钢为例，当低速切削 $v_c < 5$ m/min 时，切削温度低，切屑内部结合力较大，刀具前刀面与切屑间的摩擦小，积屑瘤不易形成；当切削速度 v_c 增大（5~50 m/min）时，切削温度升高，摩擦加大，则易于形成积屑瘤；但当切削速度 $v_c \geq 100$ m/min 时，切削温度高，摩擦减小，不形成积屑瘤。

抑制或消除积屑瘤可采取以下措施：加工时控制切削速度，采用低速或高速切削，避开产生积屑瘤的切削速度区；采用高润滑性的切削液，使摩擦和黏结减少，降低切削温度；适当减少进给量、增大刀具前角、减小切削变形，降低切屑接触区压力；采用适当的热处理来提高工件材料的硬度、降低塑性、减小加工硬化倾向。

为了避免形成积屑瘤，一般精车、精铣采用高速切削，而拉削、铰削和宽刀精刨时，则采用低速切削。

三、切削力和切削功率

1. 切削力的构成与分解

刀具在切削工件时，必须克服材料的弹、塑性变形抗力，克服刀具与工件及刀具与切屑之间的摩擦力，才能切下切屑。这些抗力构成了实际的切削力（cutting force）。在切削过程中，切削力使工艺系统（机床—工件—刀具）变形，影响加工精度。切削力还直接影响切削热的产生，并进一步影响刀具磨损和已加工表面质量。切削力是设计和使用机床、刀具、夹具的重要依据。

实际加工中，总切削力的方向和大小都不易直接测定，也没有直接测定的必要。为了适应设计和工艺分析的需要，一般不是直接研究总切削力，而是研究它在一定方向上的分力。

以车削外圆为例，总切削力 F 一般分解为以下3个互相垂直的分力，如图1-20所示。

1）切削力 F_c

切削力 F_c 是总切削力 F 在主运动方向上的分力，大小占总切削力的 80%~90%。F_c 消耗的功率最多，约占总功率的90%，是计算机床切削功率、选配机床电

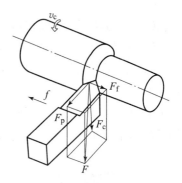

图1-20　车削时总切削力的分解

动机、校核机床主轴、设计机床部件及计算刀具强度等必不可少的参数。当 F_c 过大时，可能使刀具损坏或使机床发生"闷车"现象。

2）进给力 F_f

进给力 F_f 是总切削 F 在进给运动方向上的分力，进给力也做功，但只占总功的 1% ~ 5%。进给力 F_f 是设计和校验进给机构、计算机床进给功率所必需的数据。

3）背向力 F_p

背向力 F_p 是总切削力 F 在垂直于工作平面方向上的分力。因为切削时这个方向上的运动速度为零，所以 F_p 不消耗功率。但它一般作用在工件刚度较弱的方向上，容易使工件变形，甚至可能产生振动，影响工件的加工精度。因此，应当设法减小或消除 F_p 的影响。背向力 F_p 是进行加工精度分析、计算工艺系统刚度及分析工艺系统振动时，所必需的参数。

由图 1-20 可知，3 个切削分力与总切削力 F 有如下关系：

$$F = \sqrt{F_c^2 + F_f^2 + F_p^2}$$

2. 切削力的估算

切削力的大小是由很多因素决定的，如工件材料、切削用量、刀具角度、切削液和刀具材料等。在一般情况下，对切削力影响比较大的是工件材料和切削用量。

切削力的大小可用经验公式来计算。例如，车削外圆时，计算 F_c 的经验公式如下：

$$F_c = C_{F_c} \cdot a_p^{x_{F_c}} \cdot f^{y_{F_c}} \cdot K_{F_c}$$

式中，C_{F_c}——与工件材料、刀具材料及切削条件等有关的系数；

a_p——背吃刀量，mm；

f——进给量，mm/r；

x_{F_c}、y_{F_c}——指数；

K_{F_c}——切削条件不同时的修正系数。

经验公式中的系数和指数，可从"切削用量手册"中查出。例如，用 $\gamma_o = 15°$、$\kappa_r = 75°$ 的硬质合金车刀车削结构钢件外圆时，$C_{F_c} = 1\ 609$，$x_{F_c} = 1$，$y_{F_c} = 0.84$。指数 x_{F_c} 比 y_{F_c} 大，说明背吃刀量 a_p 对 F_c 的影响比进给量 f 对 F_c 的影响大。

生产中，常用切削层单位面积切削力 k_c 来估算切削力 F_c 的大小。因为 k_c 是切削力 F_c 与切削层公称横截面积 A_D 之比，所以

$$F_c = k_c \cdot A_D = k_c \cdot b_D \cdot h_D \approx k_c \cdot a_p \cdot f$$

式中，k_c——切削层单位面积切削力，MPa，其值可从有关资料中查出；

b_D——切削层公称宽度，mm；

h_D——切削层公称厚度，mm。

3. 切削功率

切削功率 P_m 应是 3 个切削分力消耗功率的总和，但背向力 F_p 消耗的功率为零，进给力 F_f 消耗的功率很小，一般可忽略不计。因此，切削功率 P_m 可用下式计算

$$P_m = 10^{-3} F_c \cdot v_c$$

式中，F_c——切削力，N；

v_c——切削速度，m/s。

机床电动机的功率 P_E 可用下式计算

$$P_E \geq P_m / \eta_m$$

式中，η_m——机床传动效率，一般取 0.75 ~ 0.85。

四、切削热和切削温度

1. 切削热的产生、传出及对加工的影响

在切削过程中，由于绝大部分的切削功都转变成热量，所以有大量的热产生，这些热称为切削热（cutting heat）。切削热主要有3个切削热源，如图1－21所示：

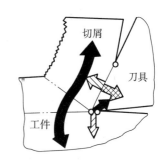

图1－21 切削热的产生与传出

（1）切屑变形所产生的热量，是切削热的主要来源；

（2）切屑与刀具前刀面之间的摩擦所产生的热量；

（3）工件与刀具后刀面之间的摩擦所产生的热量。

随着刀具材料、工件材料、切削条件的不同，3个热源的发热量亦不相同。

切削热产生以后，由切屑、工件、刀具及周围的介质（如空气）传出。各部分传导的比例取决于工件材料、切削速度、刀具材料、刀具几何形状、加工方式及是否使用切削液等。用高速钢车刀及与之相适应的切削速度切削钢料时，切削热传出的比例是：切屑传出的热为50%～86%，工件传出的热为10%～40%，刀具传出的热为3%～9%，周围介质传出的热约为1%。传入切屑及介质中的热量越多，对加工越有利。传入工件的切削热使工件产生热变形，产生形状和尺寸误差，影响加工精度。特别是加工薄壁零件、细长零件和精密零件时，热变形的影响更大。磨削淬火钢件时，切削温度（cutting temperatures）过高，往往使工件表面产生烧伤和裂纹，影响工件的耐磨性和使用寿命。传入刀具的切削热，比例虽然不大，但由于刀具切削部分体积小，热容量小，因而刀具的温度可达到很高，高速切削时，切削温度可达1 000℃以上，加速了刀具的磨损。

因此，在切削加工中应采取措施减少切削热的产生，同时改善散热条件以减少高温对刀具和工件的不良影响。

2. 切削温度及其影响因素

切削温度一般是指切削区的平均温度。切削温度的高低除了可用热电偶或其他仪器进行测定外，生产中还常根据切屑的颜色进行大致的判别。如切削碳素结构钢时，切屑呈银白色或淡黄色说明切削温度不高，约200℃；切削呈深蓝色或蓝黑色则说明切削温度很高，约320℃或更高。

切削温度的高低取决于切削热的产生和传散情况。影响切削温度的主要因素有：

1）切削用量

在切削用量三要素中，切削速度对切削温度的影响最大，背吃刀量对切削温度的影响最小。当切削速度增加时，切削功率增加，切削热亦增加；同时由于切屑底层与前刀面强烈摩擦产生的摩擦热来不及向切屑内部传导，而大量积聚在切屑底层，因而使切削温度升高。增大进给量，单位时间内的金属切除量增多，切削热也增加。但进给量对于切削温度的影响，不如切削速度那样显著，这是由于进给量增加，使切屑变厚，切屑的热容量增大，由切屑带走的热量增多，切削区的温升较小。背吃刀量增加，切削热增加，但切削刃参加工作的长度也增加，改善了散热条件，因此切削温度的上升不明显。从降低切削温度、提高刀具寿命的角度来看，选用大的背吃刀量和进给量，比选用高的切削速度有利。

2）工件材料

工件材料的强度和硬度越高，需要的切削力和切削功率越大，产生的切削热越多，切削温度越高。即使对同一材料，由于其热处理状态不同，切削温度也不相同。如 45 钢在正火状态、调质状态和淬火状态下，其切削温度相差悬殊。工件材料的导热系数高（如铝、镁合金），切削温度低。切削脆性材料时，由于塑性变形很小，崩碎切屑与前刀面的摩擦也小，产生的切削热较少。

3）刀具角度

前角的大小直接影响切削过程中的变形和摩擦，增大前角，可减少切屑变形，降低切削温度，但当前角过大时，会使刀具的传热条件变差，反而不利于切削温度的降低。减小主偏角，主切削刃的工作长度增加，改善了散热条件，也可降低切削温度。

4）切削液

用改变外部条件来影响和改善切削过程，是提高产品质量和生产率的有效措施之一。其中应用最广泛的是合理选择和使用切削液（cutting fluid）。切削过程中，喷注足够数量的切削液，能减小摩擦和改善散热条件，带走大量的切削热，可降低切削温度 100℃ ~150℃。

切削液具有冷却、润滑、清洗的作用。切削液的冷却作用主要是：吸收并带走大量的切削热，从而降低切削温度，提高刀具寿命；减少工件、刀具的热变形，提高加工精度；降低断续切削时的热应力，防止刀具热裂破损等。切削液的润滑作用是它能渗入到切屑、工件与刀面之间，在切屑、工件与刀面之间形成完全的润滑油膜，有效地减小摩擦。

常用的切削液分为：

（1）水溶液。水溶液的主要成分是水，并加入少量的防锈剂等添加剂，具有良好的冷却作用，可以大大降低切削温度，但润滑性能较差。

（2）乳化液。乳化液是将乳化油用水稀释而成，具有良好的流动性和冷却作用，并有一定的润滑作用。低浓度的乳化液用于粗车、磨削，高浓度的乳化液用于精车、精铣、精镗、拉削等。

（3）切削油。切削油主要用矿物油，少数采用动植物油或混合油。切削油的润滑作用良好，而冷却作用小，多用以减小摩擦和减小工件表面粗糙度，常用于精加工工序，如精刨、珩磨和超精加工等常使用煤油作切削液，而攻螺纹、精车丝杠可用菜油之类的植物油等。

切削液的品种很多，性能各异。通常根据加工性质、零件材料和刀具材料来选择合理的切削液，才能收到良好的效果。加工一般钢材时，需要使用乳化液或硫化切削油，加工铜合金和其他有色金属时，不能用硫化油，以免在零件表面产生黑色的腐蚀斑点；加工铸铁、青铜、黄铜等脆性材料时，一般不使用切削液；但在低速精加工（如宽刀精刨、精铰等）时，可使用煤油作切削液，以降低表面粗糙度、提高表面质量。高速钢刀具耐热性差，粗加工时，切削用量大，切削热多，应选用以冷却作用为主的切削液，以降低切削温度；在精加工时，主要是改善摩擦条件，抑制积屑瘤的产生，应使用润滑性能好的极压切削油或高浓度的乳化液，以提高加工表面质量。硬质合金刀具由于耐热性好，一般不用切削液。如果要用，必须连续地、充分地供给，切不可断断续续以免硬质合金刀片因骤冷骤热而开裂。

切削液的使用，目前以浇注法最为普遍。在使用时应注意把切削液尽量注射到切削区，仅仅浇注到刀具上是不恰当的。为了提高其使用效果，可以采用喷雾冷却或内冷却法。

五、刀具磨损和刀具寿命

在切削过程中，刀具切削部分由于磨损或局部破损而逐渐发生变化，最终失去切削性能。刀具磨损（tool wear）到一定程度后，切削力明显增大，切削温度上升，甚至产生振动，影响工件的加工精度和表面质量。因此刀具磨损到一定程度后，必须重新刃磨，切削刃恢复锋利，仍可继续使用。这样经过施用—磨钝—刃磨锋利若干个循环以后，刀具切削部分便无法继续使用而完全报废。

1. 刀具磨损形式

刀具正常磨削时，按其发生的部位不同，可分为后刀面磨损、前刀面磨损、前后刀面同时磨损三种形式，如图1-22所示。

1）后刀面磨损

当切削脆性材料或以较小的背吃刀量切削塑性材料时，由于刀具主后刀面与工件过渡表面间存在着强烈的摩擦，在后刀面毗邻切削刃的部位磨损成小棱面。后刀面磨损量以后刀面上磨损宽度值 VB 表示，如图1-22（a）所示。

2）前刀面磨损

在切削速度较高、背吃刀量较大且不用切削液的情况下加工塑性材料时，切屑将在前刀面磨出月牙洼。前刀面的磨损量以月牙洼的最大深度 KT 表示，如图1-22（b）所示。

3）前后刀面同时磨损

在常规条件下加工塑性金属时，常出现如图1-22（c）所示的前后刀面同时磨损的形态。

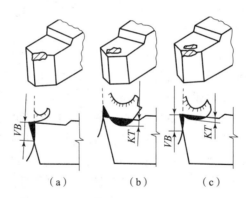

图1-22 刀具磨损形式

（a）后刀面磨损；（b）前刀面磨损；（c）前后刀面同时磨损

2. 刀具磨损过程

在一定切削条件下，不论何种磨损的形态，其磨损量都将随时间的延长而增大。图1-23所示为硬质合金车刀主后刀面磨损量 VB 与切削时间之间的关系，即磨损曲线。

由图1-23可知，刀具磨损过程可分为三个阶段：

AB 段——初期磨损阶段，刀刃锋尖迅速被磨掉，即磨成一个窄面。

BC 段——正常磨损阶段，磨损量随切削时间的

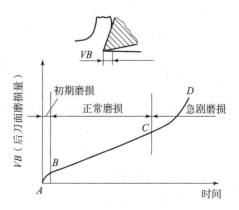

图1-23 刀具磨损过程

延长而近似成比例增加，而磨损速度随时间延长减慢。刀具的使用不应超过这一有效工作阶段的范围。

CD 段——急剧磨损阶段，刀具变钝，切削力增大，切削温度急剧上升，磨损加快，出现振动、噪声，已加工表面质量明显恶化，刀具在使用中应避免进入该阶段。

经验表明，在刀具正常磨损阶段的后期、急剧磨损阶段之前，换刀重磨为最好，这样既可保证加工质量又能充分利用刀具材料。

3. 影响刀具磨损的因素

如前所述，增大切削用量时切削温度随之增高，将加速刀具磨损。在切削用量中，切削速度 v_c 对刀具磨损的影响最大，进给量 f 次之，背吃刀量 a_p 最小。此外，刀具材料、刀具几何形状、工件材料以及是否使用切削液等，也都会影响刀具的磨损。譬如，耐热性好的刀具材料，就不易磨损；适当加大刀具前角，由于减小了切削力，可减少刀具的磨损。

4. 刀具寿命

国际 ISO 标准统一规定，以 1/2 背吃刀量处后面上测定的磨损带宽度 *VB*，作为刀具磨钝标准。

一把新刀（或重新刃磨过的刀具）从开始使用直至达到磨钝标准所经历的实际切削时间，称为刀具寿命，以 *T* 表示。一把新刀从第一次投入使用直至完全报废（经刃磨后亦不可再用）时所经历的实际切削时间，叫作刀具总寿命。显然，对于不重磨刀具，刀具总寿命即等于刀具寿命；而对可重磨刀具，刀具总寿命则等于其平均寿命乘以刃磨次数。所以，刀具寿命和刀具总寿命是两个不同的概念。

粗加工时，通常以切削时间（min）表示刀具寿命，如普通车床用的高速钢车刀和硬质合金焊接车刀的寿命取为 60 min。复杂的、高精度的、多刃的刀具寿命应选择比简单的、低精度的、单刃的刀具高，如高速钢钻头的寿命为 80 ~ 120 min、硬质合金端铣刀的寿命为 120 ~ 180 min，齿轮刀具的寿命则取 200 ~ 400 min。对于机夹可转位刀具，由于换刀时间短，为了充分发挥其切削性能，使切削刃始终处于锋利状态，提高生产效率，刀具寿命可选得低些，一般取 15 ~ 30 min。对于装刀、换刀和调刀比较复杂的多刀机床、组合机床与自动化加工所用刀具，刀具寿命应选得高些，尤其应保证刀具可靠性。例如，多轴铣床上硬质合金端铣刀寿命 $T = 400 ~ 800$ min。大件精加工时，为保证至少完成一次走刀，避免切削时中途换刀，刀具寿命应按零件精度和表面粗糙度来确定等。精加工时，通常以走刀次数或加工零件个数表示刀具耐用度。

六、切削用量的选择

切削用量不仅是在机床调整前必须确定的重要参数，而且其数值是否合理对加工质量、刀具寿命、生产率及生产成本等有着非常重要的影响。当尽量增大切削用量时，可以提高生产率和降低生产成本，但提高切削用量时又会受到切削力、切削功率、刀具寿命及加工质量等许多因素的限制。所谓"合理"的切削用量是指充分利用切削性能和机床动力性能（功率、扭矩），在保证质量的前提下，获得高的生产率和低的加工成本的切削用量。

1. 选择背吃刀量 a_p

背吃刀量应根据工件的加工余量来确定。粗加工时除留下精加工的余量外，尽可能用一次走刀切除全部加工余量，以使走刀次数最少；在毛坯粗大必须切除较多余量时，应考虑机床—刀具—工件系统刚性和机床有效功率，选取较大的背吃刀量；切削表面上有硬皮或切削不锈钢等冷硬材料时，应使背吃刀量超过硬皮或冷硬层厚度。精加工过程采取逐渐减少背吃刀量的方法，逐步提高加工精度与表面质量。超精车和超精镗削加工时，常采用硬质合金、陶瓷或金刚石刀具，当背吃刀量 $a_p = 0.05 \sim 0.2$ mm，进给量 $f = 0.01 \sim 0.1$ mm/r，切削速度 $v_c = 4 \sim 15$ m/s 时，由于切削层公称横截面积极小，可获得 $Ra0.32 \sim 0.08$ μm 和高于尺寸公差等级 IT5。

2. 选择进给量 f

在背吃刀量 a_p 选定以后，进给量直接决定了切削层横截面积，因而决定了切削力的大小。粗加工时，一般对工件已加工表面质量要求不太高，进给量主要受机床、刀具和工件所能承受的切削力的限制。在半精加工和精加工时，进给量按已加工表面的粗糙度要求选定。一般可通过查阅有关金属切削手册的切削数据表来确定，在有条件的情况下可通过对切削数据库进行检索和优化。

3. 选择切削速度 v_c

在选定背吃刀量和进给量后，根据合理的刀具寿命计算或用查表法确定切削速度 v_c 值。精加工时切削力较小，切削速度主要受刀具耐用度的限制。而粗加工时，由于切削力一般较大，切削速度主要受机床功率的限制。

总之，切削用量选择的基本原则是：粗加工时在保证合理的刀具寿命的前提下，首先选尽可能大的背吃刀量 a_p，其次选尽可能大的进给量 f，最后选取适当的切削速度 v_c；精加工时，主要考虑加工质量，常选用较小的背吃刀量和进给量，较高的切削速度，只有在受到刀具等工艺条件限制不宜采用高速切削时才选用较低的切削速度。例如用高速钢铰刀铰孔，切削速度受刀具材料耐热性的限制，并为了避免积屑瘤的影响，采用较低的切削速度。

第四节　材料的切削加工性

工件材料的切削加工性是指某种材料被切削加工成合格零件的难易程度。它有一定的相对性，具体的加工条件和要求不同，加工的难易程度也有很大差异。因此，在不同的情况下要用不同的指标来衡量和比较材料的切削加工性。

一、材料切削加工性的评定指标

（1）一定刀具寿命下的切削速度 v_T：v_T 是指刀具寿命为 T（min）时切削某种材料所允许的切削速度。v_T 越高，材料的切削加工性越好。当 T 为 60 min、30 min、15 min 时，v_T 可分别写成 v_{60}、v_{30} 或 v_{15}。

（2）切削力或切削温度：在相同的切削条件下，凡切削力小的材料，其切削加工性较好，反之较差。在粗加工中，当机床刚度或动力不足时，常以此作为衡量指标。

（3）已加工表面质量：凡较容易获得好的表面质量的材料，其切削加工性较好，反之较差。精加工时，常以此为衡量指标。

（4）切屑控制或断屑的难易：凡切屑较容易控制或易于断屑的材料，其切削加工性较好，反之较差。在自动机床或自动线上加工时，常以此为衡量指标。

（5）相对加工性 K_r：一般以抗拉强度 $\sigma_b = 735$ MPa 的 45 钢的 v_{60} 作基准，写作 $(v_{60})_j$，而把各种被切削材料的 v_{60} 与之相比，这个比值 K_r 即为其相对加工性，即

$$K_r = \frac{v_{60}}{(v_{60})_j}$$

相对加工性 K_r 实际上反映了材料对刀具磨损和寿命的影响。K_r 值越大，表示在相同切削条件下允许的切削速度越高，其相对加工性越好；同时表明刀具不易磨损，即刀具耐用度高。

常用材料的相对加工性 K_r 分为 8 级，见表 1-2。凡 K_r 大于 1 的材料，该材料比 45 钢容易切削，加工性比 45 钢好，如有色金属；K_r 小于 1 的材料比 45 钢难切削，加工性比 45 钢差，如高锰钢、钛合金均属难加工材料。

表 1-2　材料相对加工性等级

加工性等级	名称及种类		相对加工性 K_r	代表性材料
1	很容易切削材料	一般非铁金属	>3.0	铝铜合金、铝镁合金
2	容易切削材料	易切削钢	2.5~3.0	退火 15Cr（$\sigma_b = 375~441$ MPa）
3		较易切削钢	1.6~2.5	正火 30 钢（$\sigma_b = 441~549$ MPa）
4	普通材料	一般钢及铸铁	1.0~1.6	45 钢，灰铸铁
5		稍难切削材料	0.65~1.0	2Cr13 调质（$\sigma_b = 834$ MPa）
6	难切削材料	较难切削材料	0.5~0.65	45Cr 调质（$\sigma_b = 1\,030$ MPa）
7		难切削材料	0.15~0.5	50CrV 调质，1Cr18Ni9Ti
8		很难切削材料	<0.15	某些钛合金，铸造镍基高温合金

二、常用材料的切削加工性

碳素钢是应用最广泛的金属材料，其中低碳钢（$w_c < 0.25\%$）中的金相组织以铁素体为主，硬度约为 140 HBS，性软而韧。粗加工时不易断屑而影响操作过程，精加工时表面不光洁，故低碳钢的切削加工性较差；中碳钢，在 w_c 为 0.3%~0.6% 的金相组织中，珠光体的量增加，硬度约为 180 HBS，有较好的综合力学性能，其切削加工性较好；高碳钢，在 w_c 为 0.6%~0.8% 时，其金相组织以珠光体为主，正火后硬度为 230~280 HBS，其切削加工性次于中碳钢；当 $w_c > 0.8\%$ 时，其组织为珠光体和网状渗碳体，其性硬而脆，切削时刀具易磨损，故其切削加工性不好。

普通铸铁的金相组织是金属基体加游离态石墨。石墨不但降低了铸铁的塑性，切屑易断，而且在切削过程中还有润滑作用。铸铁与具有相同基体组织的碳素钢相比，具有较好的切削加工性。但另一方面，由于切削加工后表面石墨易脱落，使已加工表面粗糙。切削铸铁时形成崩碎切屑，造成切屑与前刀面的接触长度非常短，使切削力、切削热集中在刃区，最高温度在靠近切削刃的后刀面上。

合金结构钢的切削加工性一般低于含碳量相近的碳素结构钢。铝、镁等非铁合金硬度较低，且导热性好，故具有良好的切削加工性。

三、改善工件材料切削加工性的途径

从以上分析不难看出，化学成分和金相组织对工件材料切削加工性影响很大，故主要应

从这两方面着手改善材料的切削加工性。

1）调整材料的化学成分

在不影响材料使用性能的前提下，可在钢中适当添加一种或几种可以明显改进材料切削加工性的合金元素，如 S、Pb、Ca、P 等，获得易切钢。易切钢的良好切削加工性表现在：切削力小、易断屑、刀具寿命长、加工表面质量好。

2）热处理改变金相组织

生产中常对工件材料进行预先热处理，其目的在于通过改变工件材料的硬度来改善切削加工性。如低碳钢经正火处理或冷拔处理，使塑性减小，硬度略有提高，从而改善切削加工性。高碳钢通过球化退火使硬度降低，有利于切削加工。铸铁件在切削加工前进行退火可降低表层硬度，特别是白口铸铁，在 950 ℃ ~ 1 000 ℃ 的温度下长时间退火变成可锻铸铁，能使切削加工较易进行。

四、难加工材料的切削加工性

一般认为，当材料的相对加工性 K_r 小于 0.65 时，就属于难加工材料。难加工材料包括难切金属材料和难切非金属材料两大类。通常把高锰钢、高强度钢、不锈钢、高温合金、钛合金、高熔点金属及其合金、喷涂（焊）材料等称为难切金属材料。所谓切削困难，主要表现为：刀具寿命短，刀具易破损；难以获得所要求的加工表面质量，特别是表面粗糙度；断屑、卷屑、排屑困难。

切削难切金属材料的主要措施有：

（1）改善切削加工条件。要求机床有足够大的功率，并处于良好的技术状态；加工工艺系统应具有足够的强度和刚性，装夹要可靠；在切削过程中，要求均匀的机械进给，切忌手动进给，不允许刀具中途停顿。

（2）选用合适的刀具材料。根据金属材料的性质、不同的加工方法和加工要求选用刀具材料。

（3）优化刀具几何参数和切削用量。合理设计刀具结构和几何参数，选用最佳切削用量以及提高刀齿强度和散热条件，对最大限度提高刀具寿命和加工表面质量至关重要。

（4）对材料进行适当热处理。只要加工工艺允许，用此法可改变材料的金相组织和性质，以改善材料的可加工性。

（5）选用合适的切削液。可减小刀具的磨损和破损；切削液供给要充足，且不要中断。

（6）重视切屑控制。根据加工要求控制切屑的断屑、卷屑、排屑并有足够的容屑空间，以提高刀具寿命和加工质量。

非金属硬脆材料的硬度高而且脆性大，也有些材料硬度不高但很脆，故精密加工有一定难度。工程陶瓷包括电子与电工器件陶瓷和工具材料陶瓷，具有硬度高、耐磨、耐热和脆性大等特点。因此，只有金刚石和立方氮化硼刀具才能胜任陶瓷的切削。传统的加工方法是用金刚石砂轮磨削，还有研磨和抛光；但磨削效率低，加工成本高。随着烧结金刚石刀具的出现，易切陶瓷和高刚度机床的开发，陶瓷材料切削加工的效率越来越高，而成本相对降低。复合材料制件在成形后需要整理外形和协调装配，必需的机械加工也是难以避免的，如用螺栓连接和铆接时都需要钻孔。但复合材料的切削加工比较困难，这是由于材料的物理力学性能所决定的。当不同复合材料钻孔时，要用不同刀具材料和结构的钻头。

复习思考题

1. 试说明下列加工方法的主运动和进给运动：

a. 车端面；b. 在钻床上钻孔；c. 在铣床上铣平面；d. 在牛头刨床上刨平面；e. 在外圆磨床上磨外圆。

2. 试说明车削时的切削用量三要素，并简述粗、精加工时切削用量的选择原则。

3. 车外圆时，已知工件转速 $n = 320$ r/min，车刀进给速度 $v_f = 64$ mm/min，其他条件如题图 1-1 所示，试求切削速度 v_c、进给量 f、背吃刀量 a_p、切削层公称横截面积 A_D、切削层公称宽度 b_D 和厚度 h_D。

4. 弯头车刀刀头的几何形状如题图 1-2 所示，试分别说明车外圆、车端面（由外向中心进给）时的主切削刃、刀尖、前角 γ_o、主后角 α_o、主偏角 κ_r 和副偏角 κ'_r。

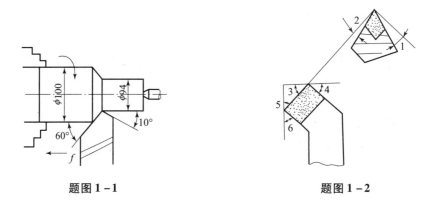

题图 1-1   题图 1-2

5. 简述车刀前角、后角、主偏角、副偏角和刃倾角的作用及选择原则。

6. 机夹可转位车刀有哪些优点？

7. 刀具切削部分材料应具备哪些基本性能？常用的刀具材料有哪些？

8. 高速钢和硬质合金在性能上的主要区别是什么？各适合做哪些刀具？

9. 切屑是如何形成的？常见的有哪几种？

10. 积屑瘤是如何形成的？它对切削加工有哪些影响？生产中最有效的控制积屑瘤的手段是什么？

11. 切削热对切削加工有什么影响？

12. 背吃刀量和进给量对切削力和切削温度的影响是否一样？如何运用这一规律指导生产实践？

13. 切削液的主要作用是什么？常根据哪些主要因素选用切削液？

14. 刀具的磨损形式有哪几种？在刀具磨损过程中一般分为几个磨损阶段？刀具寿命的含义和作用是什么？

15. 如何评价材料切削加工性的好坏？最常用的衡量指标是？如何改善材料切削加工性？

第二章　金属切削加工

第一节　金属切削机床的基本知识

金属切削机床是对金属工件进行切削加工的机器。由于它是用来制造机器的，也是唯一制造机床自身的机器，故又称为"工作母机"，习惯上简称为机床。机床是机械制造业的基本加工装备，它的种类、性能、质量和技术水平直接影响着其他产品的性能、质量、生产技术和企业的经济效益。机械工业为国民经济各部门提供技术装备的能力和水平，在很大程度上取决了机床的水平，所以机床属于基础机械装备。

一、机床的分类

机床的品种规格繁多，为便于设计、制造、使用和管理，需要加以分类。按加工性质、所用刀具和机床用途，机床分为 11 大类，即车床（C）、钻床（Z）、镗床（T）、磨床（M）、齿轮加工机床（Y）、螺纹加工机床（S）、铣床（X）、刨插床（B）、拉床（L）、锯床（G）和其他机床（Q）等。

按机床的通用性程度，机床可分为通用机床、专门化机床和专用机床。通用机床的工艺范围宽，通用性好，能加工一定尺寸范围的多种类型零件，如卧式车床、卧式升降台铣床和万能外圆磨床等。通用机床的结构比较复杂，生产率低，适用于单件小批量生产。专门化机床只能加工一定尺寸范围的某一类或几类零件，完成其中的某些特定工序，如曲轴车床、凸轮轴车床、花键铣床等。专用机床的工艺范围最窄，通常只能完成某一特定零件的特定工序，如车床主轴箱的专用镗床、车床导轨的专用磨床等。组合机床也属于专用机床。

按照加工零件的大小和机床重量，机床可分为仪表机床、中小型机床、大型机床（10 ~ 30 t）、重型机床（30 ~ 100 t）和超重型机床（100 t 以上）。按照机床的工作精度，机床可分为普通机床（P 级）、精密机床（M 级）和高精度机床（G 级）。按照自动化程度，机床可分为手动机床、半自动机床和自动机床 3 种。按照机床的自动控制方式，机床可分为仿形机床、数控机床、加工中心等。

二、金属切削机床的型号

机床的型号是机床产品的代号，用以表明机床的类型、通用特性和结构特性、主要技术参数等。GB/T 15375—2008《金属切削机床　型号编制方法》规定，我国的机床型号由汉语拼音字母和阿拉伯数字按一定规律组合而成，如图 2 - 1 所示。

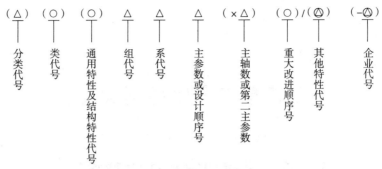

图2-1 金属切削机床的型号

注：①有"（ ）"的代号或数字，当无内容时，不表示，若有内容，则不带括号；

②"○"符号为大写的汉语拼音字母；

③"△"符号为阿拉伯数字；

④"⬡"符号为大写的汉语拼音字母，或阿拉伯数字，或两者兼有。

1. 机床的类别代号

我国的机床分为12大类，如有分类则在其类代号前加数字表示，如2M。机床的类代号和分类代号见表2-1。

表2-1 机床的类代号和分类代号

类别	车床	钻床	镗床	磨床	齿轮加工机床	螺纹加工机床	铣床	刨插床	拉床	锯床	其他机床
代号	C	Z	T	M 2M 3M	Y	S	X	B	L	G	Q
读音	车	钻	镗	磨 二磨 三磨	牙	丝	铣	刨	拉	割	其

2. 机床的通用特性代号

当某类型机床除有普通形式外，还具有表2-2所列的通用特征时，则在类代号之后，用大写的汉语拼音予以表示。

表2-2 机床通用特征代号

通用特性	代号	通用特性	代号
高精度	G	轻型	Q
精密	M	加重型	C
自动	Z	简式或经济型	J
半自动	B	数显	X
数控	K	柔性加工单元	R
加工中心（自动换刀）	H	高速	S
仿形	F	—	—

3. 结构特性代号

结构特性代号是为了区别主参数相同而结构不同的机床，在型号中用汉语拼音字母区分。例如，CA6140 型普通车床型号中的"A"，可理解为：CA6140 型普通车床在结构上区别于 C6140 型普通车床。

4. 机床的组别、系列代号

每类机床按其作用、性能、结构等分为若干组，每组又可以分为若干系。在机床型号中用两位阿拉伯数字表示，前者表示组，后者表示系。在同一类机床中，凡主要布局或使用范围基本相同的机床，即为同一组。凡在同一组机床中，若其主参数相同、主要结构及布局形式相同的机床，即为同一系。

5. 机床的主参数、设计顺序号和第二参数

型号中机床主参数代表机床规格的大小。在机床型号中，用数字给出主参数的折算数值（1/10 或 1/100），位于机床的组别、系列代号之后。

设计顺序号是指当无法用一个主参数表示时，则在型号中用设计顺序号表示。

第二主参数在主参数后面，一般是主轴数、最大跨距、最大工作长度、工作台工作面长度等，它也用折算值表示。

6. 机床的重大改进顺序号

当机床性能和结构布局有重大改进和提高时，在原机床型号尾部按其设计改进的次序，分别加重大改进顺序号 A，B，C…。

7. 其他特性代号

其他特性代号用汉语拼音字母或阿拉伯数字或二者的组合来表示，主要用以反映各类机床的特性，如对数控机床，可反映不同的数控系统；对于一般机床可反映同一型号机床的变形等。

8. 企业代号

生产单位为机床厂时，由机床厂所在城市名称的大写汉语拼音字母及该厂在该城市建立的先后顺序号，或机床厂名称的大写汉语拼音字母表示。

例如：CA6140

C—类别代号（车床类）；

A—结构特性代号；

6—组别代号（落地及卧式车床组）；

1—系别代号（卧式车床系）；

40—主参数代号（最大工件回转直径为 400 mm）。

第二节　车削加工

车削加工是指在车床上利用工件的旋转和刀具的移动，从工件表面切除多余材料，使其成为符合一定形状、尺寸和表面质量要求的零件的一种切削加工方法。其中工件的旋转为主运动，车刀的移动为进给运动。

车削比其他的加工方法应用普遍，一般机械加工车间中，车床往往占总机床的 20% ~ 50%，甚至更多。车床主要用来加工各种回转表面（内外圆柱面、圆锥面及成形回转表面）

和回转体的端面，有些车床还可以加工螺纹面。图 2 - 2 所示为适宜在车床上加工的零件。

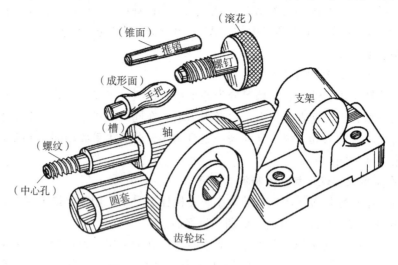

图 2 - 2　适宜在车床上加工的零件

一、车刀

车刀是最简单的金属切削刀具。车削加工的内容不同，采用的车刀种类也不同。车刀的种类很多，按其结构可分为焊接式、整体式、机夹重磨式、机夹可转位式等；按形式可分为直头、弯头、尖头、圆弧、右偏刀和左偏刀；根据用途可分为外圆车刀、端面车刀、螺纹车刀、镗孔车刀、切断车刀、螺纹车刀和成形车刀等。生产常用的车刀种类及用途如图 2 - 3 所示。

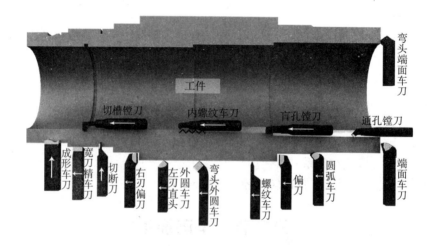

图 2 - 3　生产常用的车刀种类及用途

二、车床及其附件

车床种类繁多，按其用途和结构的不同主要分为：卧式车床、立式车床、转塔车床、仪表车床、单轴自动和半自动车床、多轴自动和半自动车床、专门化车床等。

1. 卧式车床

卧式车床型号很多，下面以 C6132 卧式车床为例，介绍它的组成部分。

图 2 - 4 所示为 C6132 卧式车床。床身上最大工件回转直径为 320 mm。C6132 车床主轴箱内只有一级变速，其主轴变速机构安装在远离主轴箱单独的变速箱中，以减小变速箱传动件的振动和热量对主轴的影响。

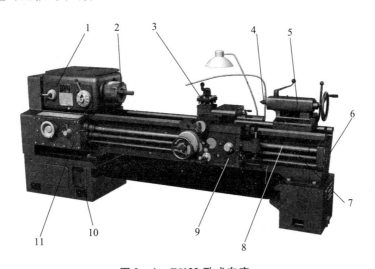

图 2 - 4　C6132 卧式车床

1—主轴箱；2—卡盘；3—刀架；4—后顶尖；5—尾座；6—床身；
7—光杠；8—丝杠；9—溜板箱；10—底座；11—进给箱

C6132 卧式车床由床身、主轴箱、进给箱、光杠、丝杠、溜板箱、刀架、尾座和床腿等组成。

床身是车床的基础零件，用来支撑和连接各主要部件并保证各部件之间有严格、正确的相对位置。床身上的导轨用来引导刀架和尾座相对于主轴箱进行正确的移动。床身的左右两端分别支撑在左右床腿上，床腿固定在地基上。左右床腿分别装有变速箱和电气箱。

主轴箱内装主轴和主轴变速机构。电动机的运动经 V 带传给主轴箱，通过变速机构使主轴得到不同的转速，从而带动工件旋转。主轴又通过传动齿轮带动配合齿轮旋转，将运动传给进给箱。主轴为空心结构，前部外锥面用于安装夹持工件的附件（如卡盘等），前部内锥面用来安装顶尖，细长的通孔可穿入长棒料。

进给箱内装进给运动的变速机构，可按所需要的进给量或螺距调整其变速机构，改变进给速度。

光杠、丝杠将进给箱的运动传给溜板箱。光杠用于自动走刀加工外圆面、端面等，丝杠用于车削螺纹。丝杠的传动精度比光杠高，光杠和丝杠不得同时使用。

溜板箱与大拖板连在一起，是车床进给运动的操纵箱。它用于安装变向机构，可将光杠传来的旋转运动通过齿轮，齿条机构（或丝杠、螺母机构）变为车刀需要的纵向或横向的直线运动，也可操纵对开螺母由丝杠带动刀架车削螺纹。

刀架用来夹持车刀，使其做纵向、横向或斜向进给运动，由大拖板（又称大刀架），中滑板（又称中刀架、横刀架），转盘，小滑板（又称小刀架）和方刀架组成，如图2-5所示。大拖板与溜板箱带动车刀沿床身导轨做纵向移动。中滑板沿大拖板上面的导轨做横向移动。转盘用螺栓与中滑板紧固在一起，松开螺母可使其在水平面内扳转任意角度。小滑板沿转盘上的导轨可做短距离移动。将转盘扳转某一角度后，小滑板便可带动车刀做相应的斜向移动。方刀架用于夹持车刀，可同时安装四把车刀。

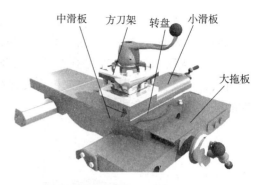

图2-5 刀架的组成

尾座安装在车床导轨上，尾座由底座、尾座体、套筒等部分组成。在尾座的套筒内安装顶尖可用来支撑工件，也可安装钻头、铰刀用于在工件上钻孔和铰孔。

床腿支撑床身，并与地基连接。

2. 立式车床

立式车床如图2-6所示，分单柱式和双柱式，一般用于加工直径大、长度短且质量较大的工件。立式工作台的台面是水平面，主轴的轴心线垂直于台面，工件的矫正、装夹比较方便，工件和工作台的重量均匀地作用在工作台下面的圆导轨上。

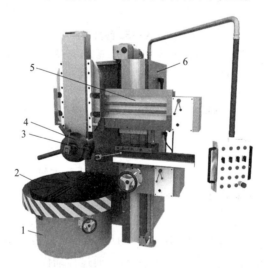

图2-6 立式车床

1—底座；2—工作台；3—侧刀架；4—垂直刀架；5—横梁；6—立柱

3. 转塔车床

转塔车床（图2-7），其结构与卧式车床相似，但没有丝杠，由可转动的六角转塔刀架代替尾座。

转塔刀架（图2-8）有六个装刀位置，可以同时装夹六把（组）刀具，如钻头、铰刀、板牙以及装在特殊刀夹中的各种车刀，既能加工孔，又能加工外圆和螺纹，这些刀具按零件加工顺序装夹。转塔刀架可以沿床身导轨做纵向进给，每一个刀位加工完毕后，转塔刀架快速返回且转动60°，更换到下一个刀位进行加工。

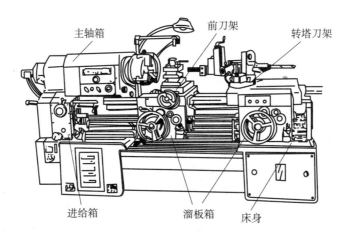

图 2 - 7 转塔车床

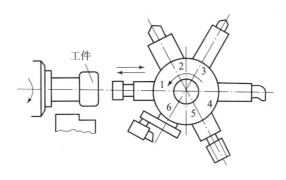

图 2 - 8 转塔刀架

4. 车床附件

车床主要用于加工回转表面。安装工件时，应使被加工表面的回转中心与车床主轴的轴线重合，同时要保证有足够的夹紧力。车床上常用装夹工件的附件有三爪自定心卡盘、四爪单动卡盘、顶尖、芯轴、中心架、跟刀架、花盘和弯板等。

1）三爪自定心卡盘

三爪自定心卡盘是车床上最常用的附件，其结构如图 2 - 9 所示。当转动小锥齿轮时，

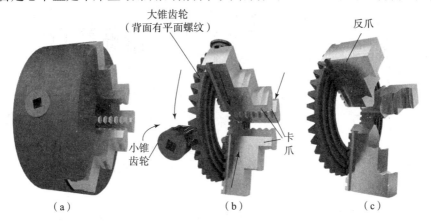

图 2 - 9 三爪自定心卡盘

可使其相啮合的大锥齿轮随之转动，大锥齿轮背面的平面螺纹使三个卡爪同时向中心收拢或张开，以夹紧不同直径的工件。由于三个卡爪同时移动，因此能自行对中（其对中精度为0.05~0.15 mm），装夹方便但夹紧力小。三爪自定心卡盘适宜快速夹持截面为圆形、正三角形、正六边形的工件。三爪自定心卡盘还附带三个"反爪"，换到卡盘体上即可用来夹持直径较大的工件，如图2-9（c）所示。

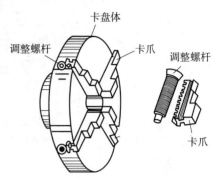

图 2 - 10　四爪单动卡盘

2）四爪单动卡盘

四爪单动卡盘如图2-10所示。它的四个卡爪通过四个调整螺杆独立移动，因此用途广泛。它不但可以安装截面是圆形的工件，还可以安装截面为方形、长方形、椭圆或其他某些形状不规则的工件，如图2-11所示。在圆盘上车偏心孔也常用四爪单动卡盘安装。此外，四爪单动卡盘的夹紧力比三爪自定心卡盘大，所以也用来安装较重的圆形截面工件。

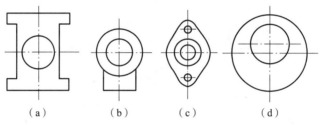

（a）　　　　（b）　　　　（c）　　　　（d）

图 2 - 11　四爪单动卡盘安装零件举例

由于四爪单动卡盘的四个卡爪是独立移动的，可加工偏心工件［图2-12（a）］。在安装工件时必须进行仔细地找正。一般用划线盘按工件外圆表面或内孔表面找正，也常按预先在工件上已划好的线找正［图2-12（b）］。如零件的安装精度要求很高，三爪自定心卡盘不能满足要求，也往往在四爪单动卡盘上安装，此时须用百分表找正［图2-12（c）］，安装精度可达0.01 mm。

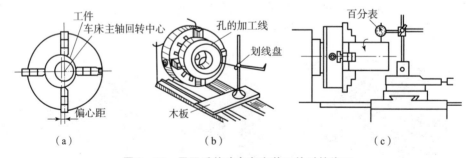

（a）　　　　　　　　　（b）　　　　　　　　　（c）

图 2 - 12　用四爪单动卡盘安装工件时的找正

（a）四爪卡盘装夹工件；（b）用划线盘找正；（c）用百分表找正

3）顶尖

在车床上加工长度较长或工序较多的轴类零件时，往往用双顶尖安装工件，如图2-13所示。把轴架在前后两个顶尖上，前顶尖装在主轴锥孔内并和主轴一起旋转，后顶尖装在尾座套筒内，前后顶尖就确定了轴的位置。将卡箍紧固在轴的一端，卡箍的尾部插入拨盘的槽内，拨盘安装在主轴上（安装方式与三爪自定心卡盘相同）并随主轴一起转动，通过拨盘带动卡箍即可使轴转动。

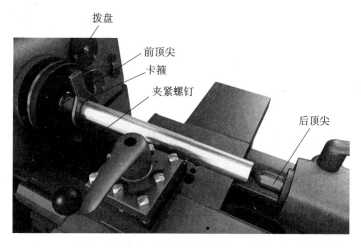

图 2-13　用双顶尖安装工件

常用的顶尖有死顶尖和活顶尖两种，其形状如图 2-14、图 2-15 所示。前顶尖装在主轴锥孔内，随主轴与工件一起旋转，与工件无相对运动，不发生摩擦，常采用死顶尖。后顶尖装在尾座套筒内，一般也用死顶尖。但在高速切削时，为了防止后顶尖与中心孔因摩擦过热而损坏或烧坏，常采用活顶尖。由于活顶尖的准确度不如死顶尖高，故一般用于轴的粗加工和半精加工。当轴的精度要求比较高时，后顶尖也应使用死顶尖，但要合理选择切削速度。

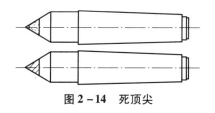
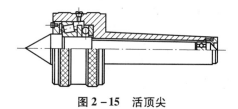

图 2-14　死顶尖　　　　　　　　　　　图 2-15　活顶尖

4）芯轴

盘套类零件其外圆、孔和两个端面常有同轴度或垂直度的要求，但利用卡盘安装加工时无法在一次安装中加工完成有位置精度要求的所有表面。如果把零件调头安装再加工，又无法保证零件的外圆对孔的径向圆跳动和端面对孔的端面圆跳动要求。因此，需要利用芯轴以已精加工过的孔定位，保证有关圆跳动要求。芯轴的种类很多，常用的有锥度芯轴和圆柱体芯轴。锥度芯轴如图 2-16 所示，其锥度一般为 1/2 000～1/5 000，工件压入芯轴后靠摩擦力紧固。这种芯轴装卸方便，对中准确，但不能承受较大的切削力，多用于盘套类零件的精加工。圆柱体芯轴如图 2-17 所示，工件装入芯轴后加上垫圈，再用螺母锁紧。它要求工件的两个端面与孔的轴线垂直，以免螺母拧紧时芯轴产生弯曲变形。这种芯轴夹紧力较大，但对中准确度较差，多用于盘套类零件的粗加工、半精加工。盘套零件上用于安装芯轴的孔，应有较高的精度，一般为 IT9～IT7，否则，零件在芯轴上无法准确定位。

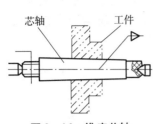

图 2-16　锥度芯轴

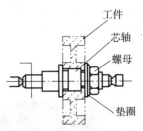

图 2-17　圆柱体芯轴

5）花盘

对于某些形状不规则的零件，当要求外圆、孔的轴线与安装基面垂直，或端面与安装面平行时，可以把工件直接压在花盘上加工，如图 2-18 所示。花盘是安装在车床主轴上的一个大铸铁圆盘，盘面上有许多用于穿放螺栓的槽。花盘的端面必须平整且圆跳动要很小。用花盘安装工件时，需经过仔细找正。

6）花盘—弯板

对于某些形状不规则的零件，当要求孔的轴线与安装面平行，或端面与安装基面垂直时，可用花盘—弯板安装工件，如图 2-19 所示。弯板要有一定的刚度和强度，用于贴靠花盘和安装工件的两个平面应有较高的垂直度。弯板安装在花盘上要仔细找正，工件紧固在弯板上也需找正。用花盘或花盘—弯板安装工件时，由于重心往往偏向一边，需要在另一边加平衡铁，以减少旋转时的振动。

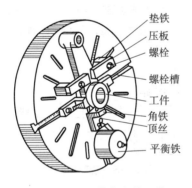

图 2-18　用花盘安装工件

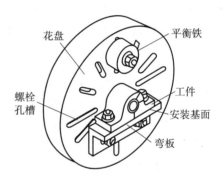

图 2-19　用花盘—弯板安装工件

7）中心架和跟刀架

加工长径比大于 20 的细长轴时，为防止轴受切削力的作用而产生弯曲变形，往往需要使用中心架或跟刀架。

中心架固定在床身上。支撑工件前，先在工件上车出一小段光滑圆柱面，然后调整中心架的三个支撑爪与其均匀接触，再分段进行车削。图 2-20（a）所示为利用中心架车外圆，在工件右端加工完毕后，调头再加工另一端。图 2-20（b）所示为利用中心架加工长轴的端面，卡盘夹持长轴的一端，中心架支撑另一端，这种方法也可以加工端面上的孔。

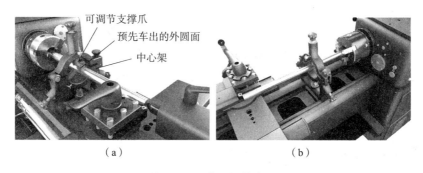

（a）　　　　　　　　　　　　　（b）

图 2 – 20　中心架的应用

（a）用中心架车外圆；（b）用中心架车端面

　　跟刀架与中心架不同，它固定在大拖板上，并随大拖板一起纵向移动。使用跟刀架需先在工件上靠后顶尖的一端车出一小段外圆，以它来支撑跟刀架的支撑爪，然后再车出工件的全长，如图 2 – 21 所示。跟刀架多用于加工光滑轴，如光杠等。应用跟刀架和中心架时，工件被支撑的部分应是加工过的外圆表面，并要加机油润滑。工件的转速不能过高，以免工件与支撑之间摩擦过热而烧坏或使支撑爪磨损。

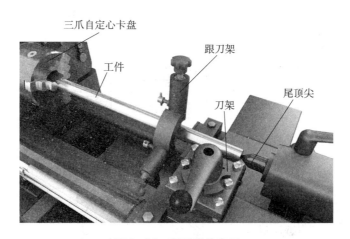

图 2 – 21　跟刀架的应用

三、车削基本工艺

　　由于车刀的角度不同和切削用量不同，车削的精度和表面粗糙度也不同。为了提高生产率及保证加工质量，车削分为粗车、半精车、精车和精细车。粗车的目的是从毛坯上切去大部分余量，为精车做准备。粗车时采用较大的背吃刀量 a_p、较大的进给量 f 及中等或较低的切削速度 v_c，以达到高的生产率。粗车也可作为低精度表面的最终工序。粗车后的尺寸公差等级一般为 IT13 ~ IT11，表面粗糙度 Ra 值为 50 ~ 12.5 μm。半精车的目的是提高精度和减小表面粗糙度，可作为中等精度外圆的终加工，亦可作为精加工外圆的预加工。半精车的背吃刀量和进给量较粗车时小。半精车的尺寸公差等级可达 IT10 ~ IT9，表面粗糙度 Ra 值为 6.3 ~ 3.2 μm。精车的目的是保证工件所要求的精度和表面粗糙度，作为较高精度外圆面的终加工，也可作为光整加工的预加工。精车一般采用小的背吃刀量（$a_p < 0.15$ mm）和进给

量（$f < 0.1$ mm/r），可以采用高的切削速度，以避免积屑瘤的形成。精车的尺寸公差等级一般为 IT8 ~ IT7，表面粗糙度 Ra 值为 1.6 ~ 0.8 μm。精细车一般用于技术要求高的、韧性大的有色金属零件的加工。精细车所用机床应有很高的精度和刚度，多使用仔细刃磨过的金刚石刀具。精细车削时采用小的背吃刀量（$a_p \leqslant 0.03 ~ 0.05$ mm）、小的进给量（$f = 0.02 ~ 0.2$ mm/r）和高的切削速度（$v_c > 2.6$ m/s）。精细车的尺寸公差等级可达 IT6 ~ IT5，表面粗糙度 Ra 值为 0.4 ~ 0.1 μm。

四、车削加工的应用

车削加工适用于加工各种轴类、套筒类和盘类零件上的回转表面，如内圆柱面、圆锥面、环槽、成形回转表面、端面和各种常用螺纹等。在车床上还可以进行钻孔、扩孔、铰孔和滚花等工艺，如图 2 - 22 所示。

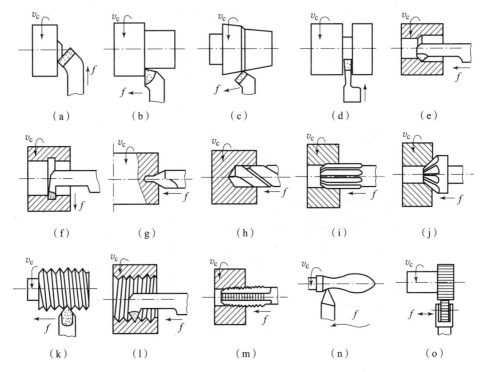

图 2 - 22 卧式车床的典型加工工序

（a）车端面；（b）车外圆；（c）车外锥面；（d）切槽、切断；（e）车孔；（f）切内槽；（g）钻中心孔；

（h）钻孔；（i）铰孔；（j）锪锥孔；（k）车外螺纹；（l）车内螺纹；（m）攻螺纹；（n）车成形面；（o）滚花

1. 车外圆

当刀具的运动方向与工件轴线平行时，将工件车削成圆柱形表面的加工称为车外圆。这是车削加工最基本的操作，经常用来加工轴销类和盘套类工件的外表面。

常用外圆车刀（图 2 - 23）有以下几种：

（1）尖刀。尖刀主要用于粗车外圆和车削没有台阶或台阶不大的外圆。

（2）45°弯头刀。45°弯头刀既可车外圆，又可车端面，还可以进行 45°倒角，应用较为广泛。

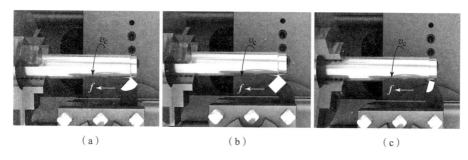

图 2－23　外圆车刀

（a）尖刀车外圆；（b）45°弯头刀车外圆；（c）右偏刀车外圆

（3）右偏刀。右偏刀主要用来车削带直角台阶的工件。由于右偏刀切削时产生的径向力小，常用于车削细长轴。

在粗车铸件、锻件时，因表面有硬皮，可先倒角或车出端面，然后用大于硬皮厚度的背吃刀量粗车外圆，使刀尖避开硬皮以防刀尖磨损过快或被硬皮打坏。用高速钢车刀低速精车钢件时采用乳化液润滑，用高速钢车刀低速精车铸铁件时采用煤油润滑可降低工件表面粗糙度值。

2. 车端面

轴类、盘套类工件的端面经常用来作为轴向定位和测量的基准。车削加工时，一般都先将端面车出。

对工件端面进行车削时刀具进给运动方向与工件轴线垂直。车削时，注意刀尖要对准中心，否则端面中心处会留有凸台。端面的车削加工如图 2－24 所示。粗车或加工大直径工件时多用弯头车刀，车刀自外向中心切削，弯头车刀车端面对中心凸台是逐步切除的，不易损坏刀尖。精车或加工小直径工件时，多用右偏刀。右偏刀由外向中心车端面时，凸台是瞬时去掉的，容易损坏刀尖，而且右偏刀由外向中心进给切削时前角小，切削不顺利，而且背吃刀量大时容易引起扎刀，使端面出现内凹。右偏刀自中心向外切削，此时切削刃前角大，切削顺利，表面粗糙度值小。

图 2－24　车端面

（a）偏刀车端面（由外向中心）；（b）偏刀车端面（由中心向外）；（c）弯头刀车端面

3. 车台阶

很多的轴类、盘套类零件上的台阶面的加工，高度小于 5 mm 的低台阶加工由正装的 90°偏刀车外圆时车出；高度大于 5 mm 的高台阶在车外圆几次走刀后用主偏角大于 90°的偏刀沿径向向外走刀车出，如图 2－25 所示。

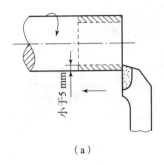 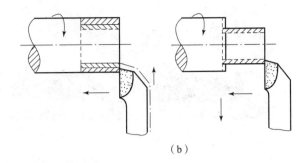

（a）   （b）

图 2 - 25　车台阶面

（a）车低台阶；（b）车高台阶

4. 切槽与切断

回转体工件表面经常需要加工一些沟槽，如螺纹退刀槽、砂轮越程槽、油槽、密封圈槽等，分布在工件的外圆表面、内孔或端面上。切槽所用的刀具为切槽刀，如图 2 - 26 所示，它有一条主切削刃、两条副切削刃、两个刀尖，加工时沿径向由外向中心进刀。宽度小于 5 mm 的窄槽，用主切削刃尺寸与槽宽相等的车槽刀一次车出；车削宽度大于 5 mm 的宽槽，先沿纵向分段粗车，再精车车出槽深及槽宽，如图 2 - 27 所示。

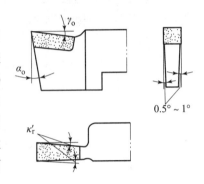

图 2 - 26　切槽刀

第一、二次横向进给 最后一次横向进给后再以纵向进给车槽底

（a）   （b）

图 2 - 27　切槽方法

（a）切窄槽；（b）切宽槽

当工件上有几个同一类型的槽时，槽宽如一致，可以用同一把刀具切削。

切断是将坯料或工件从夹持端上分离下来，如图 2 - 28 所示。切断所用的切断刀与车槽刀极为相似，只是刀头更加窄长，刚性更差。由于刀具要切至工件中心，呈半封闭切削，排屑困难，容易将刀具折断。因此，装夹工件时应尽量将切断处靠近卡盘，以增加工件刚性。对于大直径工件，有时采用反切断法，目的在于排屑顺畅。切断时刀尖必须与工件等高，否则切断处将留有凸台，

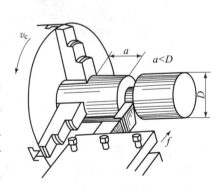

图 2 - 28　切断

也容易损坏刀具；切断刀伸出不宜过长，以增强刀具刚性；切断时切削速度要低，采用缓慢均匀的手动进给，以防进给量太大造成刀具折断；切断钢件时应适当使用切削液，加快切断过程的散热。

5. 车圆锥

在各种机械结构中还广泛存在圆锥体和圆锥孔的配合。如顶尖尾柄与尾座套筒的配合、顶尖与被支撑工件中心孔的配合、锥销与锥孔的配合。圆锥面配合紧密，装拆方便，经多次拆卸后仍能保证有准确的定心作用，小锥度配合表面还能传递较大的扭矩。因此，大直径的麻花钻都使用锥柄。在生产中车削锥面常用宽刀法、小拖板旋转法、偏移尾座法和靠模法。

宽刀法就是利用主切削刃横向直接车出圆锥面，如图2-29所示。此时，切削刃的长度要略长于圆锥母线长度，切削刃与工件回转中心线成半锥角。宽刀法加工方便、迅速，能加工任意角度的内、外圆锥。此种方法加工的圆锥面很短，而且要求切削加工系统要有较高的刚性，适用于批量生产。

图2-29　宽刀法车锥面

小拖板旋转法就是松开车床中拖板上转盘的紧固螺钉，使小拖板转过半锥角，如图2-30所示，将螺钉拧紧后，转动小拖板手柄，沿斜向进给，便可以车出圆锥面。小拖板旋转法操作简单方便，能保证一定的加工精度，能加工各种锥度的内、外圆锥面，应用广泛。受小拖板行程的限制，小拖板旋转法不能车太长的圆锥。由于小拖板只能手动进给，加工的锥面粗糙度值大，所以小拖板旋转法在单件或小批量生产中用得较多。

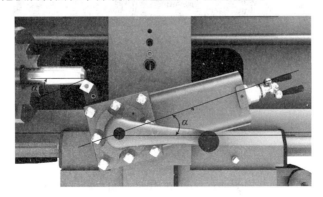

图2-30　小拖板旋转法车锥面

　　偏移尾座法（图2-31）是将尾座带动顶尖横向偏移距离 S，使得安装在两顶尖间的工件回转轴线与主轴轴线成半锥角。这样车刀做纵向走刀车出的回转体母线与回转体中心线成斜角，形成圆锥面。偏移尾座法能切削较长的圆锥面并能自动走刀，表面粗糙度值比小拖板旋转法小，与自动走刀车外圆一样。但由于受到尾部偏移量的限制，一般只能加工小锥度圆锥，也不能加工内锥面。

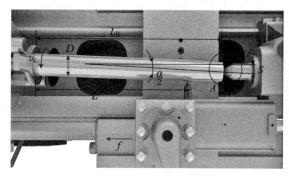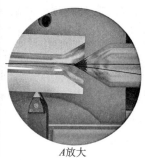

A放大

图2-31　偏移尾座法车锥面

　　在大批量生产中还经常用靠模法车削圆锥面，如图2-32所示。靠模装置的底座固定在床身的后面，底座上装有锥度靠模板。松开紧固螺钉，靠模板可以绕定位销钉旋转，与工件的轴线成一定的斜角。靠模上的滑块可以沿靠模滑动，而滑块通过连接板与拖板连接在一起。中拖板上的丝杠与螺母脱开，其手柄不再调节刀架横向位置，而是将小拖板转过90°，用小拖板上的丝杠调节刀具横向位置，以调整所需的背吃刀量。如果工件的锥角为 α，则将靠模调节成 $\alpha/2$ 的斜角。当大拖板做纵向自动进给时，滑块就沿着靠模滑动，从而使车刀的运动平行于靠模板，车出所需的圆锥面。靠模法加工进给平稳，工件的表面质量好，生产效率高，可以加工 $\alpha<12°$ 的长圆锥。

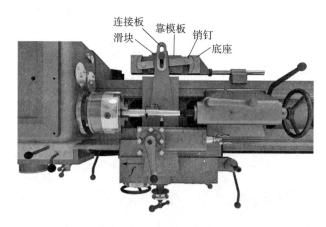

连接板　滑块　靠模板　销钉　底座

图2-32　靠模法车锥面

6. 成形面车削

　　在回转体上有时会出现母线为曲线的回转表面，如手柄、手轮、圆球等，这些表面称为成形面。成形面的车削方法有手动法、成形刀法、靠模法等。

手动法车削成形面如图 2 - 33 所示，操作者双手同时操纵中拖板和小拖板手柄移动刀架，使刀尖运动轨迹与要形成的回转体成形面的母线尽量相符合。车削过程中还经常用成形样板检验。通过反复的加工、检验、修正，最后形成要加工的成形表面。手动法加工简单方便，但对操作者技术要求高，而且生产效率低，加工精度低，一般用于单件或小批量生产。

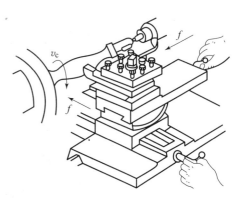

图 2 - 33　手动法车削成形面

成形刀法是用切削刃形状与工件表面形状一致的成形车刀（样板车）加工成形面。用成形车刀切削时，只要做横向进给就可以车出工件上的成形表面。用成形车刀车削成形面，工件的形状精度取决于刀具的精度，加工效率高，但由于刀具切削刃长，加工时的切削力大，加工系统容易产生变形和振动，要求机床有较高的刚度和切削功率。成形车刀制造成本高，且不容易刃磨，因此，成形车刀法适用于成批或大批量生产。

用靠模法车成形面与靠模法车圆锥面的原理一样。靠模的形状是与工件母线形状一样的曲线，如图 2 - 34 所示。大拖板带动刀具做纵向进给的同时靠模带动刀具做横向进给，两个方向进给形成的合运动产生的进给运动轨迹就形成工件的母线。靠模法加工采用普通的车刀进行切削，刀具实际参加切削的切削刃不长，切削力与普通车削相近，变形小，振动小，工件的加工质量好，生产效率高，但靠模的制造成本高。靠模法车成形面主要用于成批或大批量生产。

工件
尖头车刀

连接板　滚柱　靠模板

图 2 - 34　靠模法车成形面

7. 孔加工

车床上孔的加工方法有钻孔、扩孔、铰孔和镗孔。

在车床上钻孔如图 2 - 35 所示，钻孔所用的刀具为麻花钻，工件的回转运动为主运动，尾座上的套筒推动钻头所做的纵向移动为进给运动。车床钻孔前先车平工件端面，以便于钻头定心，防止钻偏。然后用中心孔钻在工件中心处先钻出麻花钻定心孔，或用车刀在工件中心处车出定心小坑。最后选择与所钻孔直径对应的麻花钻，麻花钻工作部分长度略长于孔深。如果是直柄麻花钻，则用钻夹头装夹后插入尾座套筒。锥柄麻花钻用过渡锥套或直接插入尾座套筒。钻孔时，松开尾座锁紧装置，移动尾座直至钻头接近工件，开始钻削时进给要慢一些，然后以正常进给量进给，应经常将钻头退出以利于排屑和冷却钻头。钻削钢件时，应加注切削液。

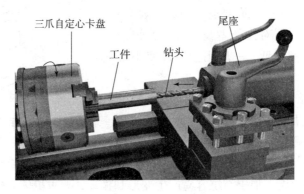

图 2-35　在车床上钻孔

在车床上镗孔（图 2-36），工件旋转做主运动，镗刀在刀架带动下做进给运动。镗孔时镗刀杆应尽可能粗一些，镗刀伸出刀架的长度应尽量短些，以增加镗刀杆的刚性，减少振动，但伸出长度不得小于镗孔深度；镗孔时选用的切削用量要比车外圆小些，其调整方法与车外圆基本相同，只是横向进刀方向相反。开动机床镗孔前要将镗刀在孔内手动试走一遍，确认无运动干涉后再开车切削。

（a）　　　　　　　　　　　　　（b）

图 2-36　镗孔
（a）镗通孔；（b）镗盲孔

车床上的孔加工主要是针对回转体工件中间的孔。对非回转体上的孔可以利用四爪单动卡盘或花盘装夹在车床上加工，但更多的是在钻床和镗床上进行加工。

8. 车螺纹

车床上加工螺纹主要是用车刀车削各种螺纹。对于小直径螺纹也可用板牙或丝锥在车床上加工。这里只介绍普通螺纹的车削加工。各种螺纹的牙型都是靠刀具切出的，所以螺纹车刀切削部分的形状必须与将要车的螺纹的牙型相符。螺纹车刀装夹时，刀尖必须与工件中心等高并用样板对刀，保证刀尖角的角平分线与工件轴线垂直，以保证车出的螺纹牙型两边对称。车螺纹时应使用丝杠传动，主轴的转速应选择得低些，图 2-37 所示为车削螺纹的步骤，此法适合于车削各种螺纹。

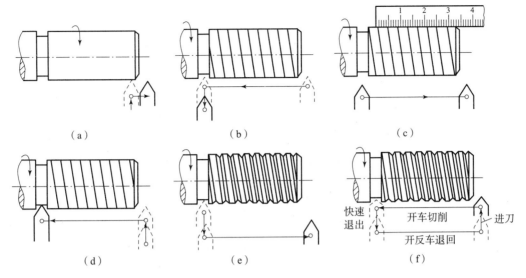

（a）　　　　　　　　　　　（b）　　　　　　　　　　　（c）

（d）　　　　　　　　　　　（e）　　　　　　　　　　　（f）

图 2 - 37　车削螺纹的步骤

（a）开车，使车刀与工件轻微接触记下刻度盘读数，向右退出车刀；（b）合上对开螺母，在工件表面上车出一条
螺旋线，横向退出车刀，停车；（c）开反车使车刀退到工件右端，停车，用钢尺检查螺距是否正确；
（d）利用刻度盘调整切深，开车切削；（e）车刀将至行程终了时，应做好退刀停车准备，先快速退出车刀，
然后停车，开反车退回刀架；（f）再次横向进给切深，继续切削

9. 滚花

许多工具和机器零件的手握部分，为了便于握持和增加美观，常常在表面滚压出各种不
同的花纹，如百分尺的套管、铰杠扳手及螺纹量规等。这些花纹一般都是在车床上用滚花刀
滚压而成的，如图 2 - 38 所示。滚花的花纹有直纹和网纹两种，滚花刀也分直纹滚花刀和网
纹滚花刀，如图 2 - 39 所示。花纹也有粗细之分，工件上花纹的粗细取决于滚花刀上的滚
轮。滚花时工件所受的径向力大，工件装夹时应使滚花部分靠近卡盘。滚花时工件的转速要
低，并且要有充分的润滑，以减少塑性流动的金属对滚花刀的摩擦和防止产生乱纹。

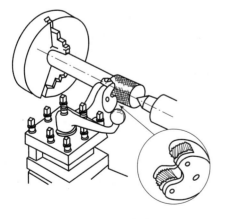

图 2 - 38　滚花

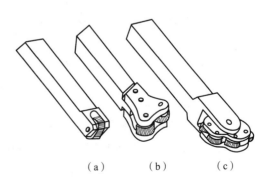

（a）　　　　　（b）　　　　　（c）

图 2 - 39　滚花刀

（a）直纹滚花刀；（b）、（c）网纹滚花刀

五、车削加工的特点

（1）易于保证零件各加工表面的相互位置精度。对于轴、套筒、盘类等零件，车削时工件绕某一固定轴线回转，各表面具有同一回转轴线，因此，在一次安装中加工出同一零件不同直径的外圆面、孔及端面时，易于保证各外圆面之间的同轴度、各外圆面与内圆面之间的同轴度以及端面与轴线的垂直度。

（2）生产率高。车削的切削过程是连续的（车削断续外圆表面例外），而且切削面积保持不变（不考虑毛坯余量的不均匀），所以切削力变化小。与铣削和刨削相比，车削过程平稳，又由于车削的主运动为工件回转，避免了惯性力和冲击力的影响，所以车削允许采用较大的切削用量，进行强力切削和高速切削，生产率高。

（3）生产成本低。车刀是刀具中最简单的一种，制造、刃磨和安装方便，刀具费用低。车床附件多，装夹及调整时间较短，生产准备时间短，因此切削生产率高，生产成本低。

（4）应用范围广。车削除了经常用于车外圆、端面、孔、切槽和切断等加工外，还用来车螺纹、锥面和成形表面。同时车削加工的材料范围较广，可车削黑色金属、有色金属和某些非金属材料，特别适合于有色金属零件的精加工。车削既适于单件小批量生产，也适于中、大批量生产。

第三节　铣　　削

在铣床上用铣刀对工件进行切削加工的方法称为铣削（milling），主要用于加工平面、斜面、垂直面、各种沟槽及成形表面，如图 2-40 所示。铣削可以分为粗铣和精铣，对有色金属还可以采用高速铣削，以进一步提高加工质量。铣平面的尺寸公差等级一般可达 IT9 ~ IT7 级，表面粗糙度 Ra 值为 6.3 ~ 1.6 μm，直线度可达 0.12 ~ 0.08 mm/m。

一、铣刀

铣刀实质上是一种由几把单刃刀具组成的多刃刀具。常用的铣刀刀齿材料有高速钢和硬质合金两种。铣刀的分类方法很多，根据铣刀安装方法的不同，铣刀可分为带孔铣刀和带柄铣刀两大类。

带孔铣刀如图 2-41 所示，多用于卧式铣床。其中，圆柱铣刀 [图 2-41（a）] 主要用其周刃铣削中小型平面。按刀齿分布在刀体圆柱表面上的形式可分为直齿和螺旋齿圆柱铣刀两种。螺旋齿铣刀又分为粗加工用的粗齿铣刀（8 ~ 10 个刀齿）和精加工用的细齿铣刀（12 个刀齿以上）。螺旋齿铣刀同时参加切削的刀齿数较多，工作较平稳，生产中使用较多。三面刃铣刀 [图 2-41（b）] 用于铣削小台阶面、直槽和四方或六方螺钉小侧面。锯片铣刀 [图 2-41（c）] 用于铣削窄缝或切断，其宽度比圆盘铣刀的宽度小。盘状模数铣刀 [图 2-41（d）] 属于成形铣刀，用于铣削齿轮的齿形槽。角度铣刀 [图 2-41（e）、（f）] 属于成形铣刀，具有各种不同的角度，用于加工各种角度槽和斜面。半圆弧铣刀 [图 2-41（g）、（h）] 属于成形铣刀，其切削刃呈凸圆弧、凹圆弧等，用于铣削内凹和外凸圆弧表面。

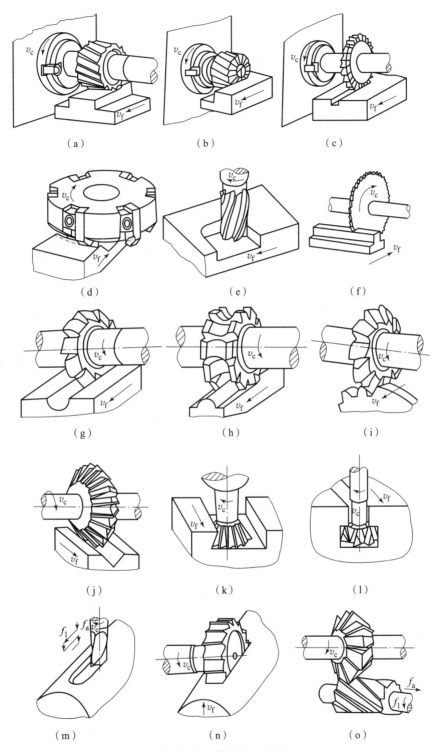

图 2 - 40　铣削加工方法

（a）圆柱铣刀铣平面；（b）套式立铣刀铣台阶面；（c）三面刃铣刀铣直角槽；（d）端铣刀铣平面；
（e）立铣刀铣凹平面；（f）锯片铣刀切断；（g）凸半圆弧铣刀铣凹圆弧面；（h）凹半圆弧铣刀铣凸圆弧面；
（i）齿轮铣刀铣齿轮；（j）角度铣刀铣 V 形槽；（k）燕尾槽铣刀铣燕尾槽；（l）T 形槽铣刀铣 T 形槽；
（m）键槽铣刀铣键槽；（n）半圆键槽铣刀铣半圆键槽；（o）角度铣刀铣螺旋槽

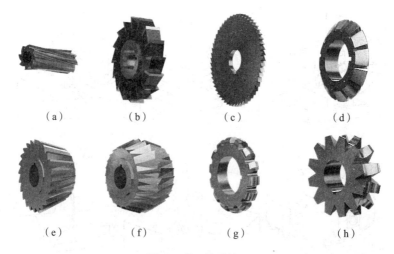

图 2-41 带孔铣刀

（a）圆柱铣刀；（b）三面刃铣刀；（c）锯片铣刀；（d）盘状模数铣刀；（e）、（f）角度铣刀；（g）、（h）半圆弧铣刀

　　带柄铣刀多用于立式铣床，有时也可用于卧式铣床。端铣刀（图 2-42）刀齿分布在刀体的端面上和圆柱面上，按结构形式分为整体式和镶齿式两种。端铣刀刀杆伸出长度短、刚性好，铣削较平稳，加工面的粗糙度值小。其中硬质合金镶齿端铣刀在钢制刀盘上镶有多片硬质合金刀齿，用于铣削较大的平面，可实现高速切削，故得到广泛应用。立铣刀［图 2-43（a）］刀齿分布在圆柱面和端面上，它很像带柄的端铣刀，端部有三个以上的刀刃，主要用于铣削直槽、小平面、台阶平面和内凹

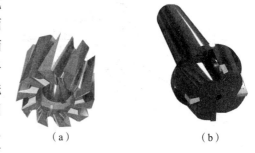

图 2-42 端铣刀

（a）整体式；（b）镶齿式

平面等。键槽铣刀［图 2-43（b）］的端部只有两个刀刃，专门用于铣削轴上封闭式键槽。T形槽铣刀［图 2-43（c）］和燕尾槽铣刀［图 2-43（d）］分别用于铣削 T 形槽和燕尾槽。

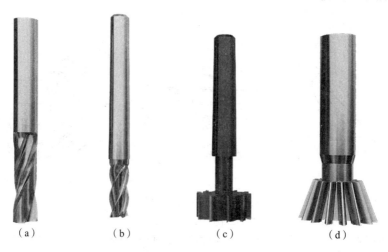

图 2-43 带柄铣刀

（a）立铣刀；（b）键槽铣刀；（c）T形槽铣刀；（d）燕尾槽铣刀

二、铣床及其附件

铣床的种类很多,常用的有卧式铣床、万能铣床和立式铣床。此外还有龙门铣床、数控铣床及各种专用铣床。卧式或立式升降台铣床多用于单件小批量生产中加工中小型工件;龙门铣床用于加工大型工件或同时加工多个中小型工件,生产率较高,多应用于成批或大批量生产。

卧式铣床简称卧铣,是铣床中应用最多的一种,其主要特征是主轴轴线与工作台面平行。图2-44所示为万能卧式铣床。卧式铣床主要由床身、主轴、横梁、纵向工作台、转台、横向工作台、升降台等部分组成。床身用来固定和支撑铣床上所有的部件,内部装有主轴、主轴变速箱、电气设备及润滑油泵等部件,顶面上有供横梁移动用的水平导轨,前部有燕尾形的垂直导轨供升降台上、下移动。主轴是空心轴,前端有7:24的精密锥孔,用于安装铣刀或刀轴,并带动铣刀或刀轴旋转。横梁上面可安装吊架,用来支撑刀轴外伸的一端,以加强刀轴的刚度。横梁可沿床身顶部的水平导轨移动,以调整其伸出的长度。纵向工作台可以在转台的导轨上做纵向移动,以带动安装在台面上的工件做纵向进给。台面上的T形槽用以安装夹具或工件。转台的唯一作用是能将纵向工作台在水平面内扳转一个角度(顺时针、逆时针最大均可转过45℃),用于铣削螺旋槽等。有无转台是万能卧铣与普通卧铣的主要区别。横向工作台位于升降台上面的水平导轨上,可带动纵向工作台一起做横向进给。升降台可以使整个工作台沿床身的垂直导轨上下移动,以调整工作台面到铣刀的距离,并可带动纵向工作台一起做垂直进给。

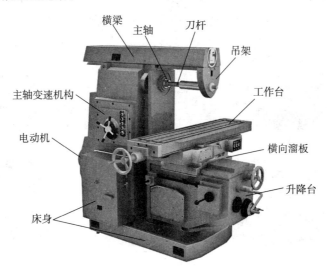

图2-44 万能卧式铣床

立式铣床简称立铣,它与卧铣的主要区别是主轴与工作台面相垂直。有时根据加工的需要,可以将其主轴偏转一定的角度。图2-45所示为立式铣床。立式铣床的主要组成部分与X6125万能卧式铣床基本相同,除主轴所处位置不同外,它没有横梁、吊架和转台。铣削时,铣刀安装在主轴上,由主轴带动做旋转运动,工作台带动工件做纵向、横向、垂向的进给运动。

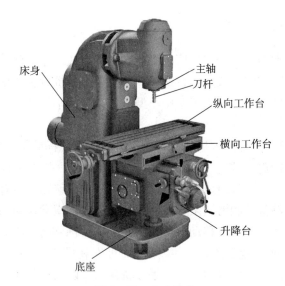

图 2 - 45　立式铣床

　　铣床常用的工件安装方法有平口钳安装［图 2 - 46（a）］、压板螺栓安装［图 2 - 46（b）］、V 形铁安装［图 2 - 46（c）］和分度头安装［图 2 - 46（d）、（e）、（f）］等。分度头多用于安装有分度要求的工件，它既可用分度头卡盘（或顶尖）与尾座顶尖一起使用安装轴类零件，也可只使用分度头卡盘安装工件。由于分度头的主轴可以在垂直平面内扳转，因此可利用分度头把工件安装成水平、垂直及倾斜位置。当零件的生产批量较大时，可采用专用夹具或组合夹具安装工件，这样既能提高生产效率，又能保证产品质量。

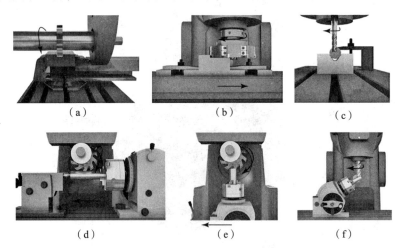

图 2 - 46　铣床常用的工件安装方法

（a）平口钳安装；（b）压板螺栓安装；（c）V 形铁安装；（d）分度头顶尖安装；
（e）分度头卡盘（直立）安装；（f）分度头卡盘（倾斜）安装

三、铣削基本工艺

　　铣削加工主要是加工平面，沟槽、台阶也相当于平面的组合，因而以平面铣削为例分析铣削加工的方式。平面加工既可以用周铣法，也可以用端铣法。

1）周铣法

周铣法是指用铣刀的圆周刀齿加工平面（包括成形面）的方法，用圆柱铣刀、盘状铣刀、立铣刀、成形铣刀等进行的加工，都属于周铣法。周铣法有逆铣法和顺铣法，如图 2 – 47 所示。

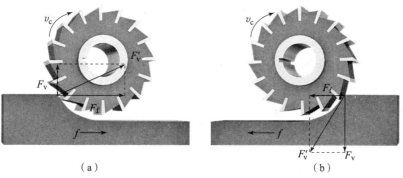

图 2 – 47　逆铣和顺铣

（a）逆铣；（b）顺铣

在切削部位刀齿的旋转方向与工件的进给方向相反的铣削为逆铣。逆铣 ［图 2 – 47（a）］时，每个刀齿的切削厚度是从零增大到最大值。因此，刀齿在开始切削时，要在工件表面上挤压滑移一段距离后才真正切入工件，从而增加了表面层的硬化程度，不但加速了后刀面的磨损，而且也影响了工件的表面粗糙度。此外，切削力会使工件向上抬起，有可能产生振动。

顺铣 ［图 2 – 47（b）］ 时，每个刀齿的切削厚度是由最大减小到零，如果工件表面有硬皮，易打刀；切削力的方向使工件紧压在工作台上，所以加工比较平稳。

因此，从保证工件夹持稳固，提高刀具耐用度和减小表面粗糙度等方面考虑，采用顺铣法为宜。但是，顺铣时忽大忽小的水平切削分力 F_f 作用方向与工件的进给方向是相同的，工作台进给丝杠与固定螺母之间一般都存在间隙（图 2 – 48），间隙在进给方向的前方。由于水平切削分力 F_f 的作用，会使工件连同工作台和丝杠一起向前窜动，造成进给量突然增

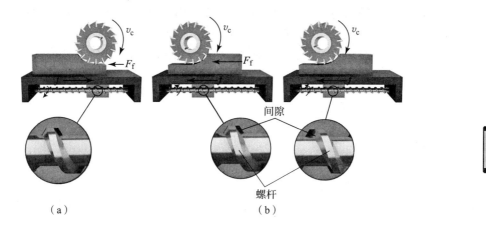

图 2 – 48　逆铣和顺铣时丝杠与螺母之间间隙

（a）逆铣；（b）顺铣（有水平切削力）；（c）顺铣（无水平切削力）

大，甚至引起打刀。而逆铣时，F_f 作用方向与进给方向相反，铣削过程中工作台丝杠始终压向螺母，不会因为间隙的存在而引起工件窜动。目前，一般铣床上没有消除工作台丝杠与螺母之间间隙的机构，所以，在生产中仍多采用逆铣法。另外，加工表面硬度较高的工件（如铸件毛坯表面），也应当采用逆铣法。

2）端铣法

端铣与周铣不同的是，周铣铣刀切削刃形成已加工表面，而端铣铣刀只有刀尖才形成已加工表面，端面切削刃是副切削刃，主要的切削工作由分布在外表面上的主切削刃完成。根据铣刀和工件之间相对位置的不同，端铣可分为对称铣削和不对称铣削，如图 2-49 所示。对称铣削是指刀齿切入工件与切出工件的切削厚度相同。不对称铣削是指刀齿切入时的切削厚度小于或大于切出时的切削厚度。

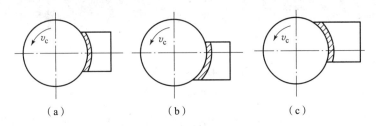

图 2-49 端铣的方式

（a）对称铣削；（b）不对称逆铣；（c）不对称顺铣

3）周铣法与端铣法的比较

（1）端铣的加工质量比周铣好。周铣时，同时参加工作的刀齿一般只有 1~2 个，而端铣时同时参加工作的刀齿多，切削力变化小，因此，端铣的切削过程比周铣时平稳；端铣刀的刀齿切入和切出工件时，虽然切削厚度较小，但不像周铣时切削厚度变为零，从而改善了刀具后刀面与工件的摩擦状况，提高了刀具耐用度，并可减小表面粗糙度；端铣时还可以利用修光刀齿修光已加工表面，因此，端铣可达到较小的表面粗糙度。

（2）端铣的生产率比周铣高。端铣刀一般直接安装在铣床的主轴端部，悬伸长度较小，刀具系统的刚性好，而圆柱铣刀安装在细长的刀轴上，刀具系统的刚性远不如端铣刀；端铣刀可以方便地镶装硬质合金刀片，而圆柱铣刀多采用高速钢制造。所以，端铣时可以采用高速铣削，大大地提高了生产率，同时还可以提高已加工表面的质量。

（3）周铣的适应性好于端铣。周铣便于使用各种结构形式的铣刀铣削斜面、成形表面、台阶面、各种沟槽和切断等。

四、铣削加工的应用

1）铣平面

根据具体情况，铣平面可以用端铣刀［图 2-50（a）、（b）］、圆柱铣刀［图 2-50（c）］、套式立铣刀［图 2-50（d）、（e）、（f）］、三面刃铣刀［图 2-50（g）］和立铣刀［图 2-50（h）、（i）］来加工。其中，铣平面优先选择端铣，因为用端铣刀铣平面生产率较高，加工表面质量也较好。

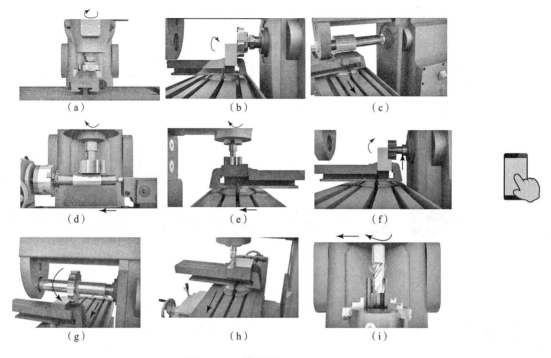

图 2 – 50　铣平面

（a）、（b）端铣刀；（c）圆柱铣刀；（d）、（e）、（f）套式立铣刀；

（g）三面刃铣刀；（h）、（i）立铣刀

2）铣斜面

铣斜面常用的方法（图 2 – 51）有：使用斜垫铁铣斜面、旋转立铣刀铣斜面和使用角度铣刀铣斜面。

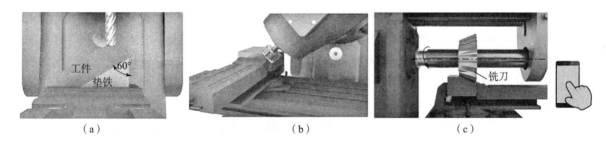

图 2 – 51　铣斜面

（a）使用斜垫铁铣斜面；（b）旋转立铣刀铣斜面；（c）使用角度铣刀铣斜面

3）铣沟槽

铣沟槽时，根据沟槽形状可分别在卧式铣床或立式铣床上用相应的沟槽铣刀进行铣削，如图 2 – 52 所示。在铣燕尾槽和 T 形槽之前，应先铣出宽度合适的直槽。

4）铣齿轮

齿轮的铣削加工属于成形法加工，它只用于单件小批量生产。低精度齿轮的齿铣削时，工件装夹在分度头上，根据齿轮的模数和齿数的不同选择相应的齿轮铣刀来加工。每铣完一个齿槽之后再铣另一个齿槽，直到铣完为止。

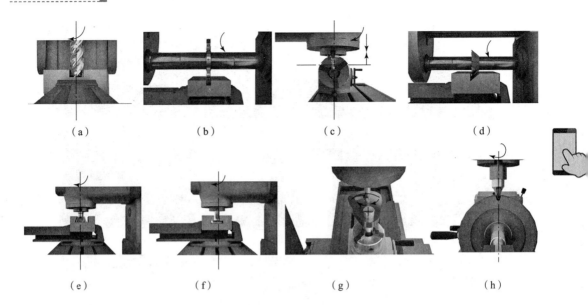

图 2-52 铣沟槽

（a）立铣刀铣直槽；（b）三面刃铣刀铣直槽；（c）键槽铣刀铣键槽；（d）角度铣刀铣角度槽；

（e）燕尾槽铣刀铣燕尾槽；（f）T形槽铣刀铣T形槽；（g）在圆形工作台上用立铣刀铣圆弧槽；（h）指状铣刀铣齿槽

五、铣削加工的特点

（1）生产率高。铣刀是典型的多刀齿刀具，铣削时有几个刀齿同时参加切削，参与切削的切削刃较长，总的切削面积较刨削时大，而且主运动是连续的旋转运动，有利于采用高速切削，因此铣平面比刨平面有较高的生产率。

（2）铣刀刀齿散热条件好。铣刀刀齿在切离工件的一段时间内，可以得到一定的冷却，散热条件好。但是，切入和切出时热和力的冲击将加速刀具的磨损，甚至可能引起硬质合金刀片的碎裂。

（3）铣削过程不平稳。铣削过程中，铣刀的刀齿切入和切出时产生冲击，同时参加工作的刀齿数的增减以及每个刀齿的切削厚度的变化，都将引起切削层横截面积和切削力的变化，从而使得铣削过程不平稳，容易产生振动。铣削过程的不平稳，限制了铣削加工质量和生产率的进一步提高。

（4）铣床加工范围广，可加工各种平面、沟槽和成形面。

第四节　钻削、铰削

一、钻孔

钻孔是用钻头在工件的实体部位加工孔的工艺过程。钻孔可以在钻床、车床或镗床上进行，也可以在铣床上进行。

回转体零件上的孔多在车床上加工。在车床上钻孔时，工件旋转，钻头纵向进给。在钻床上钻孔时，工件固定不动，钻头旋转（主运动）并做轴向移动（进给运动）。钻孔的尺寸公差等级为IT10以下，表面粗糙度值为 12.5 μm，作为孔的粗加工或要求不高孔的终加工。

1. 钻床

机器零件上分布着很多大小不同的孔，其中那些数量多、直径小、精度不高的孔，都是在钻床上加工出来的。钻床上可以完成的工作很多，如钻孔、扩孔、铰孔、攻螺纹、锪孔和锪凸台等，如图2−53所示。

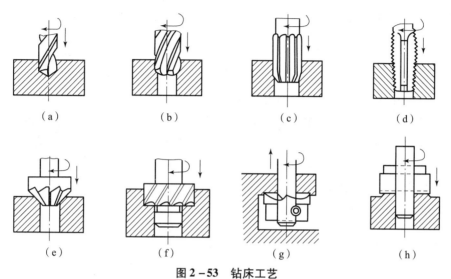

（a）　　　　　　（b）　　　　　　（c）　　　　　　（d）

（e）　　　　　　（f）　　　　　　（g）　　　　　　（h）

图2−53　钻床工艺

（a）钻孔；（b）扩孔；（c）铰孔；（d）攻螺纹；（e）锪锥孔；

（f）锪柱孔；（g）反锪沉坑；（h）锪凸台

钻床的种类很多，常用的有台式钻床、立式钻床和摇臂钻床等。

图2−54所示为Z4012台式钻床。台钻钻孔直径一般在12 mm以下，最小可加工小于1 mm的孔。由于加工的孔径较小，台式钻床的主轴转速一般较高，最高转速可达10 000 r/min。主轴的转速可用改变V形带在带轮上的位置来调节。台式钻床主轴的进给是手动的。台式钻床小巧灵活，使用方便，主要用于单件小批量生产中加工中小型零件上的各种小孔。在仪表制造、钳工和装配中使用较多。

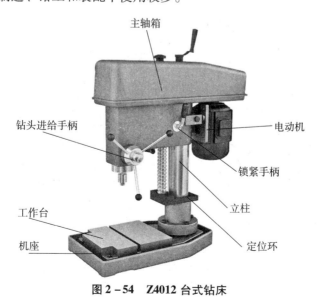

主轴箱

钻头进给手柄

电动机

锁紧手柄

立柱

定位环

工作台

机座

图2−54　Z4012台式钻床

图 2 -55 所示为 Z5125 立式钻床。立式钻床的最大钻孔直径有 25 mm、35 mm、40 mm 和 50 mm 等规格。立式钻床主要由主轴、主轴变速箱、进给箱、立柱、工作台和机座等组成。电动机的运动通过主轴变速箱使主轴获得所需的各种转速，主轴变速箱与车床的变速箱相似，钻小孔时转速需要高些，钻大孔时转速应低些。立式钻床适于加工中、小型工件上直径较大的孔。

图 2 -56 所示为 Z3050 摇臂钻床。它有一个能绕立柱旋转的摇臂，摇臂带着主轴箱可沿立柱垂直移动，同时主轴箱还能在摇臂上做横向移动，主轴可沿自身轴线垂向移动或进给。由于摇臂钻床的这些特点，操作时能很方便地调整刀具的位置，以对准被加工孔的中心，不需移动工件来进行加工。因此，它适宜加工一些笨重的大中型工件及多孔工件上的大、中、小孔，广泛应用于单件和成批生产中。

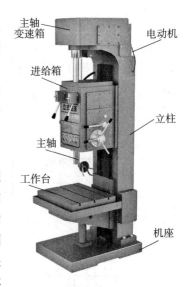

图 2 -55　Z5125 立式钻床

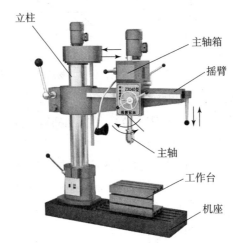

图 2 -56　Z3050 摇臂钻床

不便使用钻床钻削尺寸较小的孔时，可采用如图 2 -57 所示的手用电钻进行钻孔。手用

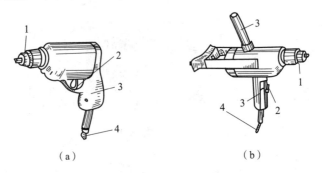

（a）　　　　　　　　　　　　（b）

图 2 -57　手用电钻

（a）单手柄电钻；（b）双手柄电钻

1—钻夹头；2—电源开关；3—操作手柄；4—接电导线

电钻直接靠操纵者的体力使钻头做轴向进给,应用力适中、平衡。手用电钻携带方便、操作简单、使用灵活,适用于大型工件垂直壁面的小孔钻削以及钳工装配时做配钻等。

2. 钻孔用的刀具

钻头是钻孔用的刀具。常见的孔加工刀具有麻花钻、中心钻、锪钻和深孔钻等,其中应用最广泛的是麻花钻。钻头大多用高速钢制成,经过淬火和回火处理,其工作部分硬度达62 HRC 以上。

麻花钻是应用最广泛的孔的加工刀具,适用于直径 30 mm 以下的实体工件的孔的粗加工,有时也可以用于扩孔。麻花钻根据其制造材料分为整体式高速钢麻花钻和焊接式硬质合金麻花钻。标准高速钢麻花钻由工作部分、颈部、柄部组成,如图 2-58 所示。柄部用来把钻头装夹在钻夹头上或装在钻床主轴孔内。钻头有直柄和锥柄之分。一般直径小于 12 mm 的钻头是直柄钻头,它的切削扭矩小;直径大于 12 mm 的钻头多为锥柄钻头,它的切削扭矩大。锥柄的扁尾是使钻头从主轴锥孔中退出时供楔铁敲击之用。颈部是柄部和工作部分的连接部分,刻有钻头的规格和商标。钻头的工作部分包括切削部分和导向部分。切削部分有横刃和两个对称的主切削刃,起着主要切削作用;导向部分起着引导钻头的作用。导向部分由螺旋槽、刃带、齿背和钻芯组成。钻头有两条螺旋槽,其功能是形成切削刃和前角,并起着向孔外排屑和向孔内输送冷却液的作用。刃带是沿螺旋槽两条对称分布的窄带,切削时棱刃起修光孔壁的作用(也就是副切削刃)。钻头的直径靠近切削部分比靠近柄部要大些,两条棱边(刃带)每 100 mm 长度内直径往柄部减小 0.03～0.12 mm,这称为"倒锥",从而形成了副偏角 κ'_r,目的是减小钻削时刃带与孔壁的摩擦发热。钻头的实心部分称为钻芯,它用来连接两个刃瓣以保持钻头强度和刚度。

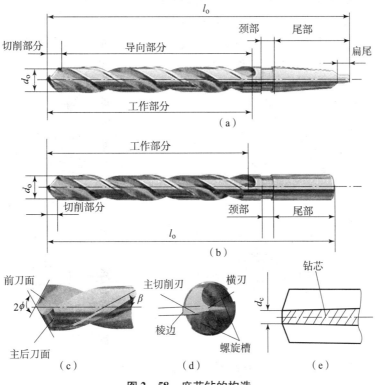

图 2-58 麻花钻的构造

螺旋槽的螺旋面为前刀面，与工件过渡表面（孔底）相对的端部两曲面为主后刀面，与工件的加工表面（孔壁）相对的两条棱边为副后刀面。螺旋槽与主后刀面的两条交线为主切削刃，棱边与螺旋槽的两条交线为副切削刃。麻花钻的横刃为两后刀面在钻芯处的交线。

3. 钻孔用的附件

麻花钻头按尾部形状的不同，有不同的安装方法。锥柄钻头可以直接装入机床主轴的锥孔内。当钻头的锥柄小于机床主轴锥孔时，则需用图 2-59 所示的变锥套。由于变锥套要用于各种规格麻花钻的安装，所以套筒一般需要数只。柱柄钻头通常要用图 2-60 所示的钻夹头进行安装。

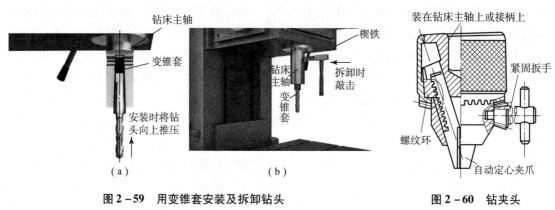

图 2-59　用变锥套安装及拆卸钻头

（a）用变锥套安装；（b）拆卸钻头

图 2-60　钻夹头

工件的夹具有手虎钳、平口钳、压板螺栓、V 形铁、三爪卡盘（加分度盘）、钻模等，如图 2-61 所示。在成批和大批量生产中，钻孔广泛使用钻模夹具。将钻模装夹在工件上，钻模上装有淬硬的耐磨性很高的钻套，用以引导钻头。钻套的位置是根据要求钻孔的位置确定的，因而应用钻模钻孔时，可免去划线工作，提高生产效率和孔间距的精度，降低表面粗糙度。

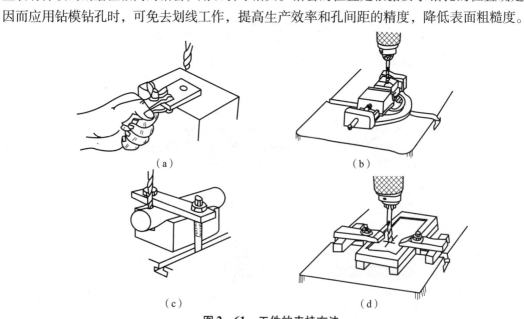

图 2-61　工件的夹持方法

（a）手虎钳夹持；（b）平口钳装夹；（c）V 形铁装夹；（d）压板螺栓装夹

4. 钻孔的工艺特点

（1）容易产生引偏。

引偏是指加工时由于钻头弯曲而引起孔径扩大、孔不圆或孔轴线偏移、不直的现象。钻孔时产生引偏，主要是由于麻花钻的直径和长度受所加工孔的限制，呈细长状，刚性差。为形成切削刃和容纳切屑，必须有两条较深的螺旋槽，使钻芯变细，进一步削弱了钻头的刚度。为减少导向部分与已加工孔壁的摩擦，钻头仅有两条很窄的棱边与孔壁接触，接触刚度和导向作用也很差。此外，钻头横刃定心不准，两个主切削刃也很难磨得完全对称，加上工件材料的不均匀性，钻孔时的背向力不可能完全抵消。因此，在钻削力的作用下，刚性和导向作用较差的钻头切入时易偏移、弯曲，使钻出的孔产生引偏，降低了孔的加工精度，甚至造成废品。在钻床上钻孔易引起孔的轴线偏移和不直，如图 2 - 62（a）所示；在车床上钻孔易引起孔径扩大，如图 2 - 62（b）所示。

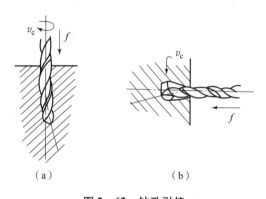

（a）　　　　　　　　（b）

图 2 - 62　钻孔引偏

（a）在钻床上钻孔；（b）在车床上钻孔

在实际生产中为了提高孔的加工精度，可采取如下措施：仔细刃磨钻头，使两个切削刃的长度相等和顶角对称，从而使径向切削力互相抵消，减少钻孔时的歪斜；在钻头上修磨出分屑槽，将宽的切屑分成窄条，以利于排屑；用顶角 $2\phi = 90° \sim 100°$ 的短钻头，预钻一个锥形坑可以起到钻孔时的定心作用［图 2 - 63（a）］；用钻模为钻头导向，可减少钻孔开始时的引偏，特别是在斜面或曲面上钻孔时更有必要，如图 2 - 63（b）所示。

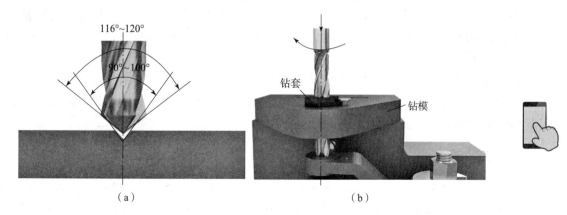

（a）　　　　　　　　　　　　　　　（b）

图 2 - 63　减少引偏的措施

（a）用顶角 $2\phi = 90° \sim 100°$ 的短钻头预钻锥形坑；（b）用钻模为钻头导向

（2）排屑困难。

钻孔的切屑较宽，容屑槽尺寸又受到限制，因此在排屑过程中切屑在孔内被迫卷成螺旋状，流出时与孔壁发生剧烈摩擦，挤压、拉毛和刮伤已加工表面，降低已加工表面质量；有时切屑可能会阻塞在钻头的容屑槽中，甚至会卡死或折断钻头。因此，排屑问题成为钻孔时要妥善解决的重要问题之一。尤其是用标准麻花钻加工较深的孔时，要反复多次把钻头退出排屑，很麻烦。为了改善排屑条件，可在钻头上修出分屑槽，将宽的切屑分成窄条，以利于排屑。当钻深孔（$L/D > 5 \sim 10$）时，应采用合适的深孔钻。

（3）切削温度高、刀具磨损快。

钻孔时产生的热量虽然也由切屑、工件、刀具和周围介质传出，但它们之间的比例却和车削大不相同。如用标准麻花钻不加切削液钻钢材时，工件吸收的热量占 52.5%，钻头约占 14.5%，切屑约占 28%，介质约占 5%。

钻孔时产生的切削热多，加之钻削为半封闭切削，切屑不易排出，切削热不易传出，切削液难以注入切削区，切屑、刀具和工件之间的摩擦很大，使切削区温度很高，致使刀具磨损加快，限制了钻削用量和生产效率的提高。

二、扩孔

扩孔是用扩孔钻对工件上已有的孔进一步扩大孔径并提高孔质量的加工方法。

扩孔加工一般尺寸公差等级可达 IT10 ~ IT9，表面粗糙度 Ra 值为 6.3 ~ 3.2 μm。对技术要求不太高的孔，扩孔可作为终加工；对精度要求高的孔，常作为铰孔前的预加工。由于是在已有孔上扩孔加工，切削量小，进给量大，生产率较高。

扩孔可在钻床、车床或镗床上进行。扩孔钻（图 2 - 64）直径范围为 10 ~ 80 mm，与麻花钻相比，扩孔钻切削刃不必自外圆延续到中心，切削部分无横刃，避免了横刃所引起的一些不良影响，切削时轴向力较小，改善了切削条件。扩孔钻的刀齿数（一般为 3 ~ 4 个）和棱边比麻花钻多，排屑槽浅，扩孔钻的强度和刚度较高，工作时导向性好，切削平稳，扩孔加工的质量比钻孔高。扩孔对孔的形状误差有一定的校正能力，大大提高了切削效率和加工质量，是孔的一种半精加工方法。

考虑到扩孔比钻孔有较多的优越性，在钻直径较大的孔（一般 $D \geqslant 30$ mm）时，可先用小钻头（直径为孔径的 0.5 ~ 0.7）预钻孔，然后再用原尺寸的大钻头扩孔。实践表明，这样虽分两次钻孔，生产效率也比用大钻头一次钻出时高。若用扩孔钻扩孔，则效率将更高，精度也比较高。

对技术要求不太高的孔，扩孔可作为终加工；对精度要求高的孔，扩孔常作为铰孔前的预加工。在成批或大批量生产时，为提高钻削孔、铸锻孔或冲压孔的精度和降低表面粗糙度值，也常使用扩孔钻扩孔。

三、铰孔

铰孔是用铰刀对孔进行最后精加工。铰孔的尺寸公差等级可达 IT9 ~ IT7，表面粗糙度 Ra 可达 1.6 ~ 0.4 μm。铰孔的加工余量很小，粗铰为 0.15 ~ 0.25 mm，精铰为 0.05 ~ 0.15 mm。

铰孔的方式有机铰和手铰两种，铰刀类型如图 2 - 65 所示。

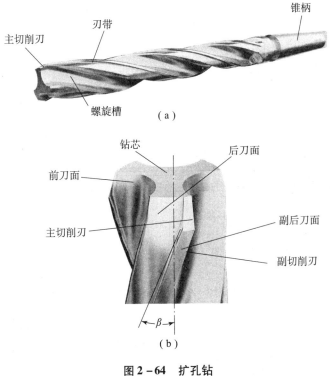

图 2-64 扩孔钻

（a）扩孔钻整体构成；（b）钻头部分

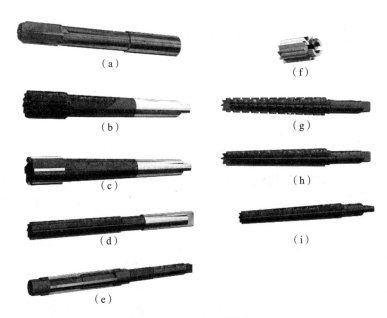

图 2-65 铰刀类型

（a）直柄机用铰刀；（b）锥柄机用铰刀；（c）硬质合金锥柄机用铰刀；（d）手用铰刀；

（e）可调节手用铰刀；（f）套式机用铰刀；（g）、（h）直柄莫式圆锥铰刀；（i）手用 1:50 锥度铰刀

铰孔加工质量较高的原因，除了具有扩孔的优点之外，还由于铰刀结构和切削条件比扩孔更为优越。铰刀（图 2-66）一般有 6~12 个切削刃，制造精度高；铰刀具有修光部分，

其作用是校准孔径、修光孔壁；铰刀容屑槽小，芯部直径大，刚度好。铰孔时的加工余量小（粗铰为 0.15 ~ 0.35 mm，精铰为 0.05 ~ 0.15 mm），切削力较小，铰孔时的切削速度较低（$v_c = 1.5 ~ 10$ m/min），产生的切削热较少，因此工件的受力变形和受热变形小，可避免积屑瘤的产生，使得铰孔质量比较高。

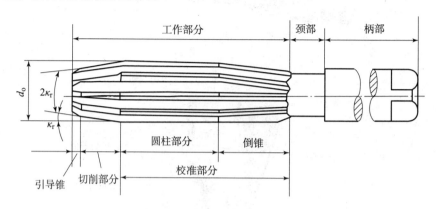

图 2 - 66　铰刀的结构

钻头、扩孔钻和铰刀都是标准刀具。对于中等尺寸以下较精密的标准孔，在单件小批量乃至大批量生产中均可采用钻—扩—铰这种典型加工方案进行加工。但是，钻、扩、铰只能保证孔本身的精度，而不易保证孔与孔之间的尺寸精度及位置精度。为此，可以利用钻模进行加工，或者采用镗孔。

第五节　刨削、插削、拉削、镗削

一、刨削

在刨床上用刨刀加工工件的过程称为刨削。

1. 刨床

刨削类机床一般指牛头刨床、龙门刨床等。

牛头刨床是刨削类机床中应用较广的一种。在牛头刨床上刨削时，刨刀的往复直线运动是主运动，工作台带动工件做间歇的进给运动，它适宜刨削长度不超过 1 000 mm 的中、小型工件。图 2 - 67 所示为 B6065 牛头刨床。牛头刨床主要由床身、滑枕、刀架、工作台、横梁、底座等部分组成。床身用于支撑和连接刨床的各部件。其顶面导轨供滑枕往复运动用，侧面导轨供工作台升降用。床身的内部装有传动机构。滑枕主要用来带动刨刀做直线往复运动（即主运动），其前端装有刀架。滑枕往复运动的快慢、行程的长短和位置均可根据加工位置进行调整。刀架用于夹持刨刀，如图 2 - 68 所示。摇动刀架手柄时，滑板便可沿转盘上的导轨带动刨刀上下移动。松开转盘上的螺母，将转盘扳转一定角度后，可使刀架斜向进给。滑板上还装有可偏转的刀座（又称刀盒、刀箱）。刀座上装有抬刀板，刨刀随刀夹安装在抬刀板上，在刨刀的返回行程时，刨刀随抬刀板绕轴向上抬起，以减少刨刀与工件的摩擦。工作台用于安装工件，它可随横梁做上下调整并可沿横梁做水平方向移动，实现间歇进给运动。底座支撑床身，并通过地脚螺栓与地基相连。

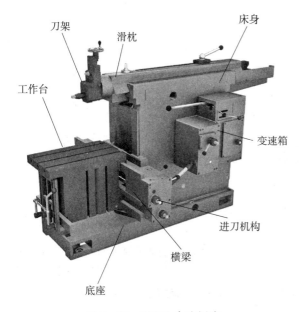

图 2 - 67　B6065 牛头刨床

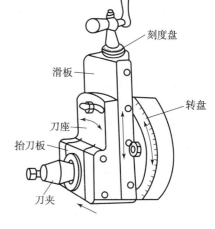

图 2 - 68　牛头刨床的刀架

　　龙门刨床因有一个"龙门"式框架而得名，如图 2 - 69 所示。在龙门刨床上刨削时，工件随工作台做往复直线运动是主运动，刨刀做间歇的进给运动。横梁上的刀架沿横梁导轨水平间歇移动，以刨削工件的水平面；在立柱上的侧刀架，可沿立柱导轨垂直间歇移动，以刨削工件的垂直面；刀架还能绕转盘转动一定角度刨削斜面。横梁还可沿立柱导轨上、下升降，以调整刀具与工件的相对位置。刨削时要调整好横梁的位置和工作台的行程长度。龙门刨床主要用于加工大型零件上的大平面或长而窄的平面，也常用于同时加工多个中小型零件的平面。龙门刨床与牛头刨床相比，具有形体大、结构复杂、动力大、刚性好、传动平稳、工作行程长、操作方便、适应性强和加工精度高等特点。有的龙门刨床附有铣头、磨头等部件，以使工件在一次安装中能完成刨、铣、磨等工作。

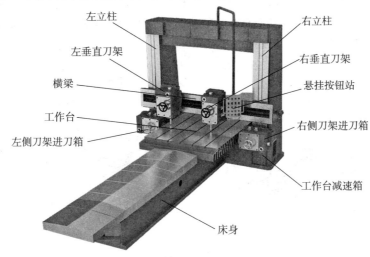

图 2 - 69　龙门刨床

2. 刨刀

刨刀的形状与车刀相似，只是因为刨刀在切入工件时要承受很大的冲击力，所以刨刀刀杆截面较粗大，以增加刀杆的刚性和防止折断。直杆刨刀刨削时，如果加工余量不均匀会造成切削深度突然增大，或切削刃遇到硬质点时切削力突然增大，此时将使刨刀弯曲变形，使之绕 O 点画一圆弧，如图 2-70 所示，造成切削刃切入已加工表面，降低已加工表面的质量和尺寸精度，同时也易损坏切削刃。为避免上述情况的发生，可采用弯杆刨刀，当切削力突然增大时，刀杆产生的弯曲变形会使刀尖离开工件，避免了刀尖扎入工件。

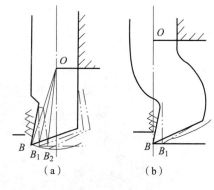

图 2-70 刨刀

刨刀的种类很多，其中平面刨刀用来刨平面；偏刀用来刨垂直面或斜面；角度偏刀用来刨燕尾槽和角度；弯切刀用来刨 T 形槽及侧面槽；切刀及割槽刀用来切断工件或刨沟槽。此外，还有成形刀用来刨特殊形状的表面。常用刨刀的形状及其应用如图 2-71 所示。

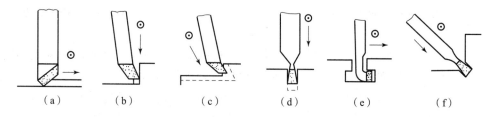

(a) (b) (c) (d) (e) (f)

图 2-71 常用刨刀的形状及其应用

(a) 平面刨刀；(b) 偏刀；(c) 角度偏刀；(d) 切刀；(e) 弯切刀；(f) 割槽刀

3. 工件安装方法

在刨床上安装工件的方法有平口钳安装、压板螺栓安装和专用夹具安装等。

平口钳是一种通用夹具，经常用来安装小型工件。使用前先把平口钳固定在工作台上，装夹工件时，先找正工件的位置，然后夹紧。图 2-72（a）所示为用划针划线找正工件的位置。如果工件的基准面是已加工表面，装夹时，可用手锤轻轻敲击工件，使工件与垫铁贴紧，如图 2-72（b）所示。

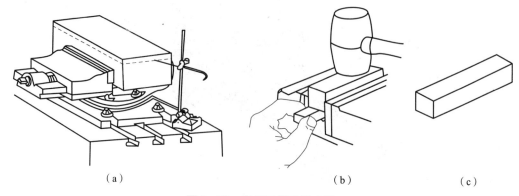

(a) (b) (c)

图 2-72 用平口钳安装工件

(a) 按划线找正安装；(b) 用垫铁垫高工件；(c) 平行垫铁

有些工件较大或形状特殊，需要用压板螺栓和挡铁把工件直接固定在工作台上进行刨削。安装时先把工件找正，具体安装方法如图 2-73 所示。用压板、螺栓在工作台上装夹工件时，根据工件装夹精度要求，也用划针、百分表等找正工件或先划好加工线再进行找正。

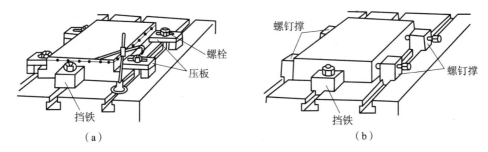

图 2-73　工件安装方法

（a）用压板螺栓；（b）用螺钉撑和挡铁

除此以外，还可以用专用夹具安装工件。这是一种较完善的安装方法，它既保证工件加工后的准确性，又安装迅速，不需花费找正时间，但要预先制造专用夹具，所以多用于成批生产。

4. 刨削加工的应用

刨削主要用来加工平面（包括水平面、垂直面和斜面），也广泛地用于加工直槽、燕尾槽和 T 形槽等。如果进行适当的调整和增加某些附件，还可以用来加工齿条、齿轮、花键和母线为直线的成形面等。刨削的主要应用如图 2-74 所示。

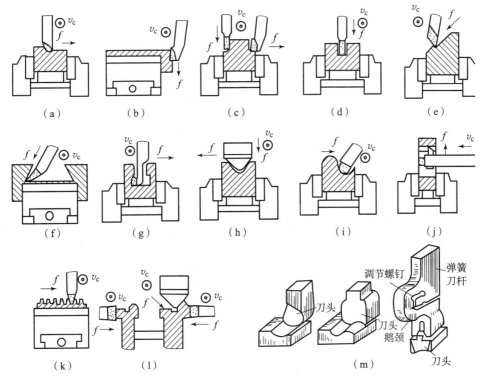

图 2-74　刨削的主要应用

（a）刨平面；（b）刨垂直面；（c）刨台阶；（d）刨垂直沟槽；（e）刨斜面；（f）刨燕尾槽；（g）刨 T 形槽；（h）刨 V 形槽；（i）刨曲面；（j）刨内孔键槽；（k）刨齿条；（l）刨复合面；（m）刨成形面

5. 刨削加工的特点

（1）成本低。刨床结构简单，调整操作方便。刨刀为单刃刀具，制造方便，容易刃磨出合理的几何角度，所以机床、刀具的费用低。

（2）适应性广。刨削可以适应多种表面的加工，如平面、V形槽、燕尾槽、T形槽及成形表面等。在刨床上加工床身、箱体等平面，易于保证各表面之间的位置精度。

（3）生产率较低。因为刨削的主运动是往复直线运动，回程时不切削，加工是不连续的，增加了辅助时间。同时，采用单刃刨刀进行加工时，刨刀在切入、切出时产生较大的冲击、振动，反向时受惯性力的影响，限制了切削速度的提高。因此，刨削生产率低于铣削，一般用在单件小批或修配生产中。但是，当加工狭长平面如导轨、长直槽时，由于减少了进给次数，或在龙门刨床上采用多工件、多刨刀刨削时，刨削生产率可能高于铣削。

（4）加工质量较低。精刨平面的尺寸公差等级一般可达 IT9 ~ IT8 级，表面粗糙度 Ra 值为 6.3 ~ 1.6 μm，刨削的直线度较高，可达 0.04 ~ 0.08 mm/m。

二、插削

插床又称立式牛头刨床（图 2 - 75），它的结构原理与牛头刨床类似，只是在结构形式上略有区别。插床的滑枕带动刀具在垂直方向上下往复移动为主运动。工作台由下拖板、上拖板及圆工作台三部分组成。下拖板可做横向进给，上拖板可做纵向进给，圆工作台可带动工件回转。

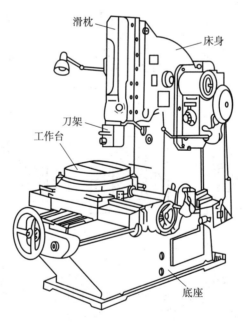

图 2 - 75　B5020 插床

在插床上插削主要应用于加工各种零件内外直线型面，如带轮、齿轮、蜗轮等零件上的键槽、花键槽等，也可以加工多边形孔。在插床上插削方孔和孔内键槽的方法如图 2 - 76 所示。

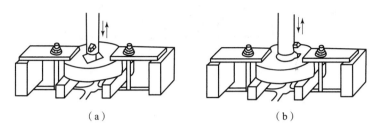

（a）　　　　　　　　　　（b）

图 2 - 76　插削方孔和孔内键槽的方法

（a）插削方孔；（b）插削孔内键槽

插床上多用三爪自定心卡盘、四爪单动卡盘和插床分度头等安装工件，也可用平口钳和压板螺栓安装工件。插削生产率低，一般用于工具车间、机修车间和单件小批量生产中。插削的表面粗糙度 Ra 值为 6.3 ~ 1.6 μm。由于插削与刨削加工一样，生产效率低，主要用于单件小批量生产和修配加工。

三、拉削

拉削加工是在拉床上用拉刀加工工件的内表面或外表面的工艺方法。拉削时，拉刀的直线移动是主运动。拉削无进给运动，其进给运动是靠拉刀的每齿升高来实现的，所以拉削可以看作是按高低顺序排列的多把刨刀来进行刨削的过程。

1. 拉床

拉床是用拉刀进行加工的机床，常用的拉床按照加工表面可分为内表面和外表面拉床，按照结构和布局可分为立式、卧式和连续式拉床等。

图 2 - 77 所示为卧式内拉床。在床身内装有液压驱动系统，活塞拉杆的右端装有随动支架和刀架，分别用以支撑和夹持拉刀。拉刀左端穿过工件预加工孔后夹在刀架上，工件贴靠在床身的支撑上。当活塞拉杆向左做直线移动时，带动拉刀完成工件的加工。拉床的运动很简单。现代拉床大都采用液压传动，拉削速度可无级调节，工作平稳，无冲击振动。

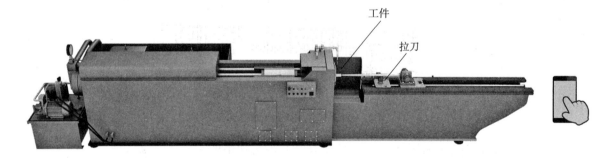

图 2 - 77　卧式内拉床

2. 拉刀

拉刀是一种多刃的专用工具，结构复杂，逐齿一次从工件上切下很薄的金属层，使表面达到较高的精度和较小的粗糙度值。一把拉刀只能加工一种形状和尺寸规格的表面，根据工件的加工面及截面形状不同拉刀有多种形式，如图 2 - 78 所示。加工时，若刀具所受的力不是拉力而是推力，则称为推削，所用刀具为推刀，推削大多在压力机上进行。

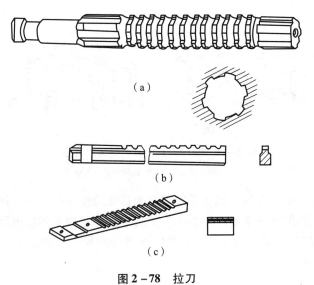

（a）

（b）

（c）

图2-78 拉刀

（a）花键拉刀；（b）键槽拉刀；（c）平面拉刀

圆孔拉刀的结构如图2-79所示。拉刀的头部与机床连接，传递运动和拉力；颈部是头部和过渡锥连接部分；过渡锥部使拉刀容易进入工件孔中，起对准中心的作用；前导部起导向和定心作用，防止拉刀歪斜，并可检查拉削前孔径是否太小，以免拉刀第一刀齿负荷太大而损坏；切削部负责切除全部的加工余量，由粗切齿、过渡齿和精切齿组成；校准部起校准和修光作用，并作为精切齿的后备齿；后导部保持拉刀最后几个刀齿的正确位置，防止拉刀即将离开工件时，工件下垂而损坏已加工表面；尾部主要是防止长而重的拉刀自重下垂，影响加工质量和损坏刀齿。

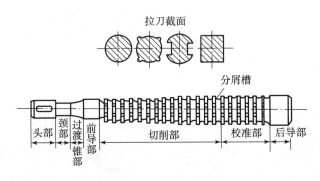

图2-79 圆孔拉刀的结构

拉孔时，工件通常不夹持，但必须有经过半精加工的预孔，以便拉刀穿过。工件端面要求平整，并装在球面垫圈上，如图2-80所示。球面垫圈有自调作用，可保证在拉力作用下工件的轴线与刀具的轴线能调整得一致，以免撇刀。

拉削还可用于大批大量生产加工要求较高且面积不太大的平面加工。平面拉刀如图2-78（c）所示，当拉削面积较大时，为减小拉削力也可采用渐进式拉刀进行加工，如图2-81所示。

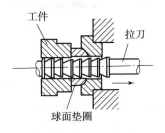

图2-80 球面垫圈

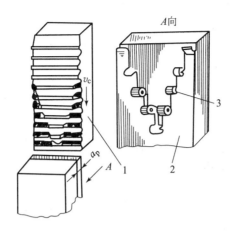

图 2-81　渐进式拉刀拉削平面

1—拉刀；2—工件；3—切屑

3. 拉削的工艺特点

拉削可视为刨削的发展。拉削时，拉刀只进行纵向运动，由于拉刀的后一个刀齿较前一个刀齿高一个 S_z（齿升量），所以拉削实现了连续切削。拉刀每一刀齿切去薄薄的一层金属，一次行程即可切去全部加工余量，如图 2-82 所示。

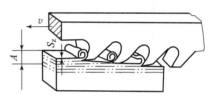

图 2-82　平面拉削

拉削加工的工艺特点：

（1）生产率高。虽然拉削加工的切削速度并不高，但由于拉刀是多齿刀具，同时工作的刀齿多，同时参与切削的切削刃较长，而且一次行程能够完成粗加工、半精加工、精加工，大大缩短了基本工艺时间和辅助时间。尤其是加工形状特殊的内外表面时，效果更显著。一般情况下，班产可达 100~800 件，自动拉削时班产可达 3 000 件。

（2）拉刀耐用度高。拉削速度低，每齿切削厚度很小，切削力小，切削热也少，刀具磨损慢，耐用度高。

（3）加工精度高、表面粗糙度值较小。拉刀具有校准部分，其作用是校准尺寸、修光表面，并可作为精切齿的后备刀齿。校准刀齿的切削量很小，仅切去工件材料的弹性恢复量。另外，拉削的切削速度较低（目前低于 18 m/min），切削过程比较平稳，并可避免积屑瘤的产生。拉削的尺寸公差等级一般可达 IT8~IT7，表面粗糙度 Ra 值为 0.8~0.4 μm。

（4）拉床结构和操作比较简单。拉床只有一个主运动（拉刀的直线运动），进给运动是由拉刀的后一个刀齿高出前一个刀齿（齿升量 S_z）来完成的，结构简单，操作方便。

（5）加工范围广。内拉削可以加工圆孔、方孔、多边形孔、花键孔等形状复杂的通孔和内齿轮，还可以加工多种形状的沟槽，如键槽、T 形槽、燕尾槽和涡轮盘上的榫槽等。外拉削可以加工平面、成形面、外齿轮和叶片的榫头等，但不能加工台阶孔、不通孔和薄壁孔，如图 2-83 所示。

（6）拉刀价格昂贵。由于拉刀的结构和形状复杂，精度和表面质量要求较高，故制造成本高。但拉削时切削速度较低，刀具磨损较慢，刃磨一次可以加工数以千计的工件，加之

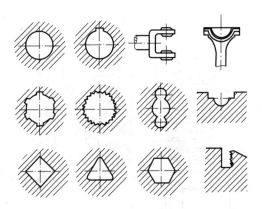

图 2-83　拉削可加工表面

一把拉刀又可以重磨多次，所以拉刀寿命长。当加工零件的批量很大时，分摊到每个零件上的刀具成本并不高。由于拉刀刃磨复杂，而且一把拉刀只适宜加工一种规格尺寸的孔或键槽，因此除标准化和规格化的零件外，在单件小批生产中很少应用。

四、镗削

镗削是在大型工件或形状复杂的工件上加工孔及孔系的基本方法。对于直径较大的孔、内成形面或孔内环槽等，镗削是唯一适合的加工方法，其优点是能加工大直径的孔，而且能修正上一道工序形成的轴线歪斜的缺陷。

镗孔的质量（主要指几何精度）主要取决于镗床精度，镗床上镗孔精度可达 IT7 级，表面粗糙度 Ra 值为 0.8 ~ 0.1 μm。由于镗床与镗刀的调整复杂，技术要求高，生产率较低。在大批量生产中为提高生产率并保证加工质量，通常使用镗模。

镗削可以在镗床、车床及钻床上进行。卧式镗床用于箱体、机架类零件上的孔或孔系（即要求相互平行或垂直的若干个孔）的加工；钻床或铣床用于单件小批生产；车床用于回转体零件上轴线与回转体轴线重合的孔的加工。

1. 镗床

镗床按结构和用途不同分为卧式镗床、坐标镗床、金刚镗床及其他镗床。其中卧式镗床应用最广泛。图 2-84 所示为卧式镗床，它由床身、前立柱、后立柱、主轴箱、主轴、平旋盘、工作台、上滑座、下滑座和尾架等部件组成。加工时，刀具装在主轴上或平旋盘的径向刀架上，从主轴箱处获得各种转速和进给量。主轴箱可沿前立柱上下移动实现垂直进给。工件装在工作台上，与工作台一起随下滑座沿床身导轨做纵向移动或随上滑座沿下滑座上导轨做横向移动。此外，工作台还能绕上滑座上的圆形导轨在水平面内转一定的角度。

2. 镗刀

镗刀主要分单刃镗刀和浮动式镗刀，如图 2-85 所示。单刃镗刀的结构与车刀类似，使用时用螺钉将其装夹在镗刀杆上。图 2-85（a）所示为盲孔单刃镗刀，刀头倾斜安装；图 2-85（b）所示为通孔单刃镗刀，刀头垂直安装。单刃镗刀刚度差，镗孔时孔的尺寸是由操作者调整镗刀头保证的。图 2-85（c）所示为双刃浮动镗刀，在对角线的方位上有两个对称的切削刃，两个切削刃间的距离可以调整，刀片不需固定在镗刀杆上，而是插在镗杆的槽中并能沿径向自由滑动，依靠作用在两个切削刃上的径向力自动平衡其位置，因此可消

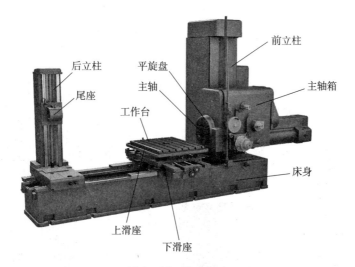

图 2-84　卧式镗床

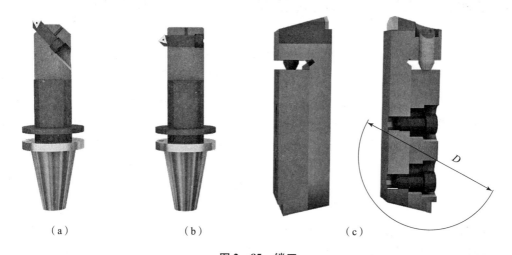

（a）　　　　　　　　　　（b）　　　　　　　　　　（c）

图 2-85　镗刀

（a）盲孔单刃镗刀；（b）通孔单刃镗刀；（c）双刃浮动镗刀

除因镗刀安装或镗杆摆动所引起的不良影响，以提高加工质量，同时能简化操作，提高生产率。但它与铰刀类似，只适用于精加工，保证孔的尺寸公差，不能校正原孔轴线偏斜或位置偏差。

3. 镗孔特点

镗孔不像钻孔、扩孔、铰孔需要许多尺寸不同的刀具，一把镗刀可以加工出不同尺寸的孔，而且可以保证孔中心线的准确位置及相互位置精度。镗孔的生产率低，要求较高的操作技术，这是因为镗孔的尺寸精度要依靠调整刀具位置来保证，对工人技术水平的依赖性也较大。在成批生产中通常采用专用镗床，孔与孔之间的位置精度靠镗模的精度来保证。一般镗孔的尺寸公差等级为 IT8～IT7，表面粗糙度 Ra 值为 1.6～0.8 μm；精细镗时，尺寸公差等级可达 IT7～IT6，表面粗糙度 Ra 值为 0.8～0.2 μm。镗孔主要用于加工机座、箱体、支架等大型零件上孔径较大、尺寸精度和位置精度要求高的孔系。

4. 镗削的主要应用

在卧式镗床上利用不同的刀具和附件，还可以进行钻孔、车端面、铣平面或车螺纹等，如图2-86所示。

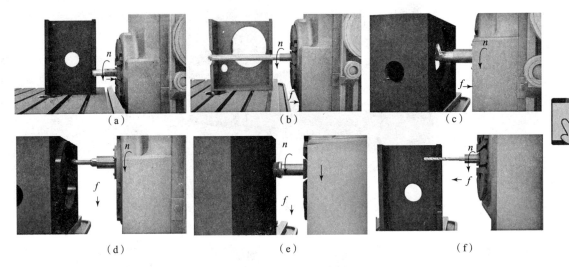

图2-86　卧式镗床主要应用

(a)、(b) 镗孔；(c) 镗大孔；(d) 车端面；(e) 铣平面；(f) 钻孔

在镗床上镗孔时，镗刀装在主轴上做主运动，工作台做纵向进给运动。对于浅孔的加工，镗杆短而粗，刚性好，镗杆可悬臂安装进行加工［图2-86（a）］；若加工深孔或距主轴端面较远的孔，一般使用后立柱上的尾架来支撑镗杆以提高刚度［图2-86（b）］。

第六节　磨　　削

磨削是用带有磨粒的工具（砂轮、砂带、油石等）对工件进行加工的方法。磨削可达到很高的加工精度和很低的表面粗糙度值。磨削既能加工一般金属材料，又能加工难以切削的各种硬材料如淬火钢。

磨削主要用于零件的内外圆柱面，内外圆锥面及成形表面（如花键、螺纹齿轮等）的精加工，如图2-87所示。

一、磨具

磨具分为砂轮、油石、磨头、砂瓦、砂布、砂纸、砂带、研磨膏等，最重要的磨削工具是砂轮。

砂轮是一种用结合剂把磨粒黏结起来，经压坯、干燥、焙烧及修整而成的，具有很多气孔、用磨粒进行切削的固结磨具。砂轮表面上杂乱地排列着许多磨粒，磨粒以其露在表面部分的尖角作为切削刃（图2-88），整个砂轮相当于一把具有无数切削刃的铣刀，磨削时砂轮高速旋转，切下粉末状切屑。砂轮的特性主要由磨料、粒度、结合剂、硬度、组织及形状尺寸等因素决定。

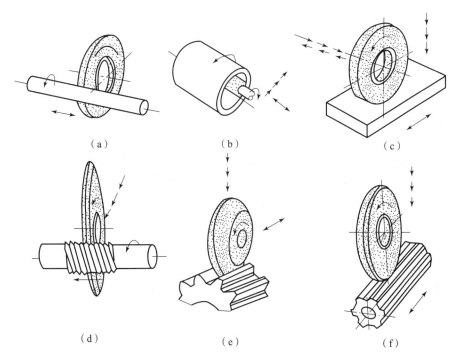

图 2 - 87　磨削应用

（a）磨外圆；（b）磨内圆；（c）磨平面；（d）磨螺纹；（e）磨齿轮齿形；（f）磨花键

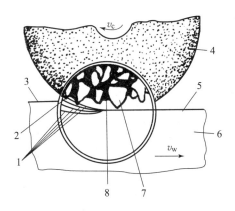

图 2 - 88　砂轮及磨削示意图

1—过渡表面；2—空隙；3—待加工表面；4—砂轮；5—已加工表面；6—工件；7—磨粒；8—结合剂

1. 磨料

磨料是制造磨具的主要原料，直接担负着切削工作。目前常用的磨料有 3 种：刚玉类（AL2O3）、碳化硅类（SiC）和高硬磨料类。

刚玉类磨料中棕刚玉（A）呈棕褐色，硬度较低，韧性较好，用于加工硬度较低的塑性材料，如中、低碳钢，低合金钢，可锻铸铁，青铜等；白刚玉（WA）呈白色，较棕刚玉硬度高，磨粒锋利，韧性差，用于加工硬度较高的塑性材料，如高碳钢、高速钢和淬硬钢等。

碳化硅类磨料中黑碳化硅（C）呈黑色带光泽，比刚玉类硬度高，导热性好，但韧性差，用于加工硬度较低的脆性材料，如铸铁、黄铜及其他非金属材料等；绿碳化硅（GC）

呈绿色带光泽，较黑碳化硅硬度高，导热性好，韧性较差，用于加工高硬度的脆性材料，如硬质合金、宝石、陶瓷和玻璃等。

高硬磨料类中的人造金刚石（SD）硬度最高，耐热性较差，用于加工硬质合金、宝石、玻璃、硅片、大理石、花岗岩等高硬度材料，由于金刚石磨料与铁元素的亲和力强，故不适于磨削铁族金属。立方氮化硼（CBN）硬度仅次于人造金刚石，韧性比人造金刚石好，用于加工高温合金、不锈钢、高性能高速刚、耐热钢等难加工材料。

2. 粒度

粒度是指磨料颗粒的尺寸，其大小用粒度号表示。国标规定了磨料（F4～F220）和微粉（F220～F1200）两种粒度表示方法。一般来说，粗磨选用较粗的磨料（粒度号较小），精磨选用较细的磨料（粒度号较大），微粉多用于精磨、研磨、珩磨等精密加工和超精密加工。

3. 结合剂

结合剂的作用是将磨料黏结成具有一定强度和形状的砂轮。砂轮的强度、硬度、抗冲击性、耐热性及抗腐蚀能力，主要取决于结合剂的性能。常用的结合剂有陶瓷结合剂（V）、树脂结合剂（B）、橡胶结合剂（R）和金属结合剂（M）等。陶瓷结合剂耐热、耐油、耐酸、耐碱，强度较高，但较脆，应用最广泛，适用于外圆、内圆、平面、无心磨削和成形磨削的砂轮等；树脂结合剂强度高，富有弹性，具有一定抛光作用，耐热性差，不耐酸碱，用于切断和开槽的薄片砂轮及高速磨削砂轮；橡胶结合剂强度高，弹性更好，抛光作用好，耐热性差，不耐油和酸，易堵塞，适用于无心磨削导轮、抛光砂轮；金属结合剂适用于金刚石砂轮等。金属结合剂砂轮的结合强度高，耐磨性好，能承受较大负荷，故适用于粗磨和成形磨削，也可用于超精密磨削。但是金属结合剂的自锐性较差，容易堵塞，因此应经常修整。

4. 硬度

磨具的硬度与一般材料的硬度概念不同，是指磨具在外力作用下磨粒脱落的难易程度（又称结合度）。磨具的硬度反映结合剂固结磨粒的牢固程度，磨粒难脱落叫硬度高，反之叫硬度低。国标中对磨具硬度规定了 16 个级别：D，E，F（超软）；G，H，J（软）；K，L（中软）；M，N（中）；P，Q，R（中硬）；S，T（硬）；Y（超硬）。磨未淬硬钢选用 L～N，磨淬火合金钢选用 H～K，高表面质量磨削选用 K～L，刃磨硬质合金刀具选用 H～J。

5. 组织

磨具的组织指磨具中磨粒、结合剂、气孔三者体积的比例关系，以磨粒率（磨粒占磨具体积的百分率）表示磨具的组织号。磨料所占的体积比例越大，砂轮的组织越紧密；反之，组织越疏松。国标中规定了 15 个组织号：0，1，2，…，13，14。0 号组织最紧密，磨粒率最高为 62%；14 号组织最疏松，磨粒率最低为 34%。普通磨削常用 4～7 号组织的砂轮。

6. 形状与尺寸

根据机床类型和加工需要，将磨具制成各种标准的形状和尺寸。常用的几种砂轮形状、代号和用途见表 2－3。

表2-3　常用的几种砂轮形状、代号和用途

砂轮名称	形状	代号	用途
平行砂轮	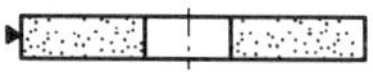	P	磨削外圆、内圆、平面，并用于无心磨削
双斜边砂轮	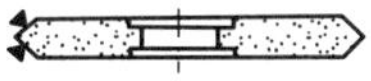	PSX	磨削齿轮的齿形和螺旋线
筒形砂轮	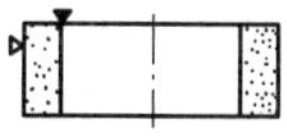	N	立轴端面平磨
杯形砂轮	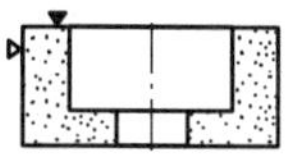	B	磨削平面、内圆及刃磨刀具
碗形砂轮	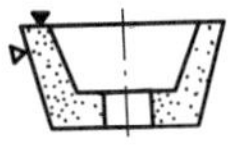	BW	刃磨刀具并用于磨导轨
碟形砂轮	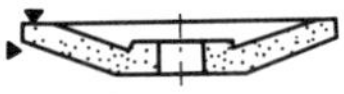	D	磨削铣刀、铰刀、拉刀及齿轮的齿形
薄片砂轮		PB	切断和切槽

注：表图中有"▼"者为主要使用面，有"▽"者为辅助使用面。

7. 砂轮标记

砂轮标记的书写顺序是：形状代号、尺寸、磨料、粒度号、硬度、组织号、结合剂和允许的最高线速度。例如，砂轮的标记为

P	400×40×127	WA	60	L	5	V	35
↓	↓	↓	↓	↓	↓	↓	↓
平行砂轮	外径×厚度×孔径	磨料	粒度	硬度	组织号	结合剂	最高工作线速度（m/s）

砂轮选择的主要依据是被磨材料的性质、要求达到的工件表面粗糙度和金属磨除率。选择的原则是：磨削钢时，选用刚玉类砂轮；磨削硬铸铁、硬质合金和非铁金属时，选用碳化硅砂轮；磨削软材料时，选用硬砂轮，磨削硬材料时，选用软砂轮；磨削软而韧的材料时选用粗磨料（如12~36#），磨削硬而脆的材料时选用细磨料（如46~100#）；磨削表面粗糙度值要求较低时选用细磨粒，金属磨除率要求高时选用粗磨粒；要求加工表面质量好时，选用树脂或橡胶结合剂的砂轮，要求最大金属磨除率时，选用陶瓷结合剂砂轮。

珩磨、超精加工及钳工使用的磨具为油石，常见油石的端面形状如图2-89所示。

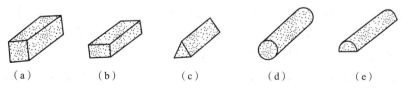

（a）　　　　（b）　　　　（c）　　　　（d）　　　　（e）

图2-89　常见油石的端面形状

（a）正方形油石（SF）；（b）长方形油石（SC）；（c）三角形油石（SJ）；

（d）圆形油石（SY）；（e）半圆形油石（SB）

油石的标记为

SC	200×40×25	GC	W63	H	6	V
↓	↓	↓	↓	↓	↓	↓
长方形油石	长度×宽度×高度	磨料	微粉粒度	硬度	组织号	结合剂

二、磨削过程

磨料切削加工方法有磨削、珩磨、研磨和抛光等，其中以磨削加工应用最为广泛。磨削所用砂轮表面上的每个磨粒，可以近似地看成一个微小刀齿，突出的磨粒尖棱可以认为是微小的切削刃。因此，砂轮可以看作是具有极多微小刀齿的铣刀。由于砂轮磨粒的几何形状差异甚大，在砂轮表面上排列极不规则，间距和高低均为随机分布。因此磨削时各个磨粒表现出来的磨削作用有很大的不同，如图2-90所示。

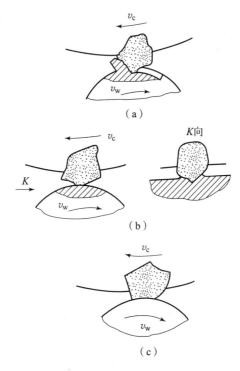

图2-90 磨粒的磨削作用
（a）切削作用；（b）刻划作用；（c）抛光作用

砂轮上比较凸出的和比较锋利的磨粒起切削作用。这些磨粒在开始接触工件时，由于切入深度极小，磨粒棱尖圆弧的负前角很大，在工件表面上仅产生弹性变形；随着切入深度增大，磨粒与工件表层之间的压力加大，工件表层产生塑性变形并被刻划出沟纹；当切深进一步加大，被切的金属层才产生明显的滑移而形成切屑。这是磨粒的典型切削过程，其本质与刀具切削金属的过程相同，如图2-90（a）所示。砂轮上凸出高度较小或较钝的磨粒起刻划作用。这些磨粒的切削作用很弱，与工件接触时由于切削层的厚度很薄，磨粒不是切削，而是在工件表面上刻划出细小的沟纹，工件材料被挤向磨粒的两旁而隆起，如图2-90（b）所示。砂轮上磨钝的或比较凹下的磨粒，这些磨粒既不切削也不刻划工件，而只是与工件表面产生滑擦，起摩擦抛光作用，如图 2 - 90（c）所示。

即使比较锋利且凸出的单个磨粒，其切削过程大致也可分为三个阶段，如图 2 - 91 所示。在第一阶段，磨粒从工件表面滑擦而过，只有弹性变形而无切屑。第二阶段，磨粒切入工件表层，刻划出沟痕并形成隆起。第三阶段，切削层厚度增大到某一临界值，切下切屑。

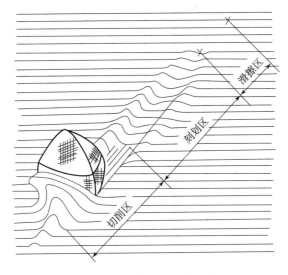

图 2 - 91　磨粒的磨削过程

综上所述，磨削过程实际上是无数磨粒对工件表面进行错综复杂的切削、刻划、滑擦三种作用的综合过程。一般来说，粗磨时以切削作用为主；精磨时既有切削作用，也有摩擦抛光作用；超精磨和镜面磨削时摩擦抛光作用更为明显。

三、磨床

磨床按用途不同可分为外圆磨床、内圆磨床、平面磨床、无心磨床、工具磨床、螺纹磨床、齿轮磨床以及其他各种专用磨床等。

1. 外圆磨床

外圆磨床用于磨削外圆柱面、外圆锥面和轴肩端面等，它分为普通外圆磨床和万能外圆磨床。

图 2 - 92 所示为万能外圆磨床。万能外圆磨床由床身、工作台、工件头架、尾座、砂轮架、砂轮修整器和电器操纵板等部分组成。万能外圆磨床的床身用于装夹各部件，上部装有工作台和砂轮架，内部装有液压传动系统。砂轮架用于装夹砂轮，并有单独电动机带动砂轮旋转。工作台上装有头架和尾座，用以装夹工件并带动工件旋转。工作台有两层，磨削时下工作台做纵向往复移动，以带动工件纵向进给，其行程长度可借挡块位置调节。上工作台相对下工作台在水平面内可扳转一个不大的角度，以便磨削圆锥面。头架内的主轴由单独电动机带动旋转。主轴端部可装夹顶尖、拨盘或卡盘，以便装夹工件并带动工件旋转做圆周进给运动。头架可以使工件获得 60 ~ 460 r/min 范围内 6 种不同的转速。尾座的功用是用后顶尖支撑长工件，它可在工作台上移动，调整位置以装夹不同长度的工件。

万能外圆磨床与普通外圆磨床的主要区别是：万能外圆磨床增设了内圆磨头，砂轮架和工件头架的下面均装有转盘，能围绕自身的铅垂轴线扳转一定角度。因此，万能外圆磨床除

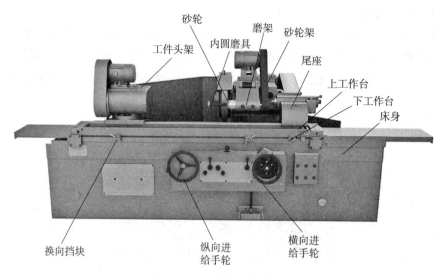

图 2-92　万能外圆磨床

了磨外圆和锥度较小的外锥面外，还可以磨削内圆和任意角度的内、外锥面。

外圆磨床上安装工件的方法有顶尖安装、卡盘安装和芯轴安装等。

轴类工件常用顶尖安装。安装时，工件支撑在两顶尖之间，如图 2-93 所示。但磨床所用的顶尖均不随工件一起转动（死顶尖），这样可以提高加工精度，避免由于顶尖转动带来的径向跳动误差。尾顶尖是靠弹簧推力顶紧工件的，这样可以自动控制松紧程度，避免工件因受热伸长带来的弯曲变形。

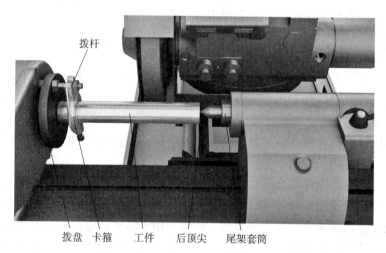

图 2-93　顶尖安装

磨削短工件的外圆时可用三爪自定心或四爪单动卡盘安装工件，如图 2-94（a）、（b）所示。用四爪单动卡盘安装工件时，要用百分表找正。对形状不规则的工件还可采用花盘安装。

盘套类空心工件常以内孔定位磨削外圆，此时常用芯轴安装工件。常用的芯轴种类与车床上使用的相同，但磨削用的芯轴的精度要求更高些，多用锥度芯轴，其锥度一般为

1/5 000～1/7 000，如图 2 - 94（c）所示。芯轴在磨床上的安装与车床一样，也是通过顶尖安装的。

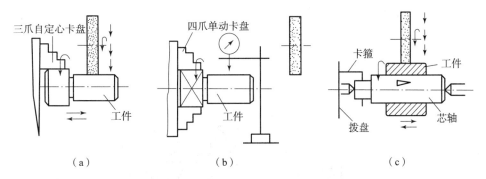

图 2 - 94　磨削外圆时用卡盘和芯轴安装工件

（a）三爪自定心卡盘装夹；（b）四爪单动卡盘装夹及其找正；（c）锥度芯轴装夹

2. 内圆磨床

内圆磨床用于磨削内圆柱面、内圆锥面及孔内端面等。图 2 - 95 所示为内圆磨床。内圆磨床由床身、工作台、工件头架、砂轮架、砂轮修整器等部分组成。砂轮架安装在床身上，由单独电动机驱动砂轮高速旋转提供主运动；砂轮架还可以横向移动，使砂轮实现横向进给运动。工件头架安装在工作台上，带动工件旋转做圆周进给运动；头架可在水平面内扳转一定角度，以便磨削内锥面。工作台沿床身纵向导轨往复直线移动，带动工件做纵向进给运动。

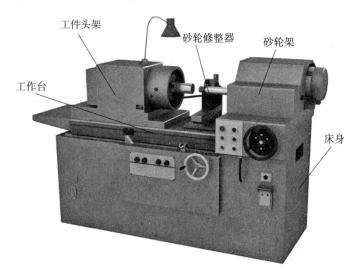

图 2 - 95　内圆磨床

3. 平面磨床

平面磨床用于磨削平面。常用的平面磨床有卧轴、立柱矩台平面磨床和卧轴、立柱圆台平面磨床。主运动都是砂轮的高速旋转，进给运动是砂轮、工作台的移动。图 2 - 96 所示为平面磨床。平面磨床由床身、工作台、立柱、磨头、砂轮修整器和电器操纵板等部分组成。磨头上装有砂轮，砂轮的旋转为主运动。砂轮由单独的电动机驱动，有 1 500 r/min 和 3 000 r/min 两种转速，一般情况多用低速挡。磨头可沿拖板的水平横向导轨做横向移动或进给，磨头还可随拖板沿立柱垂直导轨做垂向移动或进给，多采用手动操纵。长方形工作台装在床身的导轨上，由液压驱动做往复运动，带动工件纵向进给，工作台也可以手动移动。工作台上装有电磁吸盘，用以安装工件。

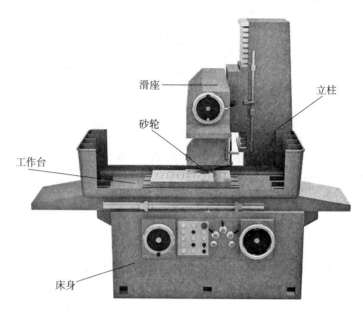

图 2 - 96　平面磨床

磨削中小型工件的平面，常采用电磁吸盘工作台吸住工件。对于钢、铸铁等导磁工件可直接安装在工作台上；对于铜、铝等非导磁性工件，要通过精密平口钳等装夹。当磨削键、垫圈、薄壁套等尺寸小而壁较薄的零件时，因零件与工作台接触面积小，吸力弱，容易被磨削力弹出去而造成事故。因此安装这类零件时，须在工件四周或左右两端用挡铁围住，以免工件走动。

四、磨削基本工艺

1. 外圆面的磨削
外圆面磨削既可在外圆磨床上进行，也可在无心磨床上进行。

1）在外圆磨床上磨削

在外圆磨床上磨削外圆的方法有纵磨法、横磨法、混合磨法和深磨法，如图 2 - 97 所示。

（1）纵磨法。砂轮高速旋转为主运动，工件旋转并和磨床工作台一起往复直线运动分别为圆周进给运动和纵向进给运动，工件每转一周的纵向进给量为砂轮宽度的三分之二，致使磨痕互相重叠。每当工件一次往复行程终了时，砂轮做周期性的横向进给（背吃刀量）。每次磨削的深度很小，经多次横向进给磨去全部磨削余量。纵磨法由于背吃刀量小，所以磨削力小，产生的磨削热少，散热条件较好；还可以利用最后几次无背吃刀量的光磨行程进行精磨，因此加工精度和表面质量较高。此外，纵磨法具有较大的适应性，可以用一个砂轮加工不同长度的工件。但是，其生产率较低，故广泛适用于单件、小批生产及精磨，特别适用

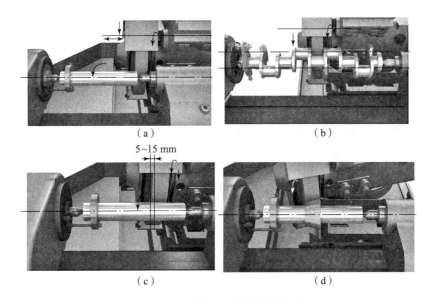

图 2 - 97　在外圆磨床上磨外圆
（a）纵磨法；（b）横磨法；（c）混合磨法；（d）深磨法

于细长轴的磨削。

（2）横磨法。横磨法又称切入法，磨削时工件不做纵向往复移动，而由砂轮以慢速做连续的横向进给，直至磨去全部磨削余量。横磨法生产率高，但由于砂轮和工件接触面积大，磨削力大，发热量多，磨削温度高，散热条件差，工件容易产生热变形和烧伤现象，且因背向力 F_p 大，工件易产生弯曲变形。由于无纵向进给运动，磨痕明显，因此工件表面粗糙度 Ra 值较纵磨法大。横磨法一般用于成批及大量生产中磨削刚性较好、长度较短的外圆，两端都有台阶的轴颈及成形表面，尤其是工件上的成形表面，只要将砂轮修整成形，就可以直接磨出。

（3）混合磨法。混合磨法是先用横磨法将工件表面分段进行粗磨，相邻两段间有 5 ~ 15 mm 的搭接，工件上留有 0.01 ~ 0.03 mm 的余量，然后用纵磨法进行精磨的加工方法。混合磨法综合了横磨法和纵磨法的优点，既提高了加工效率，又保证了加工精度。

（4）深磨法。磨削时采用较小的纵向进给量（一般取 1 ~ 2 mm/r）、较大的背吃刀量（一般为 0.3 mm 左右），在一次行程中磨去全部余量。磨削用的砂轮前端修磨成锥形或阶梯形，直径大的圆柱部分起精磨和修光作用。锥形或其余阶梯面起粗磨或半精磨作用。深磨法的生产率约比纵磨法高一倍，但修整砂轮较复杂，只适用于大批量生产刚度大并允许砂轮越出加工面两端较大距离的工件。

2）在无心外圆磨床上磨削

无心外圆磨削是一种生产率很高的精加工方法，其工作原理如图 2 - 98 所示。磨削时工件放在两个砂轮之间，下方用托板托住，不用顶尖支持，所以称为无心磨。

两个砂轮中，较小的一个是用橡胶结合剂做的，磨粒较粗，以 0.16 ~ 0.5 m/s 速度回转，此为导轮；另一个是用来磨削工件的砂轮，以 30 ~ 40 m/s 速度回转，称为磨削轮。磨削时，导轮和磨削轮同向旋转，工件轴线略高于砂轮与导轮轴线，以避免工件在磨削时产生圆度误差。工件与导轮之间摩擦较大，所以工件由导轮带动做低速旋转，并由高速旋转着的

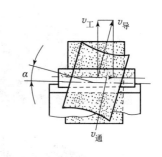

磨削轮　工件　导轮

图 2 - 98　无心外圆磨削的工作原理

砂轮进行磨削。

　　导轮轴线相对于工件轴线倾斜一个角度 α（10°～50°），以使导轮与工件接触点的线速度 $v_导$ 分解为两个速度，一个是沿工件圆周切线方向的 $v_工$，另一个是沿工件轴线方向的 $v_通$。因此，工件一方面旋转做圆周进给，另一方面做轴向进给运动。工件从两个砂轮间通过后，即完成外圆磨削。导轮倾斜 α 角后，为了使工件表面与导轮表面保持线接触，应当将导轮母线修整成双曲线形。

　　无心外圆磨削时，工件两端不需预先打中心孔，安装也比较方便，不需用夹具，操作技术要求不高，并且机床调整好之后可连续进行磨削，易于实现自动化，生产率高。工件被夹持在两个砂轮之间，不会因背向磨削力大而被顶弯，有利于保证工件的直线性，工件尺寸稳定，尤其是对于细长轴类零件的磨削，优点更为突出。但是无心外圆磨削要求工件外圆面在圆周上必须是连续的，若圆柱面上有键槽或小平面，导轮将无法带动工件连续旋转，故不能磨削。对于套筒类零件不能保证内、外圆的同轴度要求，机床的调整比较费时。这种方法适用于成批、大批量生产光滑的销、轴类零件的磨削。如果采用切入磨法，也可以加工阶梯轴、锥面和成形面等。

　　2. 孔的磨削

　　磨孔是孔的精加工方法之一，可达到的尺寸公差等级为 IT8～IT6，表面粗糙度 Ra 值为 1.6～0.4 μm。磨孔可以在内圆磨床或万能外圆磨床上进行。目前应用的内圆磨床是卡盘式的，它可以加工圆柱孔、圆锥孔和成形内圆面等。

　　内圆磨削的方法也有纵磨法和横磨法两种，其操作方法和特点与磨削外圆相似。纵磨法应用最为广泛。磨削内圆时，工件大多数以外圆和端面作为定位基准。通常采用三爪自定心卡盘、四爪单动卡盘、花盘及弯板等夹具安装工件。其中最常用的是用四爪单动卡盘通过找正安装工件（图 2 - 99）。磨孔时，砂轮旋转为主运动，工件低速旋转为圆周进给运动（其方向与砂轮旋转方向相反），砂轮直线往返为轴向进给运动，切深运动为砂轮周期性的径向进给运动。

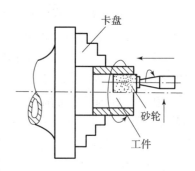

图 2 - 99　内圆磨削示意图

　　磨孔与铰孔、拉孔比较，有如下特点：

（1）可磨削淬硬的工件孔；

（2）不仅能保证孔本身的尺寸精度和表面质量，还可以提高孔轴线的直线度；

（3）同一个砂轮，可以磨削不同直径的孔，灵活性较大；

（4）生产率比铰孔低，比拉孔更低。

磨内圆（孔）与磨外圆相比，存在如下问题：

（1）表面粗糙值较大。磨孔的砂轮直径受工件孔径的限制，一般较小（为孔径的 0.5 ~ 0.9 倍），即使转速很高，其线速度也很难达到正常的磨削速度（>30 m/s），再加上切削液不易注入磨削区，工件易发热变形，磨内圆所达到的表面粗糙度值较磨外圆时大。

（2）生产率较低。由于受工件孔径的限制，砂轮轴细且悬伸长度较长，刚度差，磨削时易产生弯曲变形和振动，不宜采用较大的进给量，故磨削用量小，所以生产率较低；又因为砂轮易堵塞，需要经常修整和更换砂轮，增加了辅助时间，使磨孔的生产率进一步降低。

因此，磨内圆时，为了提高生产率和加工精度，尽可能选用较大直径的砂轮和砂轮轴，砂轮轴的悬伸长度越短越好。

作为孔的精加工，成批生产中常用铰孔，大量生产中常用拉孔。由于磨孔具有万能性，不需要成套的刀具，故在单件小批生产中应用较多。特别是对于淬硬的工件，磨孔仍是孔精加工的主要方法。

3. 圆锥面的磨削

磨圆锥面与磨外圆和磨内孔的主要区别是工件和砂轮的相对位置不同。磨圆锥面时，工件轴线必须相对于砂轮轴线偏斜一圆锥斜角。常用转动上工作台或转动头架的方法磨锥面。

4. 磨平面

根据磨削时砂轮工件表面的不同，平面磨削的方式有两种，即周磨法和端磨法，如图 2-100 所示。

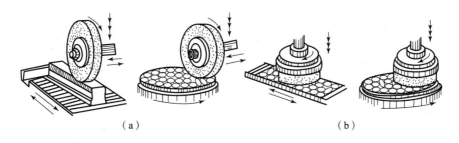

（a）　　　　　　　　　　　　　　　　　（b）

图 2-100　磨平面的方法
（a）周磨法；（b）端磨法

1）周磨法

周磨法是用砂轮圆周面磨削平面。周磨时，砂轮与工件接触面积小，排屑及冷却条件好，工件发热量少，因此磨削易翘曲变形的薄片工件能获得较好的加工质量，但磨削效率较低。

2）端磨法

端磨法是用砂轮端面磨削平面。端磨时，由于砂轮轴伸出较短，而且主要是受轴向力，因而刚性较好，能采用较大的磨削用量。此外，砂轮与工件接触面积大，因而磨削效率高。但发热量大，也不易排屑和冷却，故加工质量较周磨低。

五、磨削加工的特点

1. 精度高、表面粗糙度值小

磨削所用砂轮的表面有极多的、具有锋利的切削刃的磨粒，而每个磨粒又有多个刀刃，磨削时能切下薄到几微米的磨屑。磨床比一般切削加工机床精度高，刚性及稳定性好，并且具有控制小背吃刀量的微量进给机构，可以进行微量磨削，从而保证了精密加工的实现。磨削时，磨削速度高，如普通外圆磨削 $v_c \approx 30 \sim 35$ m/s，高速磨削 $v_c > 50$ m/s。一般磨削的尺寸公差等级可达 IT7 ～ IT6，表面粗糙度 Ra 值为 $0.2 \sim 0.8$ μm；当采用小粒度砂轮磨削时，Ra 可达 $0.008 \sim 0.1$ μm。

2. 砂轮有自锐作用

磨削过程中，磨钝了的磨粒会自动脱落而露出新鲜锐利的磨粒，这就是砂轮的自锐作用。砂轮由于本身的自锐性，使得磨粒能够以较锋利的刃口对工件进行切削。实际生产中，有时就利用这一原理进行强力磨削，以提高磨削加工的生产率。

3. 磨削温度高

磨削时的切削速度为一般切削加工的 $10 \sim 20$ 倍，磨粒多为负前角切削，挤压和摩擦较严重，磨削时消耗功率大，产生的切削热多。而砂轮本身的传热性很差，大量的磨削热在短时间内传散不出去，在磨削区形成瞬时高温，有时高达 800 ℃ ～ 1 000 ℃。大部分磨削热将传入工件，降低零件的表面质量和使用寿命。因此在磨削过程中，应向磨削区加注大量的切削液，不仅可降低磨削温度，还可以冲掉细碎的切屑和碎裂及脱落的磨粒，避免堵塞砂轮空隙，提高砂轮的寿命。

4. 磨削的背向力大

与车外圆时切削力的分解类似，磨削外圆时，总磨削力分解为磨削力 F_c、进给力 F_f 和背向力 F_p 3 个相互垂直的分力（图 2 - 101）。磨削力 F_c 决定磨削时消耗功率的大小，在一般切削加工中，切削力 F_c 比背向力 F_p 大得多；而在磨削时，背向磨削力 F_p 大于磨削力 F_c（一般 $2 \sim 4$ 倍），进给力最小，一般可忽略不计。

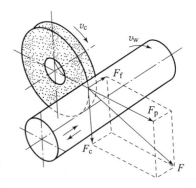

图 2 - 101 磨削力

背向力 F_p 不消耗功率，但它作用在工艺系统（机床—夹具—工件—刀具所组成的系统）刚性较差的方向上，会使工件产生水平方向的弯曲变形，直接影响工件的加工精度。例如，纵磨细长轴的外圆时，由于工件的弯曲而产生腰鼓形，如图 2 - 102 所示。

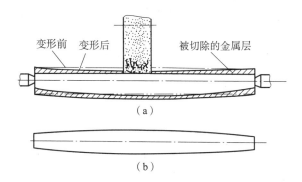

图 2 – 102　背向磨削力所引起的加工误差

（a）加工前；（b）加工后

第七节　精整加工和光整加工

一、研磨

1. 加工原理

研磨是一种常见的光整加工方法。研磨时把研磨剂放在研具与工件之间，在一定压力作用下研具与工件做复杂的相对运动，通过研磨剂的微量切削及化学作用去除工件表面的微小余量，从而达到很高的精度和很小的表面粗糙度。

研磨方法分为手工研磨和机械研磨两种。图 2 – 103 所示为手工研磨外圆表面。研磨时，将研具套在工件上，在研具和工件之间涂上研磨剂，调整螺钉使研具对工件表面有一定的压力。工件安装在车床两顶尖间做低速旋转（20～30 m/min），研具（手握）在一定压力下沿工件轴向做往复直线运动，直至研磨合格为止。手工研磨生产率低，只适用于单件小批量生产。

图 2 – 103　手工研磨外圆表面

机械研磨在专用研磨机床上进行。图 2 – 104 所示为研磨小件外圆用的研磨机工作示意图。研具由上、下两块铸铁研磨盘组成，两者可做同向或反向的连接，下研磨盘与机床刚性连接，上研磨盘与悬臂轴活动铰接，可按照下研磨盘自动调位以保证压力均匀。在上、下研磨盘之间有一个与偏芯轴相连的分隔盘，分隔盘的形状如图2－104（b）所示，上面开有许多矩形孔，尺寸比工件略大。工作时，工件在隔离盘内既转动又滑动。于是，在工件表面上形成细密均匀的网纹来均匀地去除加工余量。为增加工件轴向的滑动速度，分隔盘上矩形槽的对称中心线与分隔盘半径方向呈 $\gamma = 6° \sim 15°$ 夹角。机械研磨生产率高，适合于大批大量生产。

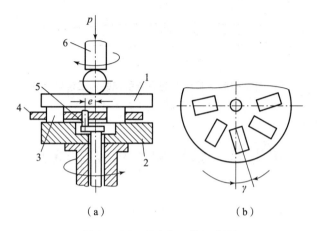

图2－104 研磨机工作示意图

（a）研磨示意图；（b）分隔盘

1—上研磨盘；2—下研磨盘；3—工件；4—分隔盘；5—偏心轴；6—悬臂轴

　　研具是涂敷或嵌入磨料的载体，又是研磨的成形工具。研具材料的硬度一般比工件材料低，以便使磨料在研磨过程中嵌入研具表面，以对工件进行研磨。研具材料本身还应组织均匀且具有耐磨性，以使其磨损均匀，保持原有几何形状精度。研具可以用铸铁、软钢、黄铜、塑料、硬木制造，但最常用的是铸铁研具。研磨钢件多用铸铁做研具；研磨铜、铝合金等材料可用硬木做研具。对有精密配合要求的两个零件，如柱塞泵的柱塞与泵体、液压阀芯与阀套、发动机的气门与气门座等，往往采用两个零件互为研具，用配研的方法达到配合精度的要求。

　　研磨孔是孔的光整加工方法，需要在精镗、精铰或精磨后进行。在车床上研磨套类零件孔时（图2－105），使用可调式研磨棒作研具。研磨前套上工件，将研磨棒安装在车床上，涂上研磨剂，调整研磨棒直径使其对工件有适当的压力。研磨时，研磨棒旋转，操作者手握工件往复移动。

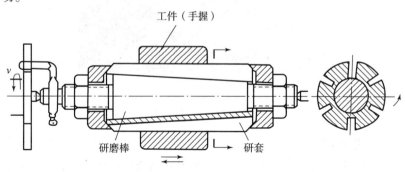

图2－105 研磨孔

　　研磨平面的研具有两种：带槽的平板用于粗研，光滑的平板用于精研。研磨时，在平板上涂以适当的研磨剂，工件沿平板的表面以一定的运动轨迹进行研磨。研磨小而硬的工件或进行粗研时，使用较大的压力和较低的速度；反之，则用较大的压力和较快的速度。研磨还可以提高平面的形状精度，对于小型平面研磨还可减小平行度误差。平面研磨主要用来加工小型精密平板、平尺、块规以及其他精密零件的表面。

　　2. 研磨的特点和应用

　　研磨具有如下的特点：

　　（1）研磨加工简单，不需要复杂设备。研磨除可以在专门的研磨机上进行外，还可以在简单改装的车床、钻床等机床上进行，设备和研具都比较简单，成本低。手工研磨的生产率低，劳动强度大。

　　（2）可以达到高的尺寸精度、形状精度和小的表面粗糙度值，但不能提高工件各表面间的位置精度。研磨前的工件应进行精车或精磨。研磨可以获得 IT5 或更高的尺寸公差等级，表面粗糙度 Ra 值为 0.1～0.008 μm。

　　（3）生产率较低，研磨余量一般不超过 0.01～0.03 mm。

　　（4）研磨剂易于飞溅，污染环境。

　　研磨应用很广，除了加工外圆面外，还可以加工孔、平面、螺纹表面、齿轮齿面等，既适合于大批大量生产又适合于单件小批量生产。在现代工业中，常采用研磨作为精密零件的最终加工。在机械制造业中，用研磨精加工精密块规、量规、齿轮、钢球、喷油嘴等精密零件；在光学仪器制造业中，用研磨精加工镜头、棱镜、光学平镜等仪器零件；在电子工业中，用研磨精加工石英晶体、半导体晶体、陶瓷元件等。

二、珩磨

　　1. 加工原理

　　珩磨是对孔进行的较高效率的精整加工方法，需在磨削或精镗的基础上进行。珩磨后孔的尺寸公差等级可达 IT6～IT5，表面粗糙度 Ra 值为 0.2～0.025 μm，孔的形状精度也相应提高。

　　珩磨是利用装有油石的珩磨头（图 2-106）来加工孔的，加工时工件视其大小可安装在机床的工作台或夹具中。具有若干个油石的珩磨头插入已加工过的孔中，由机床主轴带动旋转且做轴向往复运动。油石以一定的压力与孔壁接触，从工件表面切去极薄的一层金属。为得到较小的 Ra 值，切削轨迹应成均匀而不重复的交叉网纹。珩磨头上的油石用黏结剂与油石座固结在一起，并装在本体的槽中，油石两端用弹簧圈箍住。向下调整螺母，通过调整锥和顶销，可使油石张开，以便调整珩磨头的工作尺寸及油石对孔壁的工作压力。为使油石与孔壁均匀接触，获得较高的形状精度，珩磨头与机床主轴应成浮动连接，使珩磨头沿孔壁自行导向。

　　珩磨时要使用切削液，以便润滑、散热并冲去切屑和脱落的磨粒。珩磨钢件和铸铁件时，一般使用煤油加少量机油或锭子油作珩磨液。珩磨青铜等脆性材料时，可以用水剂珩磨液。磨条材料依工件材料选择。加工钢件一般选用氧化铝磨条；加工铸铁、不锈钢和有色金属工件时，一般选用碳化硅磨条。

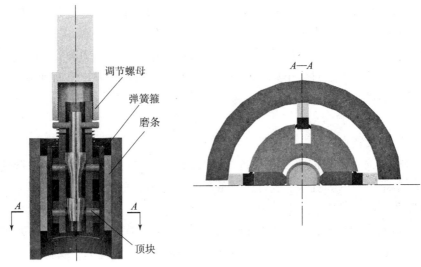

图 2 – 106　珩磨头

2. 珩磨的特点和应用

珩磨具有生产率高、能达到较高的孔表面加工质量、珩磨表面耐磨等优点，但一般不用于加工塑性较大的有色金属，以免堵塞磨条。珩磨主要用于孔的精整加工，加工范围广，能加工直径为 5～500 mm 或更大的孔，并且能加工深孔。珩磨还可以加工外圆面、平面、球面和齿面等。

在大批量生产中，珩磨孔多在专用的机床上进行；在单件小批量生产中，可在改装的立式钻床或卧式车床上进行。珩磨孔广泛用于大批量生产中加工飞机、拖拉机发动机的气缸、缸套、连杆和液压装置的油缸筒等。

三、超级光磨

1. 加工原理

超级光磨也称超精加工，是用细粒度、低硬度的油石，以较低的压力（5～20 MPa），在复杂的相对运动下，对工件表面进行光整加工的方法。图 2 – 107 所示为外圆面的超级光

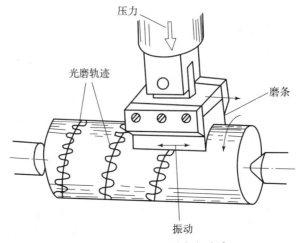

图 2 – 107　外圆面的超级光磨

磨。加工时，工件旋转（一般工件圆周线速度为 6～30 m/s），油石以恒力轻压于工件表面，在轴向进给的同时，沿工件的轴向做高速而短幅的往复运动（一般振幅为 1～6 mm，频率为 5～50 Hz），从而对工件微观不平的表面进行光磨。

加工时，在磨条和工件之间注入光磨液（煤油加锭子油），一方面为了冷却、润滑及清除切屑，另一方面是为了形成油膜。当油石最初与比较粗糙的工件表面接触时，油石与工件之间不能形成完整的油膜，如图 2－108（a）所示。随着工件表面被磨平以及微细切屑等嵌入磨条空隙，磨条表面逐渐平滑，在磨条与工件表面之间逐渐形成完整的润滑油膜，如图 2－108（b）所示。随后切削作用逐渐减弱，经过光整抛光阶段后便自动停止。

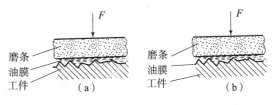

图 2－108　超级光磨过程

2. 超级光磨的特点和应用

超级光磨的设备简单，操作方便。超级光磨可以在专门的机床上进行，也可以在适当改装的通用机床（如卧式车床等）上，利用不太复杂的超级光磨磨头进行。一般情况下，超级光磨设备的自动化程度较高，操作简单，对工人的技术水平要求不高。

超级光磨的加工余量极小（0.005～0.02 mm），表面质量好，光磨后表面粗糙度值 Ra 为 0.1～0.008 μm，加工后表面耐磨性较好，但不能提高工件的尺寸精度及几何形状精度，该精度必须由前一道工序保证。超级光磨只是切去工件表面的微小凸峰，加工时间很短，一般为 30～60 s，所以生产率很高。

超级光磨的应用也很广泛，如汽车、内燃机零件，轴承、精密量具等的小粗糙度表面，常用超级光磨做精加工。它不仅能加工轴类零件内外圆柱面，而且还能加工圆锥面、孔、平面及球面等。

四、抛光

1. 加工原理

抛光是把抛光剂涂在抛光轮上，利用抛光轮的高速旋转对工件进行光整加工的方法。抛光剂由刚玉或碳化硅等磨料加油酸、软脂酸配制而成。抛光轮是用布、毛毡、橡胶或皮革等叠制而成的圆形轮子。

抛光时，将工件压于高速旋转的抛光轮上，在抛光剂的作用下，材料表面产生一层极薄的软膜，加之高速摩擦产生的高温，工件表面出现极薄的微流层，微流层可填平工件表面的微观凹谷，因而获得很光亮的表面（呈镜面）。

2. 抛光的特点和应用

抛光一般不用特殊设备，工具和加工方法比较简单，成本低；由于抛光轮是弹性的，能与曲面相吻合，故易于实现曲面抛光，便于对模具型腔进行光整加工；抛光轮与工件之间没有刚性的运动关系，不能保证从工件表面均匀地切除材料，只能去掉前道工序所留下的痕迹，因而仅能获得光亮的表面，不能提高精度；抛光多为手工操作，劳动条件较差。

抛光主要用于零件表面的装饰加工，不能提高表面精度。抛光零件表面的类型不限，可以加工外圆、孔、平面及各种成形面等。为了保证电镀产品的质量，电镀前必须抛光；一些不锈钢、塑料、玻璃等制品为得到好的外观质量也要进行抛光。

　　综上所述，研磨、珩磨、超级光磨和抛光虽都属于光整加工，但它们对工件表面质量的改善程度却不相同。抛光仅能提高工件表面的光亮程度，而不能改善工件表面粗糙度。超级光磨仅能减小工件的表面粗糙度，而不能提高其尺寸和形状精度。研磨和珩磨则不但可以减小工件表面的粗糙度，也可以在一定程度上提高其尺寸和形状精度。

　　从应用范围来看，研磨、超级光磨和抛光可以用来加工多种表面，而珩磨则主要用于孔的加工。

　　从所用工具和设备来看，抛光最简单，研磨和超级光磨稍复杂，而珩磨则较为复杂。

　　从生产效率来看，抛光和超级光磨最高，珩磨次之，研磨最低。

　　实际生产中需根据工件的形状、尺寸、表面的要求、批量大小和生产条件选用合适的光整加工方法。

复习思考题

　　1. 加工要求精度高、表面粗糙度小的紫铜或铝合金轴外圆时，应选用哪种加工方法？为什么？

　　2. 外圆粗车、半精车和精车的作用、加工质量和技术措施有何不同？

　　3. 外圆磨削前为什么只进行粗车和半精车，而不需要精车？

　　4. 磨削为什么能达到较高的精度和较小的表面粗糙度？

　　5. 无心磨的导轮轴线为什么要与工作砂轮轴线斜交 α 角？导轮圆周面的母线为什么是双曲线？工件的纵向进给速度如何调整？

　　6. 研磨与超精加工的加工原理、工艺特点和应用场合有哪些不同？

　　7. 加工相同材料、尺寸、精度和表面粗糙度的外圆面和孔，哪一个更困难些？为什么？

　　8. 在车床上钻孔和在钻床上钻孔产生的"引偏"，对所加工的孔有何不同影响？在随后的精加工中，哪一种比较容易纠正？为什么？

　　9. 扩孔、铰孔为什么能达到较高的精度和较小的表面粗糙度？

　　10. 镗床镗孔与车床镗孔有何不同？各适合于什么场合？

　　11. 拉孔为什么无须精确的预加工？拉削能否保持孔与外圆的同轴度要求？

　　12. 内圆磨削的精度和生产率为什么低于外圆磨削，表面粗糙度 Ra 值为什么也略大于外圆磨削？

　　13. 珩磨时，珩磨头与机床主轴为何要做浮动连接？珩磨能否提高孔与其他表面之间的位置精度？

　　14. 牛头刨床和龙门刨床的应用有何区别？工件常用的装夹方法分别有哪些？

　　15. 为什么刨削、铣削只能得到中等精度和表面粗糙度？

　　16. 插削适合于加工什么表面？

　　17. 用周铣法铣平面，从理论上分析，顺铣比逆铣有哪些优点？实际生产中，目前多采用哪种铣削方式？为什么？

第三章 零件表面加工方法的分析

任何复杂的零件都是由简单的几何表面（如外圆面、孔、平面、成形表面等）组成的，这些典型的表面不仅具有一定的形状和尺寸，同时还要求达到一定的技术要求，如尺寸精度、几何精度和表面质量等。工件表面的加工过程，就是获得符合要求的零件表面的过程。不同的表面可以采用不同的方法加工。而同一种表面由于零件具体加工要求、结构特点及材料性质等因素不同，所采用的加工方法也可能不同。加工方法选择的基本原则是在保证加工质量的前提下，使生产成本最低。因此，选择各表面的加工方法时，一般应遵循下述几个基本原则：首先选定它的最终加工方法，然后再逐一选定各前道工序的加工方法；按各种加工方法的应用特点选择各表面的加工方法，保证所选加工方法的经济精度、表面粗糙度与加工表面的精度要求、表面粗糙度要求相适应；所选择的加工方法要保证加工表面的形状精度要求和位置精度要求；所选择的加工方法要与零件材料的切削加工性相适应；所选择的加工方法要与生产类型相适应；所选择的加工方法要结合本企业的实际生产条件。

本章将通过对零件表面加工方法的综合分析，介绍生产中如何合理选择表面的加工方法和加工顺序。

第一节 外圆面的加工

外圆面是轴类、套筒类、盘类零件的主要表面，同时也可能是这些零件的辅助表面。外圆面的加工在零件的加工中占有很大的比重。不同零件上的外圆面或同一零件上不同的外圆面往往具有不同的技术要求，在对这些表面进行加工时需要结合具体的生产条件，拟定较合理的加工方案。

一、外圆面的技术要求

外圆面的技术要求包括：

（1）尺寸精度。尺寸精度包括外圆面直径和长度的尺寸精度；

（2）形状精度。形状精度包括外圆面的圆度、圆柱度和轴线的直线度等；

（3）位置精度。位置精度包括与其他外圆面（或孔）之间的同轴度、径向圆跳动与端面的垂直度等；

（4）表面质量。表面质量主要是指表面粗糙度，也包括有些零件要求的表面层硬度、残余应力大小及方向和金相组织变化等。

二、外圆面加工方案的选择

外圆面的加工方法主要有车削、磨削、研磨、超级光磨和抛光等。对于不同加工精度和表面粗糙度要求的零件要采用不同的加工方案。外圆表面加工方案的选择，除应满足技术要求外，还应考虑零件的材料、热处理要求、零件的结构、生产类型及现场的设备条件和技术水平。对于钢铁零件，外圆面的加工方法主要有车削、磨削，要求精度高、表面粗糙度值小时，往往还要进行研磨、超级光磨等加工。对于某些精度要求不高、仅要求光亮的表面，可以通过抛光来获得。对于塑性大的有色金属（如铜、铝合金等）零件，由于其精加工不宜用磨削，常采用精细车削加工。总体来说，一项合理的加工方案应能经济地达到精度要求，并能满足生产率的要求。表3-1所示为外圆面常用的加工方案及其应用。

表3-1 外圆面常用的加工方案及其应用

序号	加工方案	经济尺寸公差等级	加工表面粗糙度 Ra/μm	适用范围
1	粗车	IT12~IT11	50~12.5	适用于淬火钢以外的各种常用金属、塑料件
2	粗车—半精车	IT10~IT8	6.3~3.2	
3	粗车—半精车—精车	IT8~IT7	1.6~0.8	
4	粗车—半精车—精车—滚压（或抛光）	IT7~IT6	0.2~0.025	
5	粗车—半精车—磨削	IT7~IT6	0.8~0.4	主要用于淬火钢，也可用于未淬火钢，但不宜加工有色金属
6	粗车—半精车—粗磨—精磨	IT6~IT5	0.4~0.1	
7	粗车—半精车—粗磨—精磨—超级光磨	IT6~IT5	0.1~0.012	
8	粗车—半精车—精车—精细车	IT6~IT5	0.4~0.025	主要用于要求较高的有色金属的加工
9	粗车—半精车—精车—精磨—超精磨	IT5以上	<0.025	极高精度的钢或铸铁的外圆面的加工
10	粗车—半精车—精车—精磨—研磨	IT5以上	<0.1	

第二节 孔的加工

孔是箱体、支架、套筒、环、盘类零件上的重要表面，如轴承孔、定位孔等，也可能是这些零件的辅助表面，如紧固孔（如螺钉孔等）、油孔、气孔和减重孔等，是机械加工中经常遇到的表面。在加工精度和表面粗糙度要求相同的情况下，加工孔比加工外圆面困难、生产率低且成本高。主要是由于刀具的尺寸受到被加工孔的尺寸的限制，刀具的刚性差，不能采用大的切削用量；刀具处于被加工孔的包围中，散热条件差，切屑排出困难，切削液不易进入切削区，切屑易划伤加工表面等。

一、孔的技术要求

孔的技术要求包括：

（1）尺寸精度。尺寸精度包括孔径和长度的尺寸精度。

（2）形状精度。形状精度包括孔的圆度、圆柱度及轴线的直线度。

（3）位置精度。位置精度包括孔与孔或孔与外圆面的同轴度，孔与孔或孔与其他表面之间的尺寸精度、平行度、垂直度等。

（4）表面质量。表面质量包括表面粗糙度、表层加工硬化和金相组织变化等。

二、孔加工方案的选择

　　常用孔的加工方法有钻孔、扩孔、铰孔、镗孔、拉孔、磨孔、孔的光整加工等，可以在车床、钻床、镗床、拉床或磨床上进行，大孔和孔系则常在镗床上进行。拟定孔的加工方案时，应考虑孔径的大小和孔的深度、精度和表面粗糙度等的要求，还要考虑工件的材料、形状、尺寸、重量和批量以及车间的具体生产条件。在实体上加工中、小尺寸的孔，必须先钻孔。若是对已经铸出或锻出的中、大型孔的加工，则可直接采用扩孔或镗孔。对于孔的精加工，铰孔和拉孔适于加工未淬硬的中、小直径的孔，中等直径以上的孔可以采用精镗或精磨。淬硬的孔只能采用磨削。在孔的精整加工中，珩磨多用于直径稍大的孔，研磨则对大孔和小孔都适用。在实体材料上加工孔的方案及其应用见表 3-2。

表 3-2　在实体材料上加工孔的方案及其应用

加工顺序	经济尺寸公差等级	加工表面粗糙度 Ra/μm	适用范围
钻孔	IT12 ~ IT11	50 ~ 12.5	低精度的螺栓孔等，或为扩孔、镗孔做准备
钻—扩	IT10 ~ IT9	6.3 ~ 3.2	精度要求不高的未淬火孔（孔径小于 30 mm）
钻孔—粗镗	IT9 ~ IT8	3.2 ~ 1.6	直径较大的孔，如箱体、机架、缸筒类零件的未淬火孔（孔径大于 30 mm）
钻孔—粗镗—精镗	IT8 ~ IT7	1.6 ~ 0.8	直径较大的孔，如箱体、机架、缸筒类零件的未淬火孔（孔径大于 30 mm），精度要求更高的零件
钻—扩—机铰	IT8 ~ IT7	1.6 ~ 0.8	孔径较小，如直径 <φ20 mm 的未淬火孔
钻—扩—机铰—手铰	IT7 ~ IT6	0.4 ~ 0.2	孔径较小，如直径 <φ20 mm 的未淬火孔
钻—扩—拉孔	IT8 ~ IT7	0.8 ~ 0.4	孔径 >φ8 mm 未淬火孔，适用于成批大量生产
钻孔—镗—磨	IT7 ~ IT6	0.4 ~ 0.2	适用于钢、铸铁等直径较大的孔
钻孔—{扩—铰—珩磨；镗—磨—珩磨}	IT7 ~ IT6	0.1 ~ 0.005	直径较小的孔 ／ 直径较大的孔，如气缸、液压缸孔
钻孔—{扩—铰；镗—磨}—研磨或其他光整加工	IT7 ~ IT6	0.2 ~ 0.008	高精度孔，如阀孔

第三节　平面的加工

　　平面是箱体、滑轨、机架、床身、工作台及回转体等类零件的主要表面。根据平面所起的作用不同，大致可以分为非接合面、接合面、导向平面和精密测量工具的工作面等。由于平面的作用不同，其技术要求也不同，应采取不同的加工方案。

一、平面的技术要求

与外圆面和孔不同，一般平面本身的尺寸精度要求不高，其技术要求主要有：
（1）几何形状精度，如平面度、直线度；
（2）位置精度，包括平面与其他平面或孔之间的位置尺寸精度、平行度和垂直度等；
（3）表面质量，如表面粗糙度、表面加工硬化、残余应力及金相组织变化等。

二、平面加工方案的选择

平面加工的方法有车削、刨削、铣削、拉削、磨削、研磨和刮研。回转体零件的端面多采用车削和磨削加工；其他类型的平面以铣削或刨削加工为主；拉削仅适用于大批量生产中加工技术要求较高而且面积不大的平面；淬硬的平面必须用磨削加工。平面的加工方案及其应用见表3-3。生产中主要根据毛坯种类、精度要求、平面的形状、材料性能和生产规模来选择加工方案。

表3-3 平面的加工方案及其应用

加工方案	经济尺寸公差等级	加工表面粗糙度 $Ra/\mu m$	适用范围
粗车、粗刨或粗铣	IT11 级以上	50～12.5	未淬火钢等材料，低精度平面或非接触平面或为精加工做准备
粗车—半精车—精车	IT9～IT7	1.6～0.8	轴类、套类、盘类等零件未淬硬的、中等精度的端面
粗车—半精车—磨削	IT7～IT6	0.8～0.2	轴类、套类、盘类等零件淬硬的、高等精度的端面
粗刨—精刨	IT9～IT7	6.3～1.6	单件小批生产中等精度的未淬硬平面，或成批生产加工狭长平面
粗铣—精铣	IT9～IT7	6.3～1.6	成批生产中等精度的未淬硬平面
粗刨（或粗铣）—精刨（或精铣）—磨削	IT7～IT6	0.8～0.2	精度要求较高的淬硬平面或未淬硬平面
粗刨（或粗铣）—精刨（或精铣）—刮研	IT6～IT5	0.8～0.1	单件小批生产，精度要求较高的未淬硬平面，或成批生产加工狭长未淬硬平面
粗铣—拉削	IT8～IT6	0.8～0.2	大量生产，较小的平面
粗铣—精铣—磨削—研磨	IT5 级以下	0.1～0.008	高精度平面

第四节 成形面的加工

带有成形面的零件，机器上用的也相当多，如内燃机凸轮轴上的凸轮、汽轮机的叶片、机床的手柄等。

一、成形面的技术要求

与其他表面类似，成形面的技术要求也包括尺寸精度、几何精度及表面质量等方面。但是，成形面往往是为了实现特定功能而专门设计的，所以对其表面形状的要求十分重要。加工时，刀具的切削刃形状和切削运动，应首先满足表面形状的要求。

二、成形面加工方法的选择

成形面的加工方法一般有车削、铣削、刨削、拉削和磨削等。这些加工方法可归纳为以下两种基本方式：

1. 用成形刀具加工

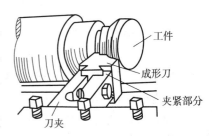

用成形刀具加工是指用切削刃形状与工件轮廓相符合的刀具直接加工出成形面。例如，用成形车刀车成形面（图3-1）、用成形铣刀铣成形面等。用成形刀具加工成形面时，机床的运动和结构比较简单，操作也简便。但是刀具的制造和刃磨比较复杂（特别是成形铣刀和拉刀），成本较高。而且这种方法的应用受工件成形面尺寸的限制，不宜用于加工刚性差而成形面较宽的工件。

图3-1 成形车刀车成形面

2. 利用刀具和工件做特定的相对运动加工

用靠模装置车成形面（图3-2），就是利用刀具和工件做特定的相对运动加工方法的一种。此外，还可以利用手动、液压仿形装置或数控装置来控制刀具与工件之间特定的相对运动。利用刀具和工件做特定的相对运动来加工成形面时，刀具比较简单并且加工成形面的尺寸范围较大。但是机床的运动和结构都比较复杂，加工成本也高。

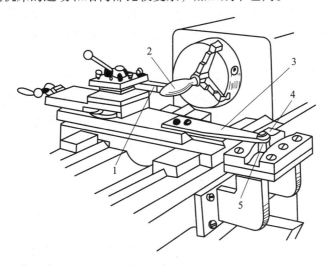

图3-2 靠模法车成形面

1—车刀；2—工件；3—连接板；4—靠模；5—滑块

成形面的加工方法应根据零件的尺寸、形状及生产批量来选择。小型回转体零件上形状不太复杂的成形面，在大批、大量生产时常用成形车刀在自动或半自动车床上加工；批量较小时，可用成形车刀在普通车床上加工。成形的直槽和螺旋槽等，一般可用成形铣刀在万能铣床上加工。对于尺寸较大的成形面，大批大量生产时多采用仿形车床或仿形铣床加工；单件小批量生产时，可借助样板在普通车床上加工，或者依据划线在铣床或刨床上加工。为了保证加工质量和提高生产率，在单件小批生产中，可应用数控机床加工成形面。大批大量生产中，为了加工一定的成形面，常常专门设计和制造专用的拉刀或专门化的机床，如加工凸轮轴的车床、磨床等。对于淬硬的成形面或精度高、粗糙度小的成形面，精加工则要采用磨削和光整加工。

第五节　螺纹加工

螺纹也是零件上常见的表面之一。它有多种形式，按用途的不同可分为：

（1）紧固螺纹。紧固螺纹用于零件间的固定连接。常用的有普通螺纹和管螺纹等，螺纹牙型多为三角形。对普通螺纹的主要要求是可旋入性和连接的可靠性，对管螺纹的要求是密封和连接的可靠性。

（2）传动螺纹。传动螺纹用于传递动力、运动或位移。常用的传动螺纹有丝杠和测微螺杆的螺纹等，其牙型多为梯形或锯齿形。对于传动螺纹的主要要求是传动准确、可靠，螺牙接触良好及耐磨。

一、螺纹的技术要求

螺纹和其他类型的表面一样有一定的尺寸精度、几何精度和表面质量要求。由于它们的用途和使用要求不同，技术要求也有所不同。对于紧固螺纹和无传动精度要求的传动螺纹，一般只要求中径和顶径（外螺纹的大径，内螺纹的小径）的精度。对于有传动精度要求或用于读数的螺纹，除要求中径和顶径的精度外，还要求螺距和牙型角的精度。为了保证传动或读数精度及耐磨性，对螺纹表面的粗糙度和硬度等也有较高的要求。

二、螺纹加工方法

常用的加工螺纹方法有很多，常见的有攻螺纹、套螺纹、车螺纹、铣螺纹、磨螺纹和滚压螺纹等，可以在车床、钻床、螺纹车床、螺纹磨床等机床上利用不同的工具进行加工。选择螺纹的加工方法时，要考虑的因素较多，其中主要的是工件形状、螺纹牙型、螺纹的尺寸和精度、工件材料和热处理以及生产类型等。

下面简要介绍常见的几种螺纹加工方法。

1. 攻螺纹和套螺纹

1）攻螺纹

使用丝锥来加工内螺纹的操作称为攻螺纹（又称攻丝）。攻螺纹的加工精度为 7H，Ra 为 $6.3 \sim 3.2~\mu m$。攻螺纹可以在钻床上进行，单件小批量生产主要用手工操作。

丝锥一般用碳素工具钢或高速钢制造，其结构如图 3 - 3 所示。丝锥由工作部分和柄部组成。工作部分又分为切削部分和校准部分。切削部分呈锥形，因此称为丝锥。校准部分呈圆柱形，具有完整的齿形以修光螺纹和引导丝锥旋入。工作部分相当于将一个外螺纹沿轴向开出 3～4 条槽后的形状以形成刀齿、容纳切屑。丝锥柄部一般是方形的以便于夹持，上面印有螺纹直径的标记。丝锥一般成组使用，M6～M24 的丝锥每组有两个，分别称为头锥和二锥。加工粗牙螺纹的丝锥中 M6 以下和 M24 以上的丝锥每组有三个，分别称为头锥、二锥和三锥。M24 以上的丝锥切除量大需要分几次逐步切除。加工细牙螺纹的丝锥不论大小每组都是两个。丝锥柄部一般用标记Ⅰ、Ⅱ和Ⅲ代表头锥、二锥和三锥。成组丝锥按照校准部分直径的不同分为等径丝锥和不等径丝锥两种。等径丝锥使用简便，而不等径丝锥切削负荷均匀、寿命较长。

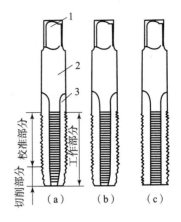

图 3-3 丝锥的结构

（a）头锥；（b）二锥；（c）三锥

1—方头；2—柄；3—槽

攻螺纹时用于夹持丝锥的工具称为铰杠，如图 3-4 所示。铰杠的规格应与丝锥大小相适应。

攻螺纹时两手用力要均匀。每攻入 1/2 圈或 1 圈后应将丝锥反转 1/4 圈进行断屑和排屑。攻不通孔时应做好记号，以防丝锥触及孔底，如图 3-5 所示。

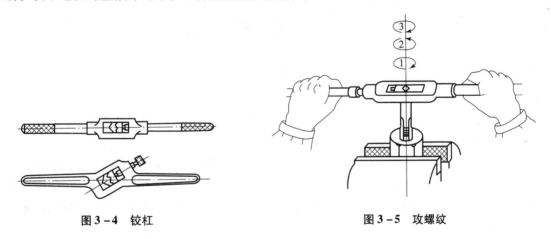

图 3-4 铰杠

图 3-5 攻螺纹

2）套螺纹

用板牙加工外螺纹的方法称为套螺纹。套螺纹加工的质量较低，加工精度为 7h，Ra 为 6.3～3.2 μm。

板牙一般由合金工具钢制成。常用的圆板牙如图 3-6（a）所示，有固定式和可调式两种。可调式圆板牙在圆柱面上开有 0.5～1.5 mm 的窄缝，使板牙螺纹孔直径可以在 0.50～0.25 mm 范围内调节，如图 3-6（b）所示。圆板牙的形状就像是开了 4～5 个圆柱孔的圆螺母，形成切削刃和容屑槽。圆板牙轴向的中间段是校准部分，也是套螺纹时的导向部分。

板牙架是用来夹持圆板牙的工具。手工套螺纹所使用的板牙架如图 3-6（c）所示。

开始操作时，板牙端面应与圆杆轴线保持垂直。板牙每转 1/2 或 1 圈应倒转 1/4 圈以折断切屑，然后再接着切削，如图 3-7 所示。

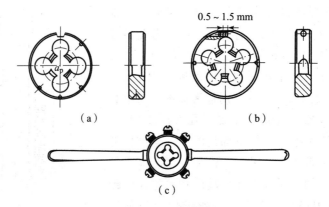

图 3 - 6　套螺纹工具

（a）普通圆板牙；（b）可调式圆板牙；（c）板牙架

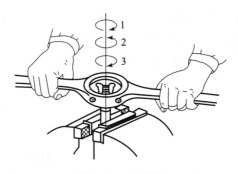

图 3 - 7　套螺纹

3）攻螺纹和套螺纹的应用

攻螺纹和套螺纹是应用较广的螺纹加工方法，主要用来加工精度要求不高、直径较小的三角螺纹，常用于加工 M16 以下的普通螺纹。对于小尺寸的内螺纹，攻螺纹几乎是唯一有效的加工方法。单件和小批量生产时可用手用丝锥由钳工在虎钳上进行，或在车床或钻床上进行；大批量生产时攻螺纹常用机用丝锥在车床、钻床或攻丝机上进行。

2. 车螺纹

车螺纹是最常用的螺纹加工方法。其原理是工件每转一转，车刀在进给方向上移动一个导程的距离。车削螺纹（thread turning）可在各类卧式车床或专门的螺纹车床上进行。由于刀具简单，广泛用于各种精度的未淬硬材料、各种截面形状和各种尺寸的内、外螺纹加工。但车螺纹生产率低，加工质量取决于工人的技术水平和机床、刀具本身的精度，所以主要用于单件小批量生产。对于不淬硬精密丝杠的加工，采用精密车床可以获得较高精度和较小的表面粗糙度值，因此占有重要的地位。车螺纹的最高精度可达 4～6 级，表面粗糙度 Ra 值为 3.2～0.8 μm。

车削螺纹所用的刀具是具有螺纹牙型轮廓的成形车刀。单齿螺纹车刀如图 3 - 8 所示。单齿螺纹车刀结构简单，适应性广，可加工各种形状、尺寸及精度的未淬硬工件的内、外螺纹，但生产率低，适用于单件小批生产。当生产批量较大时采用螺纹梳刀（图 3 - 9）。螺纹梳刀有平体、棱体和圆体三种。螺纹梳刀实际上是多齿成形车刀，一次走刀就能加工出全部螺纹，效率高，适用于大批生产细牙螺纹。一般螺纹梳刀加工精度不高，不能加工精密螺纹。此外，螺纹附近有轴肩的工件也不能用螺纹梳刀加工。

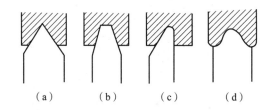

图3-8　单齿螺纹车刀

（a）三角形；（b）梯形；（c）锯齿形；（d）圆形

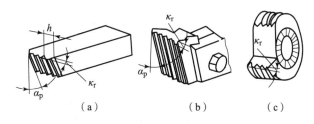

图3-9　螺纹梳刀

（a）平体；（b）棱体；（c）圆体

3. 铣螺纹

铣螺纹（thread milling）比车螺纹生产率高，但加工的螺纹精度低，在成批大量生产中广泛采用。铣螺纹一般在专门的螺纹铣床上进行。根据所用铣刀结构不同，可分为以下两种：

1）盘形铣刀铣螺纹

加工时，铣刀轴线对工件轴线的倾斜角等于螺纹升角 ψ，工件转一转，铣刀走一个工件导程，如图3-10所示。这种方法适合加工大螺距的长螺纹，如丝杠、螺杆等梯形外螺纹和蜗杆等，但加工精度较低，通常作为粗加工，铣后用车削进行精加工。

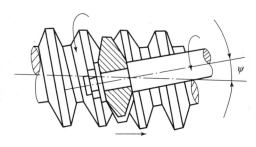

图3-10　盘形铣刀铣螺纹

2）梳形铣刀铣螺纹

加工时，工件每转一转，铣刀除旋转外，还沿轴向移动一个导程，工件转1.25转，便能切出全部螺纹（最后的四分之一转主要是修光螺纹），如图3-11所示。这种方法生产率高，螺距精度可达9~8级，表面粗糙度 Ra 值为 3.2~0.63 μm，适合成批加工一般精度并且长度短而螺距不大的三角形内、外螺纹和圆锥螺纹。用这种加工方法可以加工靠近轴肩或盲孔底部的螺纹，且不需要退刀槽，但其加工精度低。

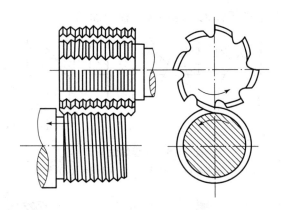

图 3-11　梳形铣刀铣螺纹

4. 磨螺纹

磨螺纹用于淬硬螺纹的精加工。如精密螺杆、丝锥、滚丝轮、螺纹量规等的螺纹加工。磨螺纹（thread grinding）是在专门的螺纹磨床上完成的，磨前需用车、铣等方法进行粗加工；对小尺寸的精密螺纹，也可不经粗加工直接磨出。根据所用砂轮形状不同，外螺纹的磨削可以分为单片砂轮磨削和多线砂轮磨削两种。

用单片砂轮磨削时，砂轮的轴线必须相对于工件轴线倾斜一个螺纹升角 ψ，工件安装在螺纹磨床的前后顶尖之间，工件每转一转，同时沿轴向移动一个导程；砂轮高速旋转的同时，周期性地进行横向进给，经一次或多次行程完成加工，如图 3-12 所示。这种方法适用于不同齿形、不同长径比的螺纹工件，机床调整和砂轮修整比较方便并且背向力小，工件散热条件好，加工精度高。

用多线砂轮磨削时，选用缓慢的工件转速和较大的横向进给，经过一次或数次行程即可完成加工，如图 3-13 所示。这种方法生产效率高，但加工精度低，砂轮修整复杂，适用于成批生产牙型简单、精度较低、刚性好的短螺纹。

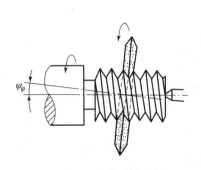

图 3-12　单片砂轮磨削

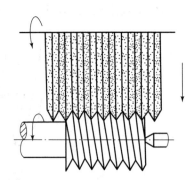

图 3-13　多线砂轮磨削

5. 滚压螺纹

滚压螺纹是在室温下，用压力使工件表面产生塑性变形而形成螺纹的一种无切屑加工方法。滚压螺纹通常有以下两种方法：

1）搓板滚压

如图 3-14 所示，上、下两块搓板都带有螺纹齿形，其截面形状与待搓螺纹牙型相符，螺纹方向相反。工作时，上搓板由机床带动做直线往复运动，为动板；下搓板固定于机床上不动，为静板，动板做平行于静板的往复直线运动，工件在两板之间被挤压和滚动。

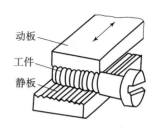

图 3 - 14　搓板滚压

2）滚轮滚压

如图 3 - 15 所示，工件放在两个带有螺纹齿形的滚轮之间的支撑板上，两滚轮等速转动，其中一个滚轮轴心固定，另一个滚轮做径向进给运动，工件在滚轮摩擦力带动下旋转，表面受径向挤压而形成螺纹。

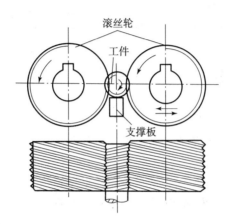

图 3 - 15　滚轮滚压

滚螺纹与搓螺纹相比，滚螺纹的生产率低，但精度高，表面粗糙度低。这是因为滚丝轮工作表面经热处理后可在螺纹磨床上精磨，而搓丝板热处理后精加工困难。滚压螺纹与切削螺纹相比生产率高、螺纹强度高、节省材料、加工费用低、机床结构简单。

三、螺纹加工方法的选择

选择螺纹的加工方法时，要考虑的因素主要有工件形状、螺纹牙型、螺纹的尺寸和精度、工件材料、热处理以及生产类型等，表 3 - 4 所列供选用时参考。

表 3 - 4　螺纹的加工方案及其应用

加工方法	经济尺寸公差等级	加工表面粗糙度 $Ra/\mu m$	适用范围
攻螺纹	IT7 ~ IT6	6.3 ~ 1.6	适用于各种批量生产中，加工各类零件上的螺孔，直径小于 M16 的常用手动，大于 M16 或大批量生产用机动
套螺纹	IT9 ~ IT8	6.3 ~ 1.6	适用于各种批量生产中，加工各类零件上的外螺纹
车削螺纹	IT8 ~ IT4	3.2 ~ 0.4	适用于单件小批量生产中，加工轴、盘、套类零件与轴线同心的内外螺纹及传动丝杠和蜗杆等

续表

加工方法		经济尺寸公差等级	加工表面粗糙度 $Ra/\mu m$	适用范围
铣削螺纹		IT9 ~ IT6	6.3 ~ 3.2	适用于大批大量生产中，传动丝杠和蜗杆的粗加工和半精加工，亦可加工普通螺纹
滚压螺纹	搓丝	IT8 ~ IT6	1.25 ~ 0.32	适用于大批大量生产中，加工塑性材料的外螺纹，亦可加工传动丝杠
	滚丝	IT7 ~ IT4	0.63 ~ 0.16	
磨削螺纹		IT6 ~ IT3	0.4 ~ 0.2	适用于各种批量的高精度、淬硬或不淬硬的外螺纹及直径大于 30 mm 的内螺纹

第六节　齿轮齿形的加工

齿轮（gears）是机械传动中传递运动和动力的重要零件，目前在各种机械和仪器中应用非常普遍。产品的工作性能、承载能力、使用寿命及工作精度等都与齿轮本身的质量有着密切的关系。

齿轮的结构形式多样，应用广泛，常见齿轮传动中直齿齿轮传动、斜齿齿轮传动和人字齿轮传动，用于平行轴之间；螺旋齿轮传动和蜗轮与蜗杆的传动常用于两交错轴之间；内齿轮传动可实现平行轴之间的同向转动；齿轮与齿条传动可实现旋转运动和直线运动的转换；直齿锥齿轮传动用于相交轴之间的传动。在这些齿轮传动中，直齿圆柱齿轮是最基本的，应用也最为广泛。

一、齿轮的技术要求

为了保证齿轮传动运动精确、工作平稳可靠，必须选择合适的齿形轮廓曲线。目前齿轮齿形轮廓曲线有渐开线、摆线和圆弧线型等，其中因渐开线型齿形的齿轮具有加工和安装方便、强度高、传动平稳等优点，所以应用最广。

国家标准 GB 10095—1988《渐开线齿轮精度》规定，齿轮及齿轮副分为 12 个精度等级，精度由高至低依次为 1、2、…、12 级。其中 1、2 级为远景级，目前难以制出。6、7、8 级为中等精度级，7 级精度为实际生产中普遍应用的基本级，9、10、11、12 级为低级精度。根据对传动性能影响的情况，标准将每个精度等级中的各项公差分为三个组别：第Ⅰ公差组影响传动性能的准确性；第Ⅱ公差组影响传动的平稳性；第Ⅲ公差组影响载荷的分布均匀性。

齿轮的精度等级应根据传动的用途、使用条件、传动功率、圆周速度等条件选择。例如分度机构、控制系统中的齿轮传动，其传递运动的准确性要求高一些；机床和汽车等的变速箱中速度较高的传动齿轮，主要要求传动的平稳性；受力大的一些重型机械中的齿轮传动，载荷的分布均匀性则有较高要求。常用机械齿轮精度等级选择范围见表 3－5。

表 3 – 5　常用机械齿轮精度等级选择范围

机械产品	使用条件			传动性能主要要求	精度等级
减速器	圆周速度	$v \leq 12$ m/s		载荷分布均匀性	887[①]
		$v > 12 \sim 18$ m/s			877
汽车	载重车、越野车变速箱的齿轮			传动的平稳性	877
	小轿车变速箱的齿轮				766
车床、钻床、镗床、铣床的变速箱的齿轮	直齿齿轮	斜齿齿轮		传动的平稳性	877
	$v < 3$ m/s	$v < 5$ m/s			
	$v = 3 \sim 15$ m/s	$v = 5 \sim 30$ m/s			766
	$v > 15$ m/s	$v > 30$ m/s			655
卧式车床	进给系统齿轮			传递运动准确性	778 或 7
精密车床					677 或 6
运输机械	一般传动齿轮			载荷分布均匀性	988 或 8
农业机械	传动齿轮			载荷分布均匀性	9

①表示第 Ⅰ、Ⅱ、Ⅲ 公差组的精度等级分别为 8、8、7。

二、齿轮齿形加工方法

齿轮加工一般分为齿坯加工和齿形加工两个阶段。齿坯加工主要是孔、外圆和端面的加工，是齿形加工时的基准，所以要有一定的精度和表面质量。而齿形加工是齿轮加工的核心和关键。目前制造齿轮主要是用切削加工，也可以用铸造、精锻、辗压（热轧、冷轧）和粉末冶金等方法。辗压齿轮生产率高、材料损耗少、成本低、力学性能好，铸造齿轮的精度低、表面粗糙，所以尚未被广泛采用。

用切削加工的方法加工齿轮齿形，按加工原理可分为两类：

（1）成形法加工。成形法加工是用于被切齿轮的齿槽形状相符的成形刀具切出齿形的方法，如铣齿、成形法磨齿等。

（2）展成法（范成法）加工。展成法（范成法）加工是利用齿轮的啮合原理加工齿轮的方法，如滚齿、插齿、剃齿和展成法磨齿等。

齿轮齿形加工方法的选择，主要取决于齿轮精度、齿面粗糙度的要求以及齿轮的结构、形状、尺寸和热处理状态等。表 3 – 6 所列出的 4～9 级精度圆柱齿轮常用的最终加工方法，可作为选择齿形加工方法的依据和参考。

表 3 - 6   4 ~ 9 级精度圆柱齿轮常用的最终加工方法

精度等级	齿面粗糙度 Ra/μm	齿面最终加工方法
4（特别精密）	≤0.2	精密磨齿，对于大齿轮，精密滚齿后研齿或剃齿
5（高精密）	≤0.2	精密磨齿，对于大齿轮，精密滚齿后研齿或剃齿
6（高精密）	≤0.4	磨齿，精密剃齿，精密滚齿、插齿
7（精密）	0.8 ~ 1.6	滚、剃或插齿，对于淬硬齿面，磨齿、珩齿或研齿
8（中等精度）	1.6 ~ 3.2	滚齿、插齿
9（低精度）	3.2 ~ 6.3	铣齿、粗滚齿

1. 铣齿

铣齿（gear milling）属于成形法加工，是用成形齿轮铣刀在万能铣床上进行齿轮齿形加工，如图 3 - 16 所示。铣齿时，当模数 $m \leq 10$ 时，用盘状铣刀；模数 $m > 10$ 时，用指状铣刀，如图 3 - 17 所示。

图 3 - 16   铣齿

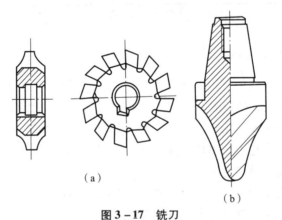

（a）

（b）

图 3 - 17   铣刀
（a）盘状铣刀；（b）指状铣刀

铣齿时铣刀装在刀杆上旋转做主运动，工件紧固在芯轴上，芯轴安装在分度头和尾座顶尖之间随工作台做直线进给运动。每铣完一个齿槽，铣刀沿齿槽方向退回，用分度头对工件进行分度，然后再铣下一个齿槽，直至加工出整个齿轮。

铣齿的工艺特点：

（1）成本较低。同其他齿轮刀具相比，成形齿轮铣刀结构简单，制造方便，而且在普通铣床上即可完成铣齿工作，因此铣齿的设备和刀具的费用较低。

（2）生产率低。铣齿过程不是连续的，每铣一个齿槽，都要重复消耗切入、切出、退刀和分度的辅助时间。

（3）加工精度低。铣齿的精度主要取决于铣刀的齿形精度。模数相同而齿数不同的齿轮的渐开线的形状是不一样的。因此，从理论上讲，为了获得准确的渐开线齿形，应该对同一模数的每种齿数的齿轮都准备一把专用的成形铣刀，这就需要很多规格的铣刀，使生产成本大为增加，因此使用这么多的铣刀既不方便也不经济。实际生产中，为了降低生产成本，把同一模数的齿轮按齿数划分成若干组，通常分为 8 组或 15 组，同一组只用一个刀号的铣刀加工。分成 8 组时，各号铣刀加工的齿数范围见表 3 - 7。为了保证铣出的齿轮在啮合时不致卡住，各号铣刀的齿形是按该组范围内最小齿数齿轮的齿形轮廓设计和制作的，而加工其他齿数的齿轮时，只能获得近似的齿形，产生齿形误差。另外铣床所用分度头是通用附件，分度精度不高。所以，铣齿的加工精度较低。

表 3 - 7 齿轮铣刀的分号

刀号	1	2	3	4	5	6	7	8
加工的齿数范围	12 ~ 13	14 ~ 16	17 ~ 20	21 ~ 25	26 ~ 34	35 ~ 54	55 ~ 134	135 以上

铣齿的加工精度为 9 级或 9 级以下，齿面粗糙度值 Ra 为 6.3 ~ 3.2 μm。

铣齿不但可以加工直齿、斜齿和人字齿圆柱齿轮，还可以加工齿条、锥齿轮及蜗轮等。但仅适用于单件小批生产或维修工作中加工精度不高的低速齿轮。

2. 滚齿

滚齿（gear hobbing）是利用齿轮滚刀（图 3 - 18）在滚齿机（图 3 - 19）上加工齿轮的轮齿，其滚切原理是齿轮刀具和工件按一对交错轴螺旋齿轮相啮合的原理做对滚运动进行切削加工，如图 3 - 20 所示。

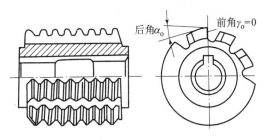

图 3 - 18 齿轮滚刀

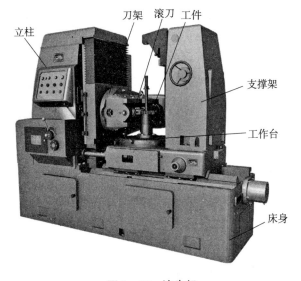

图 3 - 19 滚齿机

图 3 - 20　滚齿

滚切直齿圆柱齿轮的切削运动：

主运动　滚刀的旋转运动，用转速 n_0（r/min）表示。

分齿运动（展成运动）　滚刀与齿坯之间强制保持一对螺旋齿轮啮合关系的运动，即

$$n_w/n_0 = z_0/z_w$$

式中，n_0、n_w——滚刀和被切齿坯的转速（r/min）；

z_0、z_w——滚刀与被切齿轮的齿数。

分齿运动由滚齿机的传动系统来实现，滚刀刀齿的切削刃包络形成齿轮的齿廓，并且连续地进行分度。

垂直进给运动　为切出整个齿宽，滚刀需要沿工件的轴向做进给移动，即为垂直进给运动。每分钟滚刀沿齿坯轴向移动的距离（mm/min）称为垂直进给量。

滚齿与铣齿比较有如下特点：

（1）滚刀的通用性好。一把滚刀可以加工与其模数、压力角相同而齿数不同的齿轮。

（2）齿形精度及分度精度高。滚齿的精度一般可达 IT8～IT7 级，用精密滚齿可以达到 IT6 级精度，表面粗糙度 Ra 值为 3.2～1.6 μm。

（3）生产率高。滚齿的整个切削过程是连续的，效率高。

（4）设备和刀具费用高。滚齿机为专用齿轮加工机床，其调整费时。滚刀较齿轮铣刀的制造、刃磨要困难。

滚齿应用范围较广，可加工直齿、斜齿圆柱齿轮和蜗轮等，但不能加工内齿轮和相距太近的多联齿轮。

3. 插齿

插齿（gear shaping）是在插齿机（图 3 - 21）上用插齿刀加工齿形的过程，其原理是刀具和工件按照一对圆柱齿轮相啮合原理进行加工的。

插齿刀实际上是一个用高速钢制造并磨出切削刃的齿轮。强制插齿刀与齿坯间啮合运动的同时，使插齿刀做上下往复运动，即可在工件上加工出轮齿来。其刀齿侧面运动轨迹所形成的包络线，即为被切齿轮的渐开线齿形。完成插齿所需的切削运动如图 3 - 22 所示。

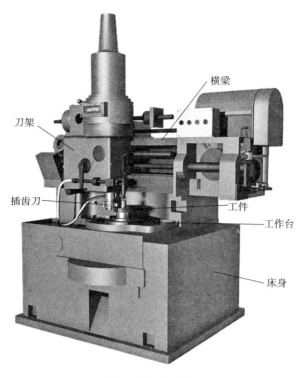

图 3 – 21 插齿机

刀架　横梁　插齿刀　工件　工作台　床身

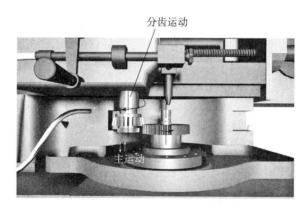

分齿运动

主运动

图 3 – 22 插齿运动

插直齿圆柱齿轮时，用直齿插齿刀，其运动如下：

主运动　即插齿刀的上下往复直线运动。向下为切削行程，向上的返回行程是空行程。主运动以单位时间（每分钟或每秒）内往复行程次数 n_r 表示，单位 str/min（或 str/s）。

分齿运动（展成运动）　插齿刀和齿坯之间被强制的啮合运动，保持一对传动齿轮的速比关系，即

$$n_w/n_0 = z_0/z_w$$

式中，n_0、n_w——插齿刀和齿坯的转速；

z_0、z_w——插齿刀和被切齿轮的齿数。

径向进给运动　插齿时，插齿刀不能一开始就切到轮齿的全齿深。因此，在分齿的同时

插齿刀要逐渐向工件中心移动，以切出全齿高。插齿刀每往复一次径向移动的距离，称为径向进给量（mm/str）。当进给到要求的深度时，径向运动停止，分齿运动继续进行，直到加工完成。

让刀运动 为了避免插齿刀在返回行程中刀齿的后刀面与工件的齿面发生摩擦，插齿刀返回时，齿坯沿径向让开一段距离；当切削行程开始前，齿坯恢复原位，这种运动称为让刀运动。

插齿与滚齿、铣齿比较有如下特点：

（1）齿面粗糙度小。插齿时，插齿刀沿齿宽连续地切下切屑，而在滚齿和铣齿时，轮齿齿宽是由刀具多次断续切削而成。在插齿的过程中，包络齿形的切线数量比较多，所以插齿的齿面粗糙度小，一般可达 $1.6 \mu m$。

（2）插齿和滚齿的精度相当，且都比铣齿高。一般条件下，插齿和滚齿能保证 IT7 ~ IT8 级精度，若采用精密插齿或滚齿，可以达到 IT6 级精度，而铣齿只能达到 IT9 级精度。

插齿刀的制造、刃磨及检验均比滚刀方便，容易制造得较精确。但插齿机的分齿传动链较滚齿机复杂，增加了传动误差，综合结果，插齿和滚齿的精度相当。

由于插齿机和滚齿机都是加工齿轮的专门化机床，其结构和传动机构都是按加工齿轮的特殊要求而设计和制造的，分齿精度高于万能分度头的分齿精度。滚刀和插齿刀的精度也比齿轮铣刀的精度高，不存在像齿轮铣刀那样的齿形误差，因此插齿和滚齿的精度都比铣齿高。

（3）插齿和滚齿同属于展成法加工，所以选择刀具时只要求刀具的模数和压力角与被切齿轮一致，与齿数无关（最少齿数 $z \geqslant 17$）。不像铣齿那样，每个刀号的铣刀只能加工一定齿数范围的齿轮。

（4）插齿的生产率低于滚齿而高于铣齿。因为滚齿为连续切削，插齿不仅有返回空行程，而且插齿刀的往复运动使切削速度的提高受到冲击和惯性力的限制，插齿机和插齿刀的刚性比较差。所以，滚齿的切削速度高于插齿，插齿的生产率低于滚齿。由于插齿和滚齿的分齿运动是在切削过程中连续进行的，省去了铣齿那样的单独分度时间，所以插齿和滚齿的生产率都高于铣齿。

插齿多用于加工滚齿难以加工的内齿轮、多联齿轮、带台阶齿轮、扇形齿轮、齿条及人字齿轮、端面齿盘等，但不能加工蜗轮。

尽管插齿和滚齿所使用的刀具和机床比铣齿复杂，成本高，但由于加工质量高，生产率高，在成批和大量生产中仍可收到很好的经济效益。即使在单件小批生产中，为了保证加工质量也常采用插齿或滚齿加工。

4. 齿形的精加工

滚齿和插齿一般加工中等精度的（IT8 ~ IT7 级）的齿轮。对于精度高于 IT7 级以上、表面粗糙度 Ra 值小于 $0.8 \mu m$ 或齿面需要淬火的齿轮，滚、插齿以后还需进行精加工。常用的齿形精加工的方法有剃齿、珩齿、磨齿。

1）剃齿

剃齿是齿轮精加工的方法，用来加工已经过滚齿或插齿但未经淬火的直齿和斜齿圆柱齿轮。

剃齿（gear shaving）是利用一对交错轴斜齿轮啮合原理，在剃齿机上"自由啮合"的展成加工方法。剃齿所用的刀具称为剃齿刀，如图 3 – 23 所示。剃齿刀的形状类似于一个斜齿圆柱齿轮，齿形做得非常精确，并且每一个齿的两侧，沿渐开线方向开有许多小槽，以形成切削刃，材料一般为高速钢。在与已经滚齿或插齿的齿轮啮合过程中，剃齿刀齿面上的许多切削刃，从工件齿面上剃下细丝状的切屑，以提高齿形精度和减小表面粗糙度值。

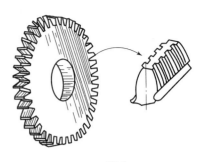

图 3 – 23 剃齿刀

图 3 – 24 所示为剃削直齿圆柱齿轮的加工简图。工件用芯轴装在机床工作台的两顶尖之间，可以自由转动；剃齿刀装在机床主轴上并与工件相啮合，带动工件时而正转，时而反转，正转时剃削轮齿的一个侧面，反转时剃削轮齿的另一个侧面。剃齿刀轴线与工件轴线间的夹角为 β_0。剃齿刀在啮合点 A 的圆周速度 v_0 可分解为沿工件圆周切线方向的分速度 v_w（使工件旋转）和沿工件轴线方向的分速度 v（使齿面间产生相对滑动），使剃齿刀从工件上切下发丝状的极细切屑，从而提高齿形精度和降低表面粗糙度值。为了能沿齿的全长进行剃削，工件还应由工作台带动做直线往复运动。在工作台一次往复行程结束时，工件相对剃齿刀还要做径向进给，以便继续进行剃削。

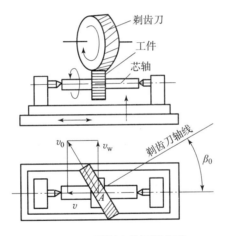

图 3 – 24 剃削直齿圆柱齿轮

剃齿主要用来对调质和淬火前的直、斜齿圆柱齿轮进行精加工。剃齿的精度取决于剃齿刀的精度。剃齿精度可达 IT7 ~ IT6 级，齿面粗糙度 Ra 值为 0.8 ~ 0.2 μm。

剃齿生产率高，一般 2 ~ 4 min 便可加工好一个齿轮。剃齿机结构简单，操作方便，也可把铣床等设备改装成剃齿机使用。剃齿刀制造较困难，剃齿不便于加工双联或多联齿轮的小齿轮等，使剃齿的应用受到一定限制。剃齿通常用于大批大量生产中的齿轮齿形精加工，在汽车、拖拉机及机床制造等行业中应用很广泛。

2）珩齿

珩齿是齿轮光整加工的方法。珩齿（gear honing）是用珩磨轮在珩齿机上进行齿形精加工的方法，其原理和方法与剃齿相同。若没有珩齿机，可用剃齿机或改装的车床、铣床代替。

珩磨轮是将金刚砂或白刚玉磨料与环氧树脂等材料合成后浇铸或热压在钢制轮坯上的斜齿轮，如图3-25所示。珩齿时，珩磨轮高速旋转（1 000~2 000 r/min），同时沿齿向和渐开线方向产生滑动进行切削。珩齿过程具有剃削、磨削和抛光的精加工的综合作用，刀痕复杂、细密。

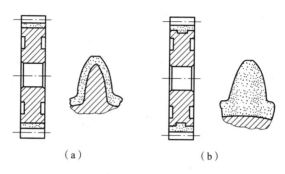

图3-25　珩磨轮

（a）带齿芯；（b）不带齿芯

珩齿适用于消除淬火后的氧化皮和轻微磕碰而产生的齿面毛刺与压痕，可有效地降低表面粗糙度，对齿形精度改善不大。珩齿后的表面粗糙度值 Ra 为0.4~0.2 μm。

因珩齿余量很小，为0.01~0.02 mm，可以一次切除，加工时生产率很高。一般珩磨一个齿轮只需1 min左右。

3）磨齿（gear grinding）

磨齿是用砂轮在磨齿机上对齿轮进行精加工的方法，既可以加工未淬硬的轮齿，又可以加工淬硬的轮齿。

按加工原理，磨齿分为成形法磨齿和展成法磨齿。

（1）成形法磨齿。

成形法磨齿与铣齿相似，将砂轮靠外圆处的两侧修整成与工件齿间相吻合的形状，对已切削过的齿间进行磨削（图3-26），加工方法与用齿轮铣刀铣齿相似，每磨完一齿后，进行分度，再磨下一个齿。

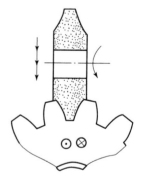

图3-26　成形法磨齿

成形法磨齿可在花键磨床或工具磨床上进行，设备费用较低。此法生产率较高，比展成法磨齿高近10倍。但砂轮修整较复杂，且也存在一定的误差。由于在磨齿过程中砂轮磨损不均以及机床的分度误差的影响，它的加工精度只能达到IT6级，在实际生产中应用较少。

（2）展成法磨齿。

生产中常用的展成法磨齿有锥形砂轮（双斜边砂轮）磨齿和双碟形砂轮磨齿两种。展成法磨齿生产率低，但加工精度高，一般可达IT4级，表面粗糙度 Ra 值在0.4~0.2 μm。所以实际生产中它是齿面要求淬火的高精度齿轮常采用的一种加工方法。

①锥形砂轮磨齿。

把砂轮修整成锥形，以构成假想齿条的齿形。其原理是使砂轮与被磨齿轮强制保持齿条和齿轮的啮合关系，并使被磨齿轮沿假想的固定齿条做往复纯滚动的运动，边转动，边移动，砂轮的磨削部分即可包络出渐开线齿形。磨削时，砂轮做高速旋转，同时沿工件轴向做往复直线运动，以便磨出全齿宽。每磨完一个齿槽，砂轮自动退离工件，工件自动进行分度，如图 3 - 27 所示。

②双碟形砂轮磨齿。

两个碟形砂轮倾斜一定角度，其端面构成假想齿条两个（或一个）齿不同侧的两个齿面，同时对齿槽的侧面 1 和侧面 2 进行磨削。工作时，两个砂轮同时磨一个齿间的两个齿面或两个不同齿间的左右齿面。此外，为了磨出全齿宽，被磨齿轮需沿齿向做往复直线运动，如图 3 - 28 所示。

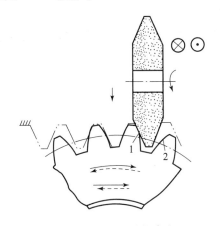

图 3 - 27　锥形砂轮磨齿

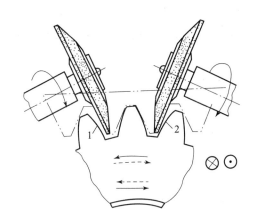

图 3 - 28　双碟形砂轮磨齿

展成法磨齿的齿面是由齿根至齿顶逐渐磨出，不像成形法磨齿一次成形，故生产率低于成形法磨齿。但加工精度一般可达 4 级，表面粗糙度 Ra 值在 $0.4 \sim 0.2$ μm。所以，实际生产中它是齿面要求淬火的高精度齿轮常采用的一种加工方法。

复习思考题

1. 试确定下列零件外圆面的加工方案。

（1）紫铜小轴，$\phi 20h7$，$Ra0.8$ μm；（2）45 钢轴，$\phi 50h6$，$Ra0.2$ μm。

2. 试对下列零件上的孔设计合理的加工方案。

（1）单件小批生产中，铸铁齿轮上的孔，$\phi 20H7$，$Ra1.6$ μm。

（2）大批量生产中，铸铁齿轮上的孔，$\phi 50H7$，$Ra0.8$ μm。

（3）变速箱体（铸铁）上传动轴的轴承孔，$\phi 62J7$，$Ra0.8$ μm。

（4）高速钢三面刃铣刀上的孔，$\phi 27H6$，$Ra0.2$ μm。

3. 试述下列零件上平面的加工方案。

（1）单件小批生产中，机座（铸铁）的底面：500 mm $\times 300$ mm，$Ra3.2$ μm。

（2）成批生产中，铣床工作台（铸铁）台面：$1\ 250$ mm $\times 300$ mm，$Ra1.6$ μm。

（3）大批量生产中，发动机连杆（45 调质钢，$217 \sim 255$ HBS）侧面：25 mm $\times 10$ mm，$Ra3.2$ μm。

4. 为什么车螺纹时必须用丝杠走刀？

5. 为什么标准件厂生产螺纹一般都用滚压法？

6. 旋风铣螺纹适合于何种零件？

7. 下列零件上的螺纹，应采用哪种方法加工？为什么？

（1）10 000 件标准六角螺母，M10 – 7H。

（2）100 000 件十字头沉头螺钉，M8 × 30 – 8 h，材料为 Q235 – A。

（3）30 件传动轴轴端的紧固螺纹，M20 × 1 – 6 h。

（4）500 根车床丝杠螺纹的粗加工，螺纹为 T32 × 6。

8. 成形面的加工，一般有哪几种方式？各有何特点？

9. 试述成形法和展成法的齿形加工原理有何不同？

10. 为什么插齿和滚齿的加工精度和生产率比铣齿高？滚齿和插齿的加工质量有什么差别？

11. 哪种磨齿方法生产率高？哪一种的加工质量好？为什么？

第四章　工件的装夹及夹具

第一节　工件装夹方法

一、装夹的概念

在机械加工过程中，为了保证加工精度，在加工前，应确定工件在机床上的位置，并固定好，以接受加工或检验。将工件在机床上或夹具中定位、夹紧的过程称为装夹。

工件的装夹包含了两个方面的内容。

1. 定位

为保证加工精度，一个工件放到机床上或夹具中，首先必须相对刀具及其切削成形运动占据一个正确的位置，这一过程称为定位。

2. 夹紧

加工过程中，为了使工件在切削力、重力和惯性力等力的作用下，能保持定位时所确定的正确位置不变，还需要把工件压紧、夹牢，这一过程称为夹紧。

工件的装夹，一般采用先定位后夹紧的方式，有时也可以定位和夹紧同时进行，这要根据工件加工的具体技术要求而定。如利用三爪卡盘装夹工件时，定位与夹紧是同时进行的。

二、装夹的方法

工件在机床上的装夹方式，取决于生产批量、工件大小及复杂程度、加工精度要求及定位的特点等。工件装夹的正确与否以及装夹是否方便快捷直接影响到加工精度和效率。不同的生产条件下应选用不同的装夹方法。

工件的装夹主要有三种方法。

1. 直接装夹

这种装夹方法是把工件的定位基准面直接靠紧在机床的装夹面上并密切贴合，不需找正即可完成定位。然后夹紧工件，使其在整个加工过程中不脱离这一位置，就能得到工件相对刀具及成形运动的正确位置。图 4 - 1 所示为直接装夹。

图 4 - 1 （a）所示为要磨削工件表面 A，要求 A 面与工件的底面 B 平行，装夹时将工件的定位基准面 B 靠紧磨床的磁力工作台并吸牢在上面即可；图 4 - 1 （b）中工件上的孔 A 只要求与工件定位基准面垂直，装夹时将工件的定位基准面紧靠在钻床

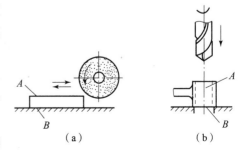

（a）　　　　　　　（b）

图 4 - 1　直接装夹

工作台面上即可。

2. 找正装夹

1）直接找正装夹

用划针、百分表或目测直接找正工件在机床或夹具中的正确位置，然后再夹紧。这种方法称为直接找正装夹。

如工件在四爪卡盘上装夹，通过采用测量工具找正工件在机床上的正确位置，然后再夹紧，如图4-2所示。如在车床上加工一个与外圆表面具有一个偏心量为 e 的内孔，可采用四爪卡盘和百分表调整工件的位置，使其外圆表面轴线与主轴回转轴线恰好相距一个偏心量 e，然后再夹紧工件，如图4-2（a）所示；在铣床上铣削一个与侧面平行的燕尾槽，也可通过百分表调整好工件应具有的正确位置再夹紧工件加工，如图4-2（b）所示。

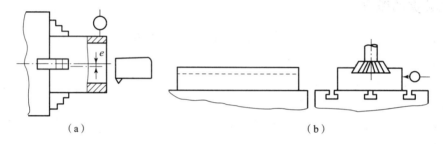

（a）　　　　　　　　　　　　　（b）

图4-2　直接找正装夹

直接找正装夹的定位精度与所用量具的精度和操作者的技术水平有关，找正比较费时，生产效率低，适用于单件小批量生产中形状较为简单的工件；此外，当工件加工精度要求非常高，用夹具也很难保证定位精度时，直接找正装夹可能是唯一可行的方案。不过此时必须由技术熟练的操作者使用高精度的量具仔细操作才能达到要求。总之，直接找正装夹适用于单件小批量生产或定位精度要求特别高的场合。

2）划线找正装夹

对于单件小批量生产中形状复杂、尺寸较大的铸件，若其精度较低不能按其表面找正，则可预先用划针在工件上划出中心线、对称线或各待加工表面的加工位置，然后再按划好的线来找正工件在机床上的位置，从而保证工件的加工精度。这种方法称为划线找正装夹，如图4-3所示。

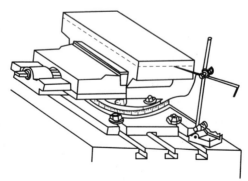

图4-3　划线找正装夹

划线找正装夹不需要专用设备，通用性好，但效率低，定位精度也不高，多用于单件小批生产中的复杂铸件或铸件精度较低的粗加工工序。

3. 夹具装夹

夹具是根据工件加工某一工序的具体加工要求而设计的，其上有专用的定位元件和夹紧装置，被加工工件可以迅速而准确地装夹在夹具中。采用夹具装夹，是先在机床上安装好夹具，使夹具相对刀具及成形运动占据正确的位置，然后在夹具中装夹工件，使工件的定位基准面与夹具上定位元件的定位面紧密贴合，并由夹具上的夹紧装置进行夹紧。因此利用夹具装夹就能保证工件相对刀具及成形运动的正确位置关系，如图4-4所示。

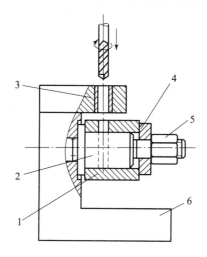

图4-4 夹具装夹

1—工件；2—定位销；3—钻套；4—压板；5—螺母；6—夹具体

这种装夹方式由夹具来保证定位夹紧，易于保证加工精度，生产效率高，操作简单方便，减轻了工人的劳动强度，降低了对工人技术水平的要求，多用于成批、大批和大量生产中。

夹具一般由夹具体、定位元件、夹紧装置、对刀或导向装置、连接元件等组成。夹具体是机床夹具的基础；定位元件保证工件在夹具中处于正确的位置；夹紧装置的作用是将工件压紧夹牢；工件对刀或导向装置用于确定刀具相对于定位元件的正确位置；连接元件是确定夹具在机床上正确位置的元件。

三、夹具的基本组成

夹具是加工工件时，为完成某道工序，用来正确迅速安装工件的装置。它对保证加工精度、提高生产效率和减轻工人的劳动强度有很大的作用。

1. 夹具的种类

机床夹具（jig and fixture for machine tool）根据其使用范围可分为通用夹具、专用夹具、组合夹具、通用可调夹具和成组夹具等类型。其中，通用夹具是指结构已经标准化且有一定适用范围的夹具，这类夹具一般不需特殊调整就可以用于不同工件的装夹，它们的通用性较强，对于充分发挥机床的技术性能、扩大机床的使用范围起着重要的作用。因此，有些通用夹具已成为机床的标准附件，随机床一起供应给用户。专用夹具是指为某一零件的加工而专门设计和制造的夹具，没有通用性。利用专用夹具加工工件，既可以保证加工精度，又可以提高生产效率。

根据所使用的机床可分为车床夹具、铣床夹具、钻床夹具（钻模）、镗床夹具（镗模）、磨床夹具和齿轮机床夹具等。

根据产生夹紧力的动力源可分为手动夹具、气动夹具、液压夹具、电动夹具、电磁夹具等。单件小批生产中主要使用手动夹具，而成批和大量生产中则广泛采用气动、电动或液压夹具等。

2. 夹具的组成

尽管夹具的用途和种类各不相同，结构也各异，但其主要由以下部分组成：

（1）定位元件。定位元件指夹具中用以确定工件正确位置的零件。工件以平面定位时，用支撑钉和支撑板作定位元件。工件以外圆柱面定位时，用 V 形块和定位套筒作定位元件。工件以孔定位时，用定位芯轴和定位销作定位元件。

（2）夹紧机构。工件定位后，为了防止工件由于受切削力等外力的作用而产生位移，而将其夹牢紧固的机构称为夹紧机构。

（3）导向元件。导向元件是指用来对刀和引导刀具进入正确加工位置的零件，如夹具上的钻套。其他导向元件还有导向套、对刀块等。钻套和导向套主要用在钻床夹具和镗床夹具上，对刀块主要用在铣床夹具上。

（4）夹具体和其他部分。夹具体是夹具的基准零件，用它来连接并固定定位元件、夹紧机构和导向元件等，使之成为一个整体，并通过它将夹具安装在机床上。根据加工工件的要求，有时还在夹具上设有分度机构、导向键、平衡铁和操作件等。

为了保证加工精度和生产效率，要求夹具具有足够的精度和刚度，并且结构要紧凑，形状要简单，装卸工件和清除切屑要方便等。

第二节　工件的定位

定位是使工件在夹具中占据某一正确位置，即对一批工件来说，不论先后，每一个工件都能够占据这一正确的位置。本节内容将主要讨论定位原理、定位方式、定位元件、各种定位元件所能限制的自由度以及定位误差的计算等。

一、工件定位原理

处在自由状态的物体在空间共有六个自由度，即沿着 x、y、z 三个坐标轴的移动和绕它们的转动，分别用 $\vec{x}$、$\vec{y}$、$\vec{z}$、$\widehat{x}$、$\widehat{y}$、$\widehat{z}$ 表示，如图 4-5 所示。

要想使工件在某一方向上有确定的位置，必须在某一方向上分布一个支撑点来限制该方向上的自由度。采用六个定位支撑点合理布置，使工件有关定位基准面与其相接触，每一个定位支撑点限制了工件的一个自由度，便可将工件六个自由度完全限制，使工件在空间的

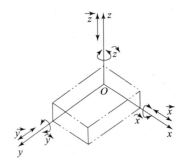

图 4-5　物体在空间的六个自由度

位置被唯一地确定。这就是通常所说的工件的六点定位原理。一长方体工件定位如图4-6所示，xOy平面上的三个不共线的支撑点1、2、3，限制工件的$\vec{z}$、$\widehat{x}$、$\widehat{y}$三个自由度；yOz平面上的两个支撑点4和5，限制工件的$\vec{x}$和$\widehat{z}$两个自由度；xOz平面上的一个支撑点6，则限制工件的$\vec{y}$自由度。这样，该长方体工件的六个自由度就被完全限制了，即该工件被完全定位。

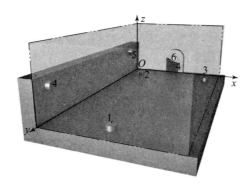

图4-6　工件的六点定位

根据工件在各工序的加工精度要求和选择定位元件的情况，工件的定位通常有如下几种情况。

1. 完全定位

工件在机床上或夹具中定位，若六个自由度全部被限制，称为完全定位。

如图4-7（a）所示，在一个长方体工件上加工一个ϕD的不通孔，孔有尺寸A、B、C的要求，故要限制$\vec{x}$、$\vec{y}$、$\vec{z}$三个自由度；孔的中心线要与C面垂直，故要限制$\widehat{x}$、$\widehat{y}$两个自由度；同时孔的中心线要与工件的左侧面和后侧面平行，故要限制$\widehat{z}$一个自由度，因此一共要限制六个自由度，即为完全定位。钻孔时工件在夹具中的定位如图4-7（b）所示，长方形工件的底面用两个细长支撑板定位，两个相邻侧面用三个支撑钉定位。为了便于分析，可抽象转化成如图4-7（c）所示的六个支撑点的定位形式，正好完全限制了工件的六个自由度，符合工序要求。

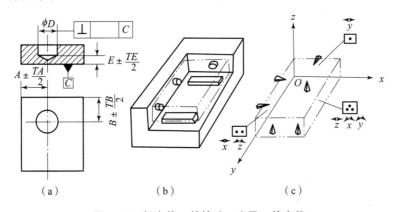

（a）　　　　　　　　（b）　　　　　　　　（c）

图4-7　长方体工件钻孔工序及工件定位

2. 部分定位

工件在机床上或夹具中定位，若六个自由度没有被全部限制但能满足加工要求的定位，称为部分定位。工件采用部分定位时，必须限制按加工要求需要限制的自由度；对于不影响加工要求的自由度，则可以不予限制。这样，可以简化夹具的结构。

图4-8所示为部分定位的几个实例。图4-8（a）所示为在一个球体上加工一个通过球心的径向孔，由于需要通过球心，且有深度要求，故需限制 $\vec{x}$、$\vec{y}$、$\vec{z}$ 三个自由度。图4-8（b）所示为在套筒上加工一个平面，该面与外圆下母线平行，且有厚度要求，故需限制 $\vec{z}$、$\hat{x}$ 两个自由度。图4-8（c）所示为在圆盘周边铣一个通槽，由于键槽相对圆盘轴线对称，且有深度要求，故需限制 $\vec{x}$、$\vec{z}$、$\hat{x}$、$\hat{z}$ 四个自由度。图4-8（d）所示为在工件上铣顶平面，要求保证工序尺寸z及与底面平行，需限制 $\hat{x}$、$\hat{y}$ 和 $\vec{z}$ 三个自由度。图4-8（e）所示为在工件上铣阶梯，要求保证工序尺寸y、z及其两平面分别与工件底面、侧面平行，因为 $\vec{y}$ 对工件的加工精度并无影响，故需限制除 $\vec{y}$ 以外的另五个自由度就够了。

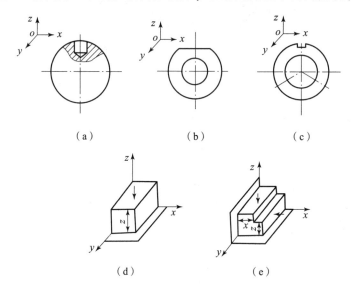

图4-8 部分定位的几个实例

3. 欠定位

工件在机床上或夹具中定位，若实际限制的自由度个数少于加工要求所必须限制的自由度数，则工件定位不足，称为欠定位。在确定工件定位方案时，欠定位是不允许的。

图4-9所示为工件的欠定位，在长V形块上定位，加工轴上距一端为尺寸a的槽。为保证尺寸a，需限制 $\vec{y}$ 的自由度，但用长V形块定位时没有限制 $\vec{y}$，属于欠定位。图4-10所示为工件的欠定位的另一个实例，是在一个长方体工件上加工一个台阶面，该面宽度为B，距底面高度为A，且应与底面平行，应限制 $\vec{x}$、$\vec{z}$、$\hat{x}$、$\hat{y}$、$\hat{z}$ 五个自由度，但图4-10（a）只限制了 $\vec{z}$、$\hat{x}$、$\hat{y}$ 三个自由度，缺少对 $\vec{x}$、$\hat{z}$ 的限制，则不能保证尺寸B及其侧面与工件右侧面的平行度，属于欠定位。必须增加如图4-10（b）所示的一个条形支撑板，以增加限制 $\vec{x}$、$\hat{z}$ 两个自由度才行。

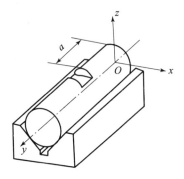

图4-9 工件的欠定位实例1

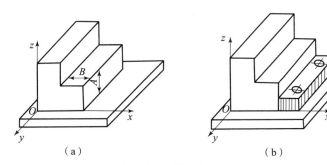

（a）　　　　　　　　　　　　　　　（b）

图4-10　工件的欠定位实例2

总之，工件定位时若为欠定位，则不能保证一批工件在夹具中位置的一致性和工序的加工精度要求，因而在确定工件定位方案时，欠定位是不允许的。

4. 重复定位

工件在机床上或夹具中定位，若几个定位支撑点都重复限制了同一个或几个自由度，称为重复定位，也称过定位。重复定位是否允许，应根据具体情况进行具体分析。一般情况下，如果工件的定位面为没有经过机械加工的毛坯面，或虽经过了机械加工，但仍然很粗糙，这时重复定位是不允许的；但如果工件的定位面和定位元件的尺寸、形状和位置精度都比较高，表面粗糙度值小，则重复定位不但对工件加工面的尺寸、位置影响不大，反而可以提高工件定位的稳定性和刚度，这时重复定位是允许的。

如图4-11（a）所示，将工件以底面为定位基准放置在三个支撑钉上，相当于三个定位支撑点限制了三个自由度，属于部分定位。若将工件放置在四个支撑钉上［图4-11（b）］，就会造成重复定位。

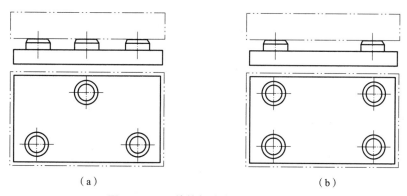

（a）　　　　　　　　　　　　　　　（b）

图4-11　工件的部分定位和重复定位

（a）部分定位；（b）重复定位

如果工件的底面为形状精度很低的毛坯面，则工件放置在四个支撑钉上时，实际上只有三个点接触，从而造成一个工件定位时的位置不定或一批工件定位时位置的不一致。如果工件的底面是已加工过的表面，精度较高，将它放在四个支撑钉上，只要此四个支撑钉处于同一平面上，则一个工件在夹具中的位置基本上是确定的，一批工件在夹具中的位置也是基本一致的。由于增加了支撑钉的个数，可使工件在夹具中定位稳定，反而对保证工件加工精度有好处。故在夹具设计中对以已加工过的表面作为工件的定位面时，大多采用多个支撑钉或支撑板定位。

当工件用两个或两个以上的组合表面定位时，由于工件各定位基准面之间以及夹具上各定位元件之间都存在误差，重复定位将给工件定位带来不良后果。

图 4 - 12 (a) 所示为一面两孔组合定位的重复定位的例子，工件的定位基准为底面和两个孔，夹具上定位元件为一个支撑板和两个短圆柱销。根据定位原理，支撑板相当于三个定位支撑点限制了 $\vec{z}$、$\hat{x}$、$\hat{y}$ 三个自由度，短圆柱销 1 限制了 $\vec{x}$、$\vec{y}$ 两个自由度，短圆柱销 2 限制了 $\vec{x}$、$\vec{z}$ 两个自由度。共限制了七个自由度，其中 $\vec{x}$ 被重复限制，属于重复定位。在这种情况下，当工件两孔中心距和夹具上两短圆柱销中心距误差较大，就会产生有的工件装不上的现象。解决的方法之一是将其中的一个短圆柱销改为菱形削边销 [现为短圆柱销 2，见图 4 - 12 (b)]，且其削边方向应在 x 向，使它失去限制 $\vec{x}$ 的作用，从而保证所有工件都能套在两个定位销上。

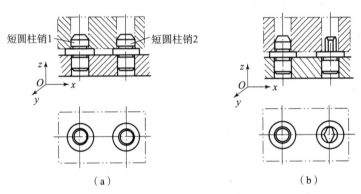

图 4 - 12　一面两孔组合定位的重复定位

(a) 重复定位；(b) 改进后

图 4 - 13 所示为内孔与端面组合定位的例子。其中图 4 - 13 (a) 中定位元件为长销和大端面，大端面限制 $\vec{x}$、$\hat{y}$、$\hat{z}$ 三个自由度，长销限制 $\vec{y}$、$\vec{z}$、$\hat{y}$、$\hat{z}$ 四个自由度，其中 $\hat{y}$、$\hat{z}$ 被重复，产生重复定位。解决的方法有三个：

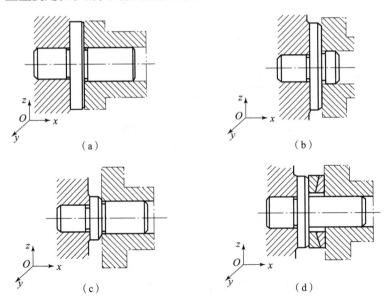

图 4 - 13　孔与端面组合定位的过定位

（1）采用大端面和短销组合定位［图4-13（b）］，短销仅限制$\vec{y}$、$\vec{z}$两个自由度，从而减少了$\vec{y}$、$\vec{z}$两个自由度的重复约束；

（2）采用长销和小端面组合定位［图4-13（c）］，小端面起一个支撑点的作用，仅限制$\vec{x}$一个自由度，从而减少了$\vec{y}$、$\vec{z}$两个自由度的重复约束；

（3）仍采用大端面和长销组合定位，但在大端面上装一个球面垫圈［见图4-13（d）］，球面垫圈释放了大平面对$\vec{y}$、$\vec{z}$两个自由度的限制。

图4-14（a）所示为连杆加工大头孔时工件在夹具中的定位，连杆的定位基准为端面、小头孔及一侧面，夹具上的定位元件为支撑板、长销及一挡销。长圆柱销限制了$\vec{x}$、$\vec{y}$、$\widehat{x}$、$\widehat{y}$四个自由度，支撑板限制了$\vec{z}$、$\widehat{x}$、$\widehat{y}$三个自由度，挡销3限制了$\vec{z}$一个自由度。很显然，$\widehat{x}$、$\widehat{y}$被重复限制了，属于重复定位。由于工件孔与其端面、长销与支撑板平面均有垂直度误差，工件装入夹具后，其端面与支撑板平面不可能完全接触，造成工件定位误差，如图4-14（b）所示。若用外力（如夹紧力W）迫使工件端面与支撑板接触，则会造成长销或连杆弯曲变形，如图4-14（c）所示，引起较大的加工误差。

解决的方法是将长销改为短销，释放其对$\vec{x}$、$\vec{y}$的限制；或将大支撑板改为小的支撑环，使其只起限制$\vec{z}$的作用，如图4-14（d）所示。

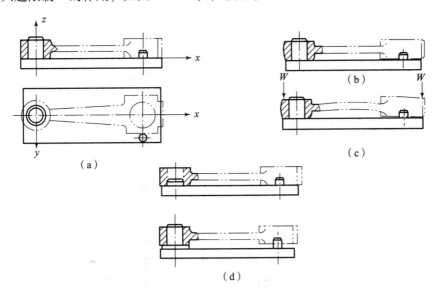

图4-14 连杆加工大头孔时工件在夹具中的定位

二、定位元件的选择

工件在机床上或夹具中的定位，主要是通过各种类型的定位元件实现的。定位元件的结构、形状必须与工件定位基准面形状相适应。定位基准面的形状通常有平面、外圆柱面、内孔、圆锥面及成形表面等。因此，常用的定位元件按定位基准面的不同，分为以下几种：

1. 平面定位的定位元件

工件以平面作为定位基准时最常见的定位方式之一，如箱体、床身、支架等零件的加工大都采用平面定位。

1）主要支撑

主要支撑在工件定位时起主要的支撑定位作用，又可分为：

（1）固定支撑。

在夹具中，位置固定不变的定位元件称为固定支撑。固定支撑有支撑钉和支撑板两种形式。

图4-15（a）所示为三种类型的支撑钉。当工件以加工过的平面（精基准）定位时，可采用平头支撑钉（A型）；当工件以粗糙不平的毛坯面定位时，可采用球头支撑钉（B型），使其与毛坯良好接触；网纹支撑钉（C型）的工作表面有齿纹，可以增大摩擦力，常用于工件侧平面的定位。

工件以精基准面定位时，除采用上述平头支撑钉外，还常用图4-15（b）所示的支撑板作定位元件。其中A型支撑板结构简单，便于制造，但不利于清除切屑，一般用于工件侧平面的定位；B型支撑板中螺钉孔处开有斜槽，易于清除切屑，应用广泛。

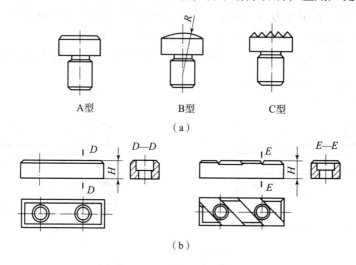

图4-15　不同类型的固定支撑

（2）可调支撑。

在夹具中，支撑点的位置可以调节的定位元件称为可调支撑。图4-16所示为几种常见的可调支撑。可调支撑主要用于毛坯表面的定位，当工件毛坯制造精度不高或工件批与批之间毛坯尺寸变化较大时，常使用可调支撑。可调支撑应在一批工件加工前进行调整，调整后用锁紧螺母进行锁紧，其作用与固定支撑相同。

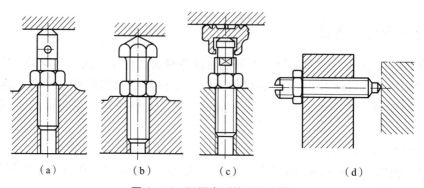

图4-16　不同类型的可调支撑

（3）自位支撑。

自位支撑是指在工件定位过程中，定位支撑点可以自动调整其位置以适应工件定位基准位置变化的定位元件。图 4 – 17 所示为几种常见的自位支撑。虽然自位支撑与工件定位表面可能是两点或三点接触，但由于其结构是浮动的，故实质上只能起一个定位支撑点的作用，即只限制工件的一个自由度。但由于增加了与工件的接触点数，故可提高工件定位时的刚度和稳定性。自位支撑常用于毛坯表面、阶梯表面以及有角度误差的平面定位。

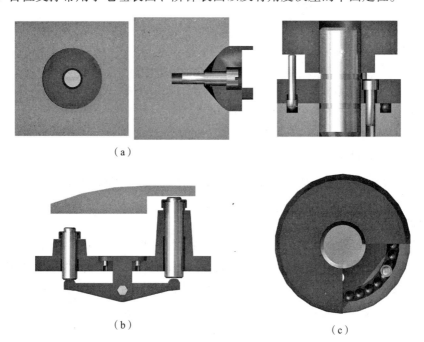

图 4 – 17 几种常见的自位支撑

（a）球面三点式自位支撑；（b）杠杆两点式自位支撑；（c）三点浮动式自位支撑

2）辅助支撑

在工件定位时，辅助支撑仅用来提高工件的支撑刚性和稳定性，不起定位作用。图 4 – 18 所示为辅助支撑的应用实例，工件以底面及两个侧面定位，镗削右边的孔，由于右端为悬臂状态，镗孔时刚性很差，为提高工件加工部位的刚度，在靠近加工部位处加一个辅助支撑，并施加夹紧力。

图 4 – 19 所示为几种常见的辅助支撑。其中图 4 – 19（a）为螺纹式辅助支撑，转动螺母 2，支撑 1 可以上下移动，这种支撑虽然结构简单，但操作效

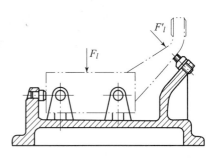

图 4 – 18 辅助支撑的应用实例

率较低，且用力不当会破坏工件的原有定位。图 4 – 19（b）所示为自引式辅助支撑，支撑 1 在弹簧 3 的作用下与工件接触，转动手柄 4 将支撑 1 锁紧。图 4 – 19（c）所示为升托式辅助支撑，这种支撑可承受更大的载荷。

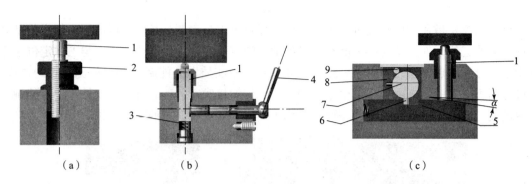

图4-19　几种常见的辅助支撑

（a）螺纹式辅助支撑；（b）自引式辅助支撑；（c）升托式辅助支撑

1—支撑；2—螺母；3—弹簧；4—手柄；5—斜楔；6—拨销；

7—手柄轴；8—挡销；9—限位销钉

2. 圆孔表面定位的定位元件

各类套筒、盘类、杠杆、拨叉等零件，常以圆孔定位。工件以圆孔为定位基准时，所采用的定位元件有定位销、刚性芯轴和小锥度芯轴。

1）定位销

图4-20所示为几种常见的圆柱定位销，其中图4-20（a）～图4-20（c）所示的定位销与夹具体的连接采用过盈配合，为固定式定位销；图4-20（d）所示为可换式定位销，在定位销与夹具体之间装有衬套，定位销与衬套采用间隙配合，而衬套与夹具体则采用过渡或过盈配合。

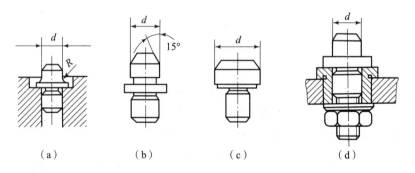

图4-20　几种常见的圆柱定位销

（a）$d < 10$；（b）$d > 10 \sim 18$；（c）$d > 18$；（d）$d > 10$

圆柱定位销根据其与工件定位孔的接触长度分为短销和长销。短销只能限制两个移动自由度，而长销除限制两个移动自由度外，还可限制两个转动自由度。

在工件以两个圆孔表面组合定位的场合，为了避免重复定位，两个定位销中采用一个削边销定位，削边销仅限制一个自由度。图4-21所示为菱形削边销。

图4-22所示为圆锥定位销，采用圆锥销定位时，圆锥销与工件圆孔的接触线为一个圆，限制工件的三个移动自由度。

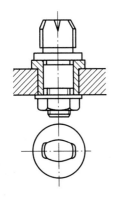

图 4 - 21　菱形削边销

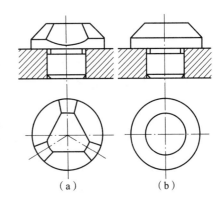

图 4 - 22　圆锥定位销

2）刚性芯轴

对套类零件，常采用刚性芯轴作为定位元件。图 4 - 23 所示为两种常见的刚性芯轴。其中图 4 - 23（a）所示为无轴肩过盈配合芯轴，由导向部分、定位部分和传动部分组成，这种芯轴制造简单，定心准确，但装卸工件不方便，适用于定心精度要求高的场合。图 4 - 23（b）所示为带轴肩间隙配合芯轴，这种芯轴装卸方便，但因有装卸间隙，定心精度低，只适用于同轴度要求不高的场合。

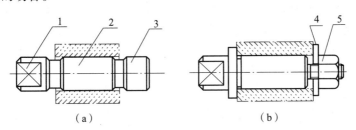

图 4 - 23　刚性芯轴

（a）无轴肩过盈配合芯轴；（b）带轴肩间隙配合芯轴

1—传动部分；2—定位部分；3—导向部分；4—开口垫圈；5—螺母

3）小锥度芯轴

为了消除工件与芯轴的配合间隙，提高定心精度以及便于装卸工件，还可采用小锥度芯轴，如图 4 - 24 所示。小锥度芯轴的锥度很小，一般为 1/1 000 ~ 1/5 000。

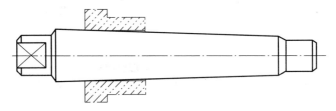

图 4 - 24　小锥度芯轴

3. 外圆表面定位的定位元件

工件以外圆表面定位时，常用的定位元件有定位套、V 形块和支撑板，分别可以实现工件的定心定位、对中定位和支撑定位。

1）定位套

图4-25所示为常见的不同类型的定位套。定位套装在夹具体上，用以支撑工件外圆表面，起定位作用。常用定位套的圆柱面与端面组合定位，以保证轴向位置精度，防止轴线的径向位移和倾斜。若工件端面较大，为避免过定位，定位孔应做短些。

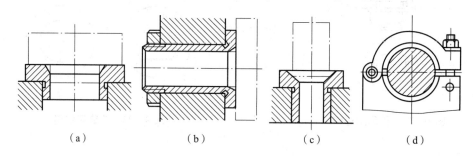

图4-25　常见的不同类型的定位套

(a) 短定位套；(b) 长定位套；(c) 锥面定位套；(d) 半圆孔定位套

其中图4-25（a）和图4-25（b）分别为短定位套和长定位套，若不考虑端面，它们的内孔分别限制工件的两个和四个自由度；图4-25（c）所示为锥面定位套，限制工件的三个自由度；图4-25（d）所示为半圆孔定位套，将同一圆周面的孔分成两半圆，下半圆部分装在夹具体上起定位作用，上半圆部分装在可卸式或铰链式盖上起夹紧作用，该定位套便于装卸工件，适用于大型轴类工件或不宜以整圆定位的轴类工件的定位。半圆孔定位套若与工件定位表面接触长，可限制四个自由度；若接触短，则限制两个自由度。

2）V形块

V形块是应用广泛的外圆表面定位元件。在V形块上定位时，工件能实现自动对中。常见的V形块结构如图4-26所示，其中图4-26（a）为短V形块，限制工件的两个自由度；图4-26（b）为长V形块，限制工件的四个自由度；图4-26（c）所示为用于阶梯轴定位的V形块。

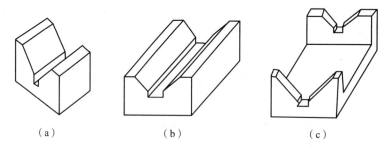

图4-26　常见的V形块结构

(a) 短V形块；(b) 长V形块；(c) 用于阶梯轴定位的V形块

4. 锥面定位元件

工件以锥孔定位时，常用的定位元件有锥形芯轴和顶尖。

1）锥形芯轴

图4-27所示为锥孔套筒在锥形芯轴上定位加工外圆的情况，锥形芯轴限制了除绕工件自身轴线转动外的5个自由度。

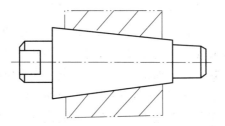

图 4 - 27 工件在锥形芯轴上定位

2）顶尖

在加工轴类或某些要求准确定心的工件时，在工件上专为定位加工出工艺定位孔——中心孔。中心孔与顶尖配合，即为锥孔与锥销配合。两个中心孔是定位基准面，所体现的定位基准是由两个中心孔确定的中心线。

中心孔定位的优点是定心精度高，还可实现定位基准统一，并能加工出所有的外圆表面，这是轴类零件加工普遍采用的定位方式。

图 4 - 28（a）所示为轴类零件以顶尖孔在顶尖上定位的情况，左端的固定顶尖限制了三个自由度，右端的活动顶尖限制了两个自由度。但这种定位方式不适用于阶梯轴加工端面的情况，为了提高工件轴向的定位精度，可采用如图 4 - 28（b）所示的结构，此时左端的结构为固定顶尖套和活动顶尖，左端的活动顶尖只限制两个自由度，沿轴线方向的自由度则由固定顶尖套来限制。

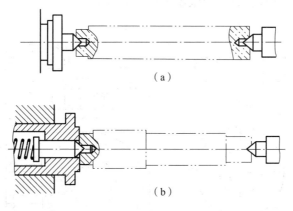

（a）

（b）

图 4 - 28 工件以顶尖孔在顶尖上定位

三、定位误差计算

设计夹具过程中选择和确定工件的定位方案，除了根据定位原理选用相应的定位元件外，还必须对选定的工件定位方案能否满足工序的加工精度要求做出判断，为此就需对可能产生的定位误差进行分析和计算。

1. 定位误差的概念、产生原因及其组成

由前面介绍的内容可知，六点定位原则解决了工件自由度的问题，即解决了工件在夹具中位置"定与不定"的问题。但是，由于一批工件逐个在夹具中定位时，各个工件所占据的位置不完全一致，即出现工件位置定得"准与不准"的问题。

工件以其定位基准面与夹具上的定位元件相接触或相配合来确定其在夹具中的位置，但由于工件及定位元件都存在误差，这就使得一批工件的工序基准在空间的位置发生了变化，从而造成工序尺寸或工件有关表面之间位置要求的加工误差。这种由于定位不准确而造成某一工序在工序尺寸或位置要求方面的加工误差，我们称之为定位误差，用 $\delta_{定位}$ 表示。

在工件的加工过程中，产生误差的因素很多，定位误差仅是加工误差的一部分，为了保证加工精度，一般限定定位误差不超过工件有关尺寸或位置公差的 1/3，即

$$\delta_{定位} \leqslant T/3$$

造成定位误差的原因主要有两方面：

（1）基准位置误差。

由于工件的定位表面或夹具上的定位元件的制造公差和最小配合间隙的影响，定位基准 O 相对定位基准理想位置 O' 的最大变动量称为基准位置误差，用 $\delta_{位置(O)}$ 来表示。

（2）基准不重合误差。

由于工序基准 A 和定位基准不重合而造成的加工误差称为基准不重合误差，用 $\delta_{不重(A)}$ 来表示。在计算时，基准不重合误差实际就是工序基准 A 相对定位基准理想位置 O' 的最大变动量。

如图 4-29（a）所示，在套筒形工件上钻一个通孔，要求保证工序尺寸 $H_{-TH}^{\ 0}$。图 4-29（b）所示为加工时所使用的钻床夹具。被加工孔的工序基准为工件外圆 $d_{-Td}^{\ 0}$ 的下母线 A，工件以内孔 D_0^{+TD} 与短圆柱定位销 1 配合，定位基准为内孔中心线 O。支撑垫圈 2 限制工件的三个自由度，短圆柱销配合限制工件两个自由度。

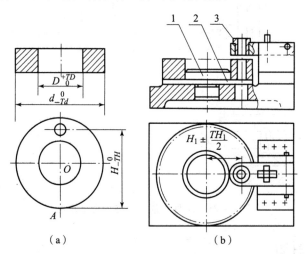

图 4-29 钻孔工序简图及钻孔夹具

1—短圆柱定位销；2—支撑垫圈；3—钻套

夹具上的钻套 3 确定了钻头的位置，而钻套 3 的中心对定位销 1 的中心位置已由夹具上的尺寸 $H_1 \pm TH_1/2$ 确定，因此在加工一批工件的过程中，钻头的切削成型面（即被加工通孔表面）中心的位置可认为是不变的。虽然机床保证了钻套（待加工小孔）与定位销的轴线之间的尺寸，但由于工件的内孔、外圆以及定位销的尺寸均存在制造误差，而且工件内孔与定位销又存在配合间隙，所以一批工件的内孔中心线及外圆下母线的位置均在一定范围内

变动，加工后这一批工件的工序尺寸也必然是不相同的。

当工件内孔 D 的直径为最大（$D_{\max} = D + TD$），定位销直径为最小（$d_{1\min} = d_1 - Td_1$）时，一批工件的定位基准 O 相对定位基准理想位置 O' 的变动量最大。图 4 - 30（a）中的 O_1、O_2、O_3 及 O_4 为定位基准 O 最大位置变动的几个极限位置。可求得定位基准 O 相对定位基准理想位置 O' 的最大变动量为

$$\delta_{位置(O)} = O_1O_2 = O_3O_4 = D_{\max} - d_{1\min} = (D + TD) - (d_1 - Td_1) = X_{\max} = X_{\min} + TD + Td_1$$

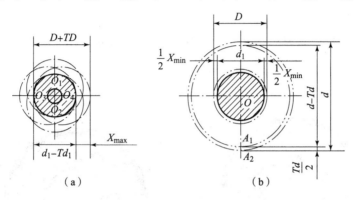

图 4 - 30　一批工件定位基准 O 和工序基准 A
相对定位基准理想位置 O' 的最大变动量

如图 4 - 30（b）所示，当工件外圆分别取得最小直径和最大直径时，工序基准 A 相对定位基准理想位置 O' 取得最大位置变动的两个极限位置 A_1 和 A_2。工序基准 A 相对定位基准理想位置 O' 的最大变动量为

$$\delta_{不重(A)} = A_1A_2 = \frac{1}{2}Td$$

因此，在加工通孔时造成工序尺寸 H_{-TH}^{0} 定位误差，就是一批工件定位时其定位基准和工序基准相对定位基准理想位置的最大变动量。

2. 定位误差的计算方法

如果一批工件采用调整法加工，则存在定位误差；如果一批工件逐个按试切法加工，则不存在定位误差。

定位误差的常用计算方法有合成法和极限位置法。

1）合成法

由于造成定位误差的原因是基准位置误差和基准不重合误差，因此，定位误差应为这两种误差的组合。用合成法计算定位误差的公式为 $\delta_{定位} = \delta_{位置} \pm \delta_{不重}$。计算时应注意，在一批工件的定位变动方向一定（由大变小或由小变大）的条件下，如果 $\delta_{位置}$ 和 $\delta_{不重}$ 的变动方向相同时取 " + " 号，变动方向相反时取 " - " 号。

图 4 - 29 所示实例，根据合成法求出定位误差为

$$\delta_{定位(H)} = \delta_{位置(O)} + \delta_{不重(A)} = O_1O_2 + \frac{1}{2}Td$$

2）极限位置法

在采用调整法加工一批工件时，工件的定位误差实质上就是工序基准相对加工表面可能产生的最大尺寸或位置的变动范围。采用极限位置法计算定位误差时，要先画出一批工件定

位可能出现的两种极端位置，再运用几何关系直接求得。

下面运用极限位置法分析图 4 – 29 实例的定位误差。如图 4 – 31 所示，当工件内孔尺寸最大（$D_{max} = D + TD$）而定位销尺寸最小（$d_{1min} = d_1 - Td_1$），二者下母线接触且工件外圆尺寸最小时，工序基准 A 处于最上端位置（A_1），此时，工序尺寸为最小值 H_{min}；当工件内孔尺寸最大（$D_{max} = D + TD$）而定位销尺寸最小（$d_{1min} = d_1 - Td_1$），二者上母线接触且工件外圆尺寸最大时，工序基准 A 处于最下端位置（A_2），此时，工序尺寸为最小值 H_{max}。则工序尺寸 H 的定位误差 $\delta_{定位(H)}$ 为

$$\delta_{定位(H)} = A_1A_2 = H_{max} - H_{min} = O_1O_2 + \frac{1}{2}d - \frac{1}{2}(d - Td) = O_1O_2 + \frac{1}{2}Td$$

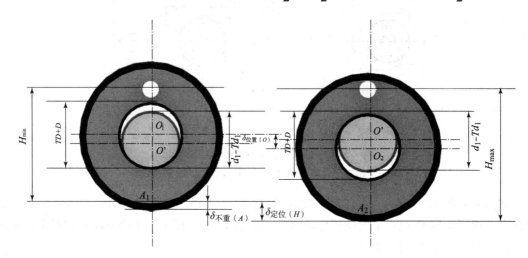

图 4 – 31　工件定位时的两个极端位置

3. 几种典型定位情况的定位误差

1）工件以平面定位时的定位误差的计算

工件以平面定位时，产生定位误差的原因主要是工件定位基准与工序基准不重合以及定位基准的位置误差两方面。

定位基准的位置误差（定位基准相对于定位基准理想位置的最大变动量）即为定位基准的平面度误差，若用于定位的平面已加工过，其平面度误差很小，可以忽略不计，即 $\delta_{位置} = 0$；如果用于定位的表面为毛坯面，则一批工件定位时，该表面的姿态不一致，定位基准在一定范围内变动，则基准位置误差 $\delta_{位置}$ 不为零。

如图 4 – 32 所示，定位基准为毛坯面，因为工序基准与定位基准重合，故不存在基准不重合误差，则定位误差为

$$\delta_{定位(H)} = \delta_{位置(A)} + 0 = \Delta H$$

如图 4 – 33 所示，定位基准为已经加工过的面，则定位误差为

$$\delta_{定位(H)} = \delta_{位置(A)} + 0 = 0 + 0 = 0$$

2）工件以内孔定位时的定位误差的计算

当工件以内孔在圆柱销、圆柱芯轴上定位时，其定位基准为内孔的中心线。定位误差与工件内孔的制造精度、工件上圆孔与定位元件的配合性质以及工序基准与定位基准是否重合等因素有关。如果工件内孔与定位元件为过盈配合，则定位基准与定位元件之间无相对移

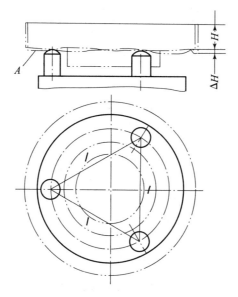

图 4 – 32　工件以毛坯表面定位时的定位误差

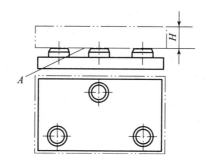

图 4 – 33　工件以已加工平面定位时的定位误差

动，此时基准位置误差为零；如果工件内孔与定位元件为间隙配合，则存在基准位置误差。

如图 4 – 34 所示，在一套类零件铣削一平台，采用定位销（$d_{-Td}^{\ 0}$）定位，要求保证工序尺寸 $A \pm TA$，分析计算其定位误差。

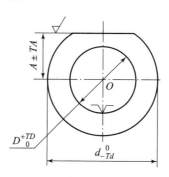

图 4 – 34　工件以内孔定位时的定位误差计算示例一

因为工序基准与定位基准重合，故不存在基准不重合误差，则定位误差为

$$\delta_{定位(A)} = \delta_{位置(O)} + 0 = X_{\max} = TD + Td_1 + X_{\min}$$

$$= D_{max} - d_{1min} = (D - d_1) + TD + Td_1$$

如图 4 - 35 所示，钻铰零件上 ϕ10H7 的孔，工件以孔 ϕ20H7 定位，定位销直径公差为 0.009 mm，定位孔与定位销的最小配合间隙为 0.007 mm。求工序尺寸 50 mm ± 0.07 mm 的定位误差。

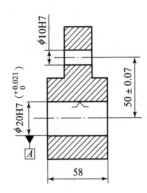

图 4 - 35　工件以内孔定位时的定位误差计算示例二

定位基准为孔 ϕ20H7 的中心线 A，工序基准也是该孔的中心线，所以工序基准与定位基准重合，故不存在基准不重合误差，则定位误差为

$$\delta_{定位(A)} = \delta_{位置(A)} + 0 = X_{max} = TD + Td_1 + X_{min}$$
$$= 0.021 + 0.009 + 0.007 = 0.037 \ （mm）$$

3）工件以外圆定位时的定位误差的计算

外圆表面常用的定位元件为定位套、支撑板和 V 形块。采用定位套定位的分析计算与前述圆孔定位相同，采用支撑板定位的分析计算与前述平面定位相同。下面主要讲述采用 V 形块定位时的定位误差的计算。

工件以外圆柱面在 V 形块上定位时，其定位基准为工件外圆柱面的轴心线，定位基面为外圆柱面。由于 V 形块在水平方向有对中作用，所以水平方向的基准位置误差为零。但 V 形块在垂直方向存在基准位置误差。

如图 4 - 36（a）所示，在一轴类零件上铣一键槽，要求键槽与外圆中心线对称并保证工序尺寸为 H_1、H_2 或 H_3，若采用 V 形块定位，分别分析计算各工序尺寸的定位误差。

在加工同一键槽时，由于标注工序尺寸不同（即选择不同的工序基准），将产生不同的定位误差。

工序尺寸 H_1 的定位误差分析如图 4 - 36（b）所示，根据极限位置法，画出一批工件定位可能出现的两种极端位置，再根据图示的几何关系可知

$$\delta_{定位(H_1)} = H''_1 - H'_1 = \overline{O'O''}$$

因为
$$\overline{O'O''} = \frac{O'A'}{\sin\dfrac{\alpha}{2}} - \frac{O''A''}{\sin\dfrac{\alpha}{2}} = \frac{Td}{2\sin\dfrac{\alpha}{2}}$$

所以
$$\delta_{定位(H_1)} = \frac{Td}{2\sin\dfrac{\alpha}{2}}$$

此外，还可以根据合成法来计算工序尺寸 H_1 的定位误差。工序尺寸 H_1 的工序基准为工

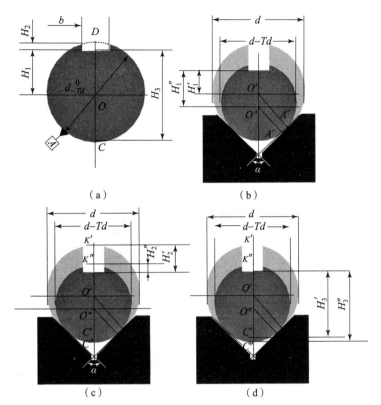

图 4 – 36　工件以外圆表面在 V 形块上定位时的定位误差

件外圆中心 O，定位基准也是工件外圆中心 O，所以 $\delta_{\text{不重}(O)} = 0$。

$$\delta_{\text{定位}(H_1)} = \delta_{\text{位置}(O)} \pm \delta_{\text{不重}(O)} = O'O'' \pm 0 = \frac{Td}{2\sin\dfrac{\alpha}{2}}$$

$$\delta_{\text{定位}(H_1)} = \delta_{\text{位置}(O)} = \frac{Td}{2\sin\dfrac{\alpha}{2}}$$

工序尺寸 H_2 的定位误差分析如图 4 – 36（c）所示，根据极限位置法，画出一批工件定位可能出现的两种极端位置，再根据图示的几何关系可知

$$\delta_{\text{定位}(H_2)} = H'_2 - H''_2 = \overline{K'K''}$$

$$\overline{K'K''} = \overline{O''K'} - \overline{O''K''} = (\overline{O'O''} + \overline{O'K'}) - \overline{O''K''}$$

$$\overline{O'O''} = \frac{Td}{2\sin\dfrac{\alpha}{2}}$$

$$\overline{O'K'} = \frac{1}{2}d$$

$$\overline{O''K''} = \frac{1}{2}(d - Td)$$

$$\delta_{\text{定位}(H_2)} = \frac{Td}{2\sin\dfrac{\alpha}{2}} + \frac{1}{2}Td$$

工序尺寸 H_3 的定位误差分析如图 4-36（d）所示，根据极限位置法，画出一批工件定位可能出现的两种极端位置，再根据图示的几何关系可知

$$\delta_{定位(H_3)} = H''_3 - H'_3 = \overline{C'C''}$$

$$\overline{C'C''} = \overline{O'C''} - \overline{O'C'} = (\overline{O'O''} + \overline{O''C''}) - \overline{O'C'}$$

$$\overline{O'O''} = \frac{Td}{2\sin\dfrac{\alpha}{2}}$$

$$\overline{O''C''} = \frac{1}{2}(d - Td)$$

$$\overline{O'C'} = \frac{1}{2}d$$

$$\delta_{定位(H_3)} = \frac{Td}{2\sin\dfrac{\alpha}{2}} - \frac{1}{2}Td$$

式中，Td——工件外圆的直径公差；

　　　$\alpha/2$——V 形块的半角。

第三节　工件的夹紧

一、夹紧装置的组成及基本要求

工件在机床上或夹具中定位后还需进行夹紧，以保证工件在加工过程中不会因为外力作用而产生位移或振动。采用直接装夹或找正装夹，工件由机床上的附件（如三爪自定心卡盘、四爪单动卡盘、虎钳等）或压板螺栓等进行夹紧。若采用夹具装夹，则需通过夹具中相应的夹紧装置来夹紧工件。

1. 夹紧装置的组成

夹紧装置的种类很多，但其结构主要由两部分组成。

1）动力源装置

动力源装置即产生原始夹紧作用力的装置。夹紧原始作用力的来源可以是人力（称为手动夹紧），也可以是其他动力装置，如液压、气压、电磁以及气液联动等。

2）夹紧机构

要使动力装置所产生的力或人力正确地作用到工件上，需用适当的传递机构。在工件夹紧过程中动力传递作用的机构，称为夹紧机构。

在传递力的过程中，它能够改变作用力的方向和大小，起增力作用；还能使夹紧实现自锁，保证力源提供的原始力消失后仍能可靠地夹紧工件，这对手动夹紧尤为重要。

图 4-37 所示为气压夹紧铣床夹具。其中，气缸 1 是动力源装置，铰链臂 2 和压板 3 组成了铰链压板夹紧机构。

2. 夹紧装置的基本要求

（1）夹紧过程中，不破坏工件在定位时已获得的正确位置。

（2）夹紧力大小要适当。夹紧机构既要保证工件在加工过程中不产生松动或振动，同

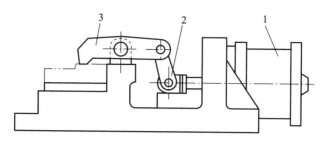

图 4 - 37　气压夹紧铣床夹具

1—气缸；2—铰链臂；3—压板

时，又不得产生过大的夹紧变形和表面损伤。

（3）夹紧机构应操作方便、安全省力，以便减轻劳动强度，缩短辅助时间，提高生产效率。

（4）夹紧机构的自动化程度和复杂程度应和工件的生产规模相适应，并有良好的结构工艺性，尽可能采用标准化元件。

二、夹紧力的确定

正确确定夹紧力，主要是正确确定夹紧力的大小、方向和作用点三个要素。

1. 夹紧力的方向

1）夹紧力的方向应垂直于主要定位基准面

当工件使用几个表面组合定位时，一般来说，工件的主要定位基准面面积较大、精度较高、限制的不定度多，夹紧力垂直作用于此面上，有利于保证工件的准确定位。

如图 4 - 38 所示，在直角支座上镗孔，要求孔与 A 面垂直，故应以 A 面为主要定位基准，且夹紧力 W 方向与之垂直，则较容易保证质量。反之，若压向 B 面，当工件 A、B 两面有垂直度误差，就会使孔不垂直 A 面而可能报废。

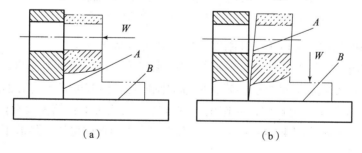

（a）　　　　　　　　　　　　（b）

图 4 - 38　夹紧力垂直于主要定位基准面

（a）夹紧力垂直 A 面；（b）夹紧力垂直 B 面

2）夹紧力的方向应有利于减小夹紧力的大小

减小夹紧力就可减轻工人的劳动强度，同时可使夹紧装置轻便、紧凑，工件变形小。夹紧力的方向最好与工件受到的切削力、重力等的方向一致，这时所需要的夹紧力最小。图 4 - 39 所示为工件装夹时夹紧力 W 与切削力 F、重力 G 之间的相互关系。其中图 4 - 39（a）所示夹紧力的方向与切削力和重力同方向，所需的夹紧力最小；图 4 - 39（d）所示夹紧力与切削力及重力垂直，所需的夹紧力最大。其他三图所需夹紧力处于最大、最小之间。

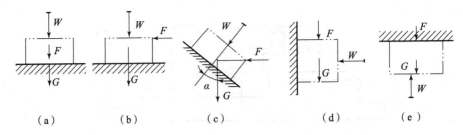

图 4 - 39 夹紧力 W 与切削力 F、重力 G 间的相互关系

2. 夹紧力的作用点

夹紧力的作用点是指夹紧元件与工件相接触的位置。选择夹紧力作用点位置和数目时，应遵循下列原则：

（1）夹紧力的作用点应位于支撑元件所形成的支撑范围内。

如图 4 - 40（a）所示，夹紧力的作用点落到了定位元件的支撑范围之外，夹紧时工件将产生翻转，使定位基准与支撑元件脱离，从而破坏工件的原有定位，为此，应将夹紧力作用在如图 4 - 40（b）所示的支撑元件所形成的支撑范围内。

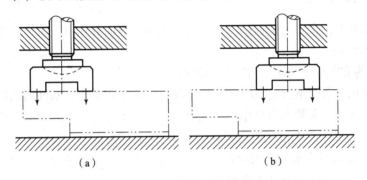

图 4 - 40 夹紧力作用点对工件定位稳定性的影响

（a）夹紧力作用点在支撑范围外；（b）夹紧力作用点在支撑范围内

（2）夹紧力的作用点应位于工件刚度较好的方向和部位。

夹紧力的作用点应位于工件刚度较好的方向和部位，这一原则对刚度差的工件特别重要。如图 4 - 41（a）所示，薄壁套筒零件的轴向刚度比径向刚度好，应沿轴向施加夹紧力；如图 4 - 41（b）所示有凸边箱体，应作用于刚度较好的凸边上；箱体没有凸边时，可以将单点夹紧改为三点夹紧［图 4 - 41（c）］，从而改变了着力点的位置，降低了着力点的压强，减少了工件的变形。

（3）夹紧力的作用点应尽量靠近切削部位。

夹紧力的作用点靠近加工表面，可以减小切削力对夹紧点的力矩，防止或减小工件的加工振动或弯曲变形。图 4 - 42 所示的工件，为提高工件夹紧的可靠性和工件加工部位的刚度，减小振动和变形，可在靠近工件加工部位另加一辅助支撑，同时给予夹紧力 W。

3. 夹紧力的大小

夹紧力的大小，对于保证定位稳定、夹紧可靠，确定夹紧装置的结构尺寸，都有着密切的关系。夹紧力的大小要适当，夹紧力过小则夹紧不牢靠，在加工过程中工件可能发生位移

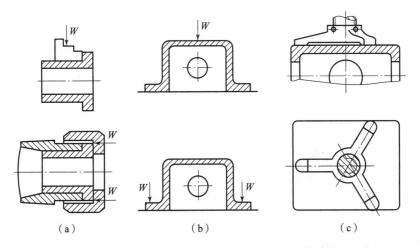

图 4 - 41　夹紧力作用点应在工件刚度较大的地方

（a）薄壁套筒零件；（b）有凸边箱体；（c）无凸边箱体

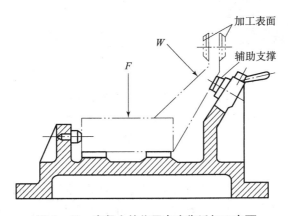

图 4 - 42　夹紧力的作用点应靠近加工表面

而破坏定位，其结果轻则影响加工质量，重则造成工件报废甚至发生安全事故；夹紧力过大会使工件变形，也会对加工质量不利。

　　计算夹紧力，通常将夹具和工件看成一个刚性系统以简化计算。然后根据工件受切削力、夹紧力等力后处于静平衡条件，计算出理论夹紧力 W，再乘以安全系数 K，作为实际所需的夹紧力 W_0，即

$$W_0 = KW$$

根据生产条件，粗加工时 $K = 2.5 \sim 3$，精加工时 $K = 1.5 \sim 2$。

三、基本夹紧机构

　　夹紧机构的种类虽然很多，但其结构大都以斜楔夹紧机构、螺旋夹紧机构和圆偏心夹紧机构为基础，这三种夹紧机构称为基本夹紧机构。除此以外，还有定心对中夹紧机构、铰链夹紧机构及联动夹紧机构等。

　　1. 斜楔夹紧机构

　　斜楔夹紧机构是夹紧机构中最基本的形式，螺旋、圆偏心和定心对中夹紧机构都是斜楔

夹紧机构的变化应用。

图 4 - 43（a）所示为斜楔夹紧机构夹紧工件的实例。工件 2 装入夹具后，在 6 个支撑钉上定位。夹具体上有导槽，将斜楔插入导槽中，敲击其大头，便可夹紧工件，从而在工件上进行钻孔加工。加工完毕后，敲击斜楔小头，便可拔出斜楔，取出工件。斜楔主要是利用其斜面移动时所产生的压力夹紧工件的。

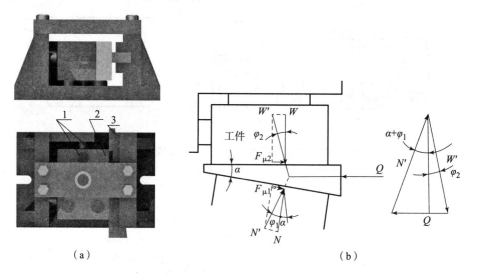

（a）   （b）

图 4 - 43 斜楔夹紧机构及受力分析

（a）斜楔夹紧机构夹紧工件；（b）斜楔受力分析

1—支撑钉；2—工件；3—斜楔

1）斜楔的夹紧力

斜楔受力分析如图 4 - 43（b）所示。若以外力 Q 作用于斜楔的大头端，则斜楔会产生夹紧力 W，W 可根据斜楔受力的平衡条件求得。斜楔在外力 Q 作用下向里运动，受到工件对它的反作用力 W 和摩擦力 $F_{\mu 2}$，夹具体的反作用力 N 和摩擦力 $F_{\mu 1}$。设 W 和 $F_{\mu 2}$ 的合力为 W'，N 和 $F_{\mu 1}$ 的合力为 N'，则 N 和 N' 的夹角为夹具体与斜楔之间的摩擦角 φ_1，W 和 W' 的夹角为工件与斜楔之间的摩擦角 φ_2。

夹紧工件时，Q、W'、N' 三力平衡，可得

$$Q = W\tan(\alpha + \varphi_1) + W\tan\varphi_2$$

$$W = \frac{Q}{\tan(\alpha + \varphi_1) + \tan\varphi_2}$$

式中，α 为斜楔的楔角。设 $\varphi_1 = \varphi_2 = \varphi$ 很小，且 α 很小时（$\alpha \leq 10°$），上式可简化为

$$W = \frac{Q}{\tan\alpha + 2\tan\varphi}$$

2）斜楔自锁条件

自锁性指的是当外力 Q 消失或撤除后，夹紧机构在摩擦力的作用下仍能使工件保持夹紧状态。撤掉外力 Q 后，斜楔夹紧机构若能实现自锁，则摩擦力的方向应与斜楔企图松开退出的方向相反。图 4 - 44 所示为斜楔夹紧机构自锁条件分析，可得

$$F_{\mu 2} \geq N'\sin(\alpha - \varphi_1)$$

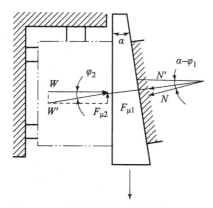

图 4 – 44 斜楔夹紧机构自锁条件分析

因为

$$F_{\mu 2} = W\tan\varphi_2$$

$$W = N'\cos(\alpha - \varphi_1)$$

所以

$$W\tan\varphi_2 \geqslant W\tan(\alpha - \varphi_1)$$

$$\alpha \leqslant \varphi_1 + \varphi_2$$

因此，斜楔的自锁条件为：斜楔的楔角小于斜楔与工件及斜楔与夹具体之间的摩擦角之和。

3）斜楔的扩力比与夹紧行程

夹紧力与作用力之比称为扩力比，即

$$i = \frac{W}{Q}$$

斜楔的扩力比为

$$i = \frac{W}{Q} = \frac{1}{\tan(\alpha + \varphi_1) + \tan\varphi_2}$$

一般而言，斜楔的夹紧行程很小。要增大夹紧行程，就要增大斜楔的楔角 α，而楔角 α 越大，自锁性能越差。当要求机构既能自锁又具有较大的夹紧行程时，可采用双升角的斜楔，如图 4 – 45 所示。斜楔前端大升角 α_0 用于加大夹紧行程，后端小升角 α 用于确保自锁。

2. 螺旋夹紧机构

由螺钉、螺母、垫圈、压板等元件组成，采用螺旋直接夹紧或与其他元件组合实现夹紧工件的机构，统称为螺旋夹紧机构。螺旋夹紧机构不仅结构简单、容易制造，而且自锁性能好、夹紧可靠，夹紧力和夹紧行程都较大，是夹具中用得最多的一种夹紧机构。

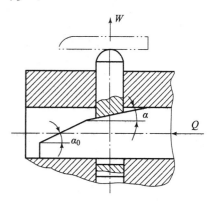

图 4 – 45 双升角斜楔

图 4 – 46 （a）所示为简单螺旋夹紧机构，其螺杆直接与工件接触，容易使工件受损害或移动，一般只用于毛坯和粗加工零件的夹紧。图 4 – 46 （b）所示为常用的螺旋夹紧机构，其螺钉头部常装有摆动压块，可防止螺杆夹紧时带动工件转动和损伤工件表面，螺杆上部装有手柄，夹紧时不需要扳手，操作方便、迅速。

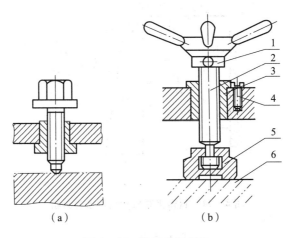

图4-46　螺旋夹紧机构

（a）简单螺旋夹紧机构；（b）常用的螺旋夹紧机构

1—手柄；2—螺杆；3—螺母套筒；4—止动螺钉；5—压块；6—工件

在夹具中，除了采用螺杆直接夹紧工件外，还经常采用螺旋压板夹紧机构，其结构形式变化最多。常用的螺旋压板夹紧机构如图4-47所示。选用时，可根据夹紧力大小的要求、工作高度尺寸的变化范围、夹具上夹紧机构允许占有的部位和面积进行选择。例如，当夹具中只允许夹紧机构占很小面积，而夹紧力又要求不是很大时，可选用图4-47（a）所示的螺旋移动压板夹紧机构；当工件夹紧高度变化较大的小批量、单件生产时，可选用图4-47（e）、（f）所示的通用压板夹紧机构。

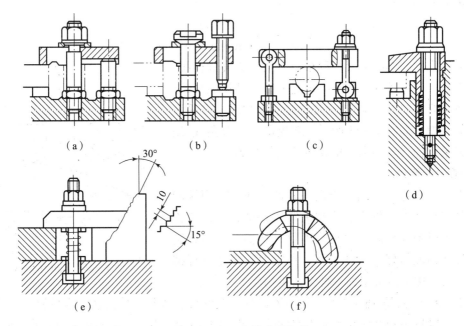

图4-47　螺旋压板夹紧机构

（a）、（b）移动压板式；（c）铰链压板式；（d）固定压板式；（e）、（f）通用压板式

螺旋夹紧机构结构简单、夹紧可靠、扩力比大且夹紧行程不受限制，因此在手动夹紧装置中应用广泛。其缺点是夹紧动作慢，效率较低。

3. 圆偏心夹紧机构

圆偏心夹紧机构是一种快速夹紧机构，其结构简单、制造方便，与螺旋夹紧机构相比，还具有夹紧迅速、操作方便等优点；其缺点是夹紧力和夹紧行程较小，自锁能力差，结构不抗振，通常用于夹紧行程及切削负荷较小且平稳的场合。

图 4-48 所示为圆偏心夹紧机构。以原始力 F 作用于手柄，使偏心轮绕小轴转动，偏心轮的圆柱面压在垫板上，在垫板的反作用力作用下，小轴被向上推动，使压板左端向下压紧工件。

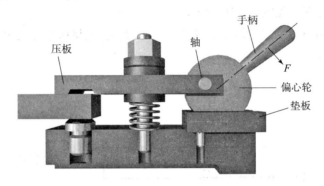

图 4-48　圆偏心夹紧机构

1）圆偏心的夹紧原理及几何特性

图 4-49 中，O_1 是圆偏心轮的几何中心，R 是它的几何半径。O 是偏心轮的回转中心，OO_1 是偏心距。若以 O 为圆心，r 为半径画圆，便把偏心轮分成了三个部分。其中，虚线部分是一个"基圆盘"，半径 $r = R - e$；另两部分是两个相同的弧形楔。当偏心轮绕回转中心 O 顺时针方向转动时，相当于一个弧形楔逐渐楔入"基圆盘"与工件之间，从而夹紧工件。

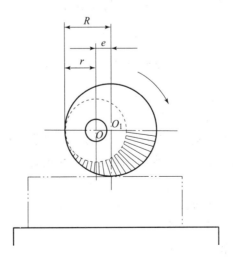

图 4-49　圆偏心的夹紧

如图 4-50 所示，当圆偏心轮绕回转中心 O 转动时，设偏心圆工作表面上任意夹紧点 x 的回转角为 ϕ_x，即工件夹压表面法线与 OO_1 连线间的夹角；回转半径为 r_x；偏心圆工作表面上任意夹紧点 x 的升角 α_x 是指工件受压表面与偏心圆上过与工件接触点 x 的回转半径 r_x 的法线之间的夹角 α_x，由图 4-50 可知，亦是 O 点和 O_1 点与夹紧点 x 连线之间的夹角。用 ϕ_x，r_x 为坐标轴，建立直角坐标系，再将圆周上各点的回转角与回转半径一一对应地记入此坐标系中，便得到了圆偏心轮上弧形楔的展开图，如图 4-51 所示。由图 4-51

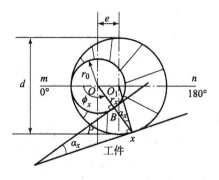

图 4-50　圆偏心的几何特性

中曲线可知，随着偏心圆工作时转角 ϕ_x 的增大，升角 α_x 也将由小变大再变小，所以其中必有一个最大的升角 α_{max}。

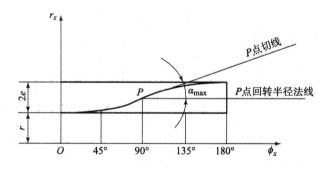

图 4-51　圆偏心轮上弧形楔的展开图

由图 4-50 中所示的 $\triangle OxO_1$ 中可知

$$\frac{\sin\alpha_x}{e} = \frac{\sin(180° - \phi_x)}{d/2}$$

故

$$\sin\alpha_x = \frac{2e}{d}\sin\phi_x$$

当 $\phi_x = 0°$ 时

$$\alpha_m = 0°$$

当 $\phi_x = 90°$ 时

$$\alpha_{max} = \arcsin\left(\frac{2e}{d}\right) = 0° = \alpha_P$$

当 $\phi_x = 180°$ 时

$$\alpha_n = 0°$$

理论上，偏心圆下半部轮廓上的任何一点（由 m 点到 n 点）都可用来夹紧工件，即偏心圆转过 180°。但转角太大，不仅操作费时，夹紧也不可靠，所以实际上圆偏心轮的工作转角一般小于 90°，工作转角范围内的那段圆弧称为圆偏心轮的工作段。

常用工作段：

（1）下半圆周的 1/3~1/2 圆弧；

（2）以 P 为中心，$\phi_P \pm (30° \sim 45°)$

2）圆偏心夹紧的自锁条件

圆偏心轮夹紧工件，实质上是弧形楔夹紧工件，因此圆偏心轮的自锁条件应与斜楔的自锁条件相同，即

$$\alpha_{max} \leqslant \phi_1 + \phi_2$$

式中，ϕ_1——圆偏心轮与工件间的摩擦角；

ϕ_2——圆偏心轮与回转销间的摩擦角。

由于回转销的直径较小，圆偏心轮与回转销之间的摩擦力不大，可忽略不计，上式可简化为

$$\alpha_{max} \leqslant \phi_1$$
$$\tan\alpha_{max} \leqslant \tan\phi_1 = \mu_1$$

所以，圆偏心夹紧的自锁条件为

$$\frac{2e}{d} \leqslant \mu_1$$

当 $\mu_1 = 0.1 \sim 0.5$ 时

$$\frac{d}{e} \geqslant 14 \sim 20$$

3）圆偏心的夹紧力

由于圆偏心轮各点的升角不同，各点的夹紧力也不相等。图 4 - 52 所示为任意点 x 夹紧工件时圆偏心轮的受力情况。根据受力分析可得

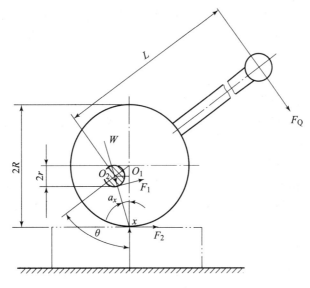

图 4 - 52　圆偏心轮夹紧受力分析

$$W = \frac{F_Q \times L}{\mu(R + r) + e(\sin\theta - \mu\cos\theta)}$$

式中，W——夹紧力；

F_Q——外作用力；

μ——工件与偏心轮之间的摩擦系数；

L——手柄臂长；

R——偏心轮半径；

r——回转销半径；

θ——夹紧点 x 与偏心轮的几何中心 O_1 及回转中心 O_2 连线间的夹角。

第四节　专用夹具设计方法

专用夹具设计一般是在零件的机械加工工艺过程制订之后按照某一工序的具体要求进行的。专用夹具应能保证工件的加工精度，工艺性好，生产效率高，成本低，操作方便、安全。

一、专用夹具设计步骤

1. 收集设计资料

1）生产纲领

生产批量的大小对夹具结构的复杂程度及经济性有着很大的影响。大批量生产多采用气动、液动或其他机动夹具，其自动化程度高，同时夹紧的工件数量多，因而，结构比较复杂。中、小批量生产，则宜采用结构简单，成本低廉的手动夹具，以及万能通用夹具或组合夹具。

2）零件图及工序图

零件图给出了零件具体结构、尺寸、位置精度等方面的总要求；工序图则给出了本工序的加工表面、工序尺寸、工序基准、定位基准、工序加工精度等，是设计夹具主要结构方案的依据。

3）零件工艺规程

零件工艺规程给出了该工序所用的机床、刀具、加工余量、切削用量、工序安排、工时定额及同时加工的工件数量等。这些都是确定夹具结构尺寸、形式、夹紧装置及与机床连接部分的结构尺寸的主要依据。

4）夹具典型结构及有关标准

收集夹具典型结构图册和有关夹具零部件标准等资料，并了解本厂制造使用夹具的情况以及国内外同类夹具的资料，以便设计时参考，在吸收先进经验的同时，应尽量采用国家标准。

2. 拟定夹具的结构方案

（1）根据工序加工要求、工件的定位原理，确定工件的定位方案，拟定定位装置；

（2）根据对夹紧的基本要求，确定工件的夹紧方式，选择或拟定合适的夹紧装置；

（3）确定刀具的对准及导向方式，选取刀具的对准及导向元件；

（4）确定其他装置以及元件的结构形式，如分度装置、预定位装置等；

（5）协调各元件、装置的布局，确定夹具体的结构尺寸和夹具的总体结构；

（6）绘制夹具的结构草图，并标注尺寸、公差及技术要求。

在拟定夹具结构方案的过程中，当工件的加工精度高时，应进行工件在夹具中的加工精度分析；有多个方案时，可进行经济分析，在满足加工精度的前提下，优先选择经济性好的方案。

3. 审查方案与改进设计

夹具草图绘出后，应征求有关人员意见并送有关部门审查，然后根据他们的意见对夹具方案做进一步的改进。

4. 绘制夹具总装配图

（1）绘制夹具总装配图时，图样应符合国家有关标准。一般绘图比例为 1：1，也可按 1：2、1：5 的比例绘制。

（2）被加工工件可看成透明体，加工部位用网状线绘出，必要时，可绘出工件的三视图。

（3）依次绘出定位、夹紧、对刀、导向、分度转位等元件或装置，最后绘出夹具体及与机床的连接部分。

5. 标注有关尺寸、公差和技术要求

1）应标注的尺寸和公差

（1）最大轮廓尺寸。

一般是指夹具的最大外形轮廓尺寸。

（2）影响定位精度的尺寸和公差。

主要是指工件与定位元件及定位元件之间的尺寸、公差。

（3）影响对刀精度的尺寸和公差。

指刀具与对刀或导向元件之间的尺寸和公差。

（4）影响夹具在机床上安装精度的尺寸和公差。

主要指夹具安装基面与机床相应配合表面间的尺寸和公差。

（5）影响夹具精度的尺寸和公差。

主要指夹具定位元件、对刀元件、安装基面三者之间的位置尺寸和公差。

（6）其他重要的尺寸、公差。

一般机械设计中应标注的配合尺寸和公差。

公差值的确定：

夹具上定位元件、定位元件之间、对刀、导向、安装基面之间的尺寸公差，直接对工件上相应的加工尺寸发生影响，因此可根据工件的加工尺寸公差确定，一般可取工件的加工尺寸公差，应根据其功用和装配要求，按一般公差与配合原则确定。

2）应标注的技术条件

（1）定位元件之间或定位元件与夹具体底面间位置要求，以保证工件加工面与定位基面间的位置精度。

（2）定位元件与连接元件（或找正基面）间的位置精度要求。

（3）对刀与连接元件（或找正基面）间的位置精度要求。

（4）定位元件与导向元件间的位置精度要求。

以上要求，其数值应取工件相应技术要求所规定数值的 $1/5 \sim 1/3$。

二、夹具设计举例

图 4 – 53 所示为缸套类零件图，该零件是单件小批量生产，材料为 Q235A 钢。本工序要在钢套上钻 $\phi 5$ mm 的孔，其他表面均已加工。该工序的加工要求：$\phi 5$ mm 的孔的轴线到端面 B 的距离为 20 mm ± 0.1 mm，$\phi 5$ mm 的孔对 $\phi 20$H7 孔的对称度为 0.1 mm。现要求设计钻 $\phi 5$ mm 的孔时所使用的钻模。

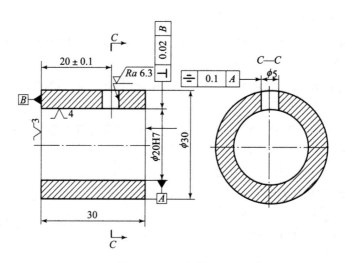

图4-53 缸套零件图

1. 工件定位方案的确定

根据工序加工要求，为保证尺寸 20 mm ± 0.1 mm，须限制 $\vec{x}$ 、$\vec{y}$ ；为了保证对称度要求，须限制 $\vec{y}$ 、$\vec{z}$ ；平衡钻削力须限制 $\vec{z}$ 。总共需限制五个自由度。

相应的定位方案有：

方案Ⅰ 长圆柱销、端面小台肩。共限制 $\vec{x}$ 、$\vec{y}$ 、$\vec{z}$ 、$\vec{y}$ 、$\vec{z}$ 五个自由度，符合工序限制自由度要求，但不利于夹紧。

方案Ⅱ 短圆柱销、端面大台肩。共限制 $\vec{x}$ 、$\vec{y}$ 、$\vec{z}$ 、$\vec{y}$ 、$\vec{z}$ 五个自由度，符合工序限制自由度要求，但降低了工件加工时的刚度。

方案Ⅲ 长圆柱销、端面大台肩。长圆柱销限制 $\vec{y}$ 、$\vec{z}$ 、$\vec{y}$ 、$\vec{z}$ ，端面大台肩限制 $\vec{x}$ 、$\vec{y}$ 、$\vec{z}$ 三个自由度，属于过定位。由于两个定位面均已加工，垂直度较高，允许过定位。同时工件的装夹、加工时刚度均较好，长圆柱销右上部铣平，以便让刀或便于装卸工件。因此，最后选择方案Ⅲ。

2. 导向方案

在钻模板上设置一钻套，引导钻头迅速、准确地进入加工表面。

3. 夹紧方案

由于工件为单件小批量生产，宜采用手动夹紧，根据具体情况采用开口垫圈、螺旋夹紧机构，使工件装卸方便迅速。工件的定位夹紧方案如图4-54所示。

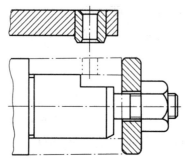

图4-54 工件的定位夹紧方案

4. 绘制夹具总图

绘制夹具总装配图，并在夹具总图上标注尺寸、公差及技术要求，如图 4 – 55 所示。

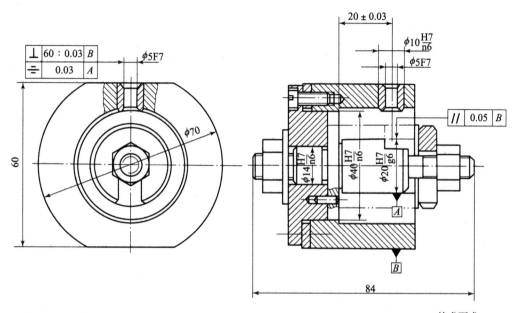

技术要求
装配时修磨调整垫圈
保证尺寸20 mm ± 0.03 mm。

图 4 – 55　夹具总装配图

第五章 机械加工工艺规程的制订

第一节 概 述

在实际生产中，由于零件的生产类型、材料、结构、形状、尺寸和技术要求不同，一个零件往往不是单独在一种机床上、用某一种加工方法就能完成的，而是要经过一定的工艺过程才能完成其加工。

在对具体零件加工时可以采用不同的工艺方案进行。虽然这些方案都可能加工出合格零件，但从生产效率和经济效益来看，应该选择切实可行并且加工容易的最合理的加工方法。为了正确地进行机器零件的加工，不仅需要选择组成零件的每一个表面的加工方法及其所用的机床，而且需要合理地选择定位基准和安排各表面的加工顺序，即合理地制订零件的切削加工工艺过程，以确保零件加工质量、提高生产率和降低成本。

一、机械加工工艺过程的概念及组成

1. 机械加工工艺过程的概念

制造机械产品时，将原材料制成各种零件并装配成机器的全过程称为生产过程，其中包括原材料的运输、保管、生产准备、制造毛坯、切削加工、装配、检验及试车、油漆和包装等。

在生产过程中，直接改变生产对象的形状、尺寸、表面质量、性质及相对位置使其成为成品或半成品的过程称为工艺过程。零件毛坯的制造（铸造、锻压、焊接等）、机械加工、热处理和装配等都属于工艺过程。工艺过程是生产过程的核心组成部分。

采用机械加工的方法按一定顺序直接改变毛坯的形状、尺寸及表面质量，使其成为合格零件的工艺过程称为机械加工工艺过程，它是生产过程的重要内容。

2. 机械加工工艺过程的组成

零件的机械加工工艺过程由许多工序组合而成，每个工序又由一个或若干个安装、工位、工步和走刀等组成。

1）工序

工序是机械加工工艺过程的基本单元。工序是指由一个或一组工人在同一台机床或同一个工作地，对一个或同时对几个工件所连续完成的一部分工艺过程。

工作地、工人、工件与连续作业构成了工序的四个要素，若其中任一要素发生变更，则构成了另一道工序。

一个工艺过程需要包括哪些工序是由被加工零件的结构复杂程度、加工精度要求及生产

类型所决定的。如图 5 - 1 所示阶梯轴，因不同的生产批量，就有不同的工艺过程及工序，见表 5 - 1、表 5 - 2。

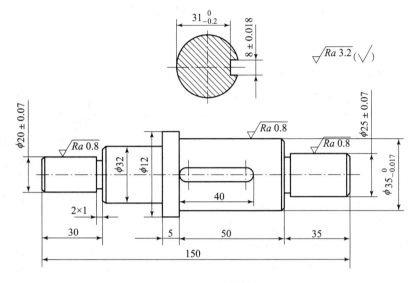

图 5 - 1 阶梯轴

表 5 - 1 单件生产阶梯轴的工艺过程

工序号	工序名称和内容	设备
1	车端面、打中心孔、车外圆、切退刀槽、倒角	车床
2	铣键槽	铣床
3	磨外圆	磨床
4	去毛刺	钳工台

表 5 - 2 大批量生产阶梯轴的工艺过程

工序号	工序名称和内容	设备
1	铣端面、打中心孔	铣钻联合机床
2	粗车外圆	车床
3	精车外圆、倒角、切退刀槽	车床
4	铣键槽	铣床
5	磨外圆	磨床
6	去毛刺	钳工台

2）安装

安装是指工件每经一次装夹后所完成的部分工序。

在一道工序中，工件在加工位置上至少要装夹一次，但有的工件也可能会装夹几次。如表 5 - 2 中的第 2、3 及 5 工序，须调头经过两次安装才能完成其工序的全部内容。

在实际生产中应尽可能减少装夹次数。因为多一次装夹就多一次安装误差，同时增加了装卸辅助时间。

3）工位

工位是指工件在机床上占据每一个位置所完成的那部分工序。

为减少装夹次数，常采用多工位夹具或回转工作台，使工件在一次安装中先后经过若干个不同位置顺次进行加工。在回转工作台上一次安装完成零件的装卸、钻孔、扩孔、铰孔的加工，如图 5 - 2 所示。Ⅰ为装卸工位，Ⅱ为钻孔工位，Ⅲ为扩孔工位，Ⅳ为铰孔工位。

4）工步

工步是指在同一个工序中，加工表面、切削刀具和切削用量（仅指主轴转速和进给量）都不变的情况下所完成的一部分工艺过程。变化其中的一个就是另一个工步。

图 5 - 2　多工位加工

如图 5 - 3 所示车削阶梯轴 ϕ85 mm 外圆面为第一工步，车削 ϕ65 mm 外圆面为第二工步。有时为了提高生产率，把几个待加工表面用几把刀具同时加工，这也可看作一个工步，称为复合工步，如图 5 - 4 所示。

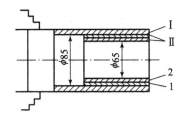

图 5 - 3　车削阶梯轴

Ⅰ—第一工步（在 ϕ85 mm）；Ⅱ—第二工步（在 ϕ65 mm）

1—第二工步第一次走刀；2—第二工步第二次走刀

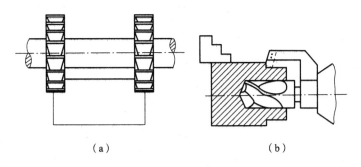

（a）　　　　　　　　　　（b）

图 5 - 4　复合工步

5）走刀

在一个工步中，如果要切掉的金属层很厚，可分几次切削，每切削一次就称为一次走刀。如图 5 - 3 所示，车削阶梯轴的第二工步中，就包含了两次走刀。

二、生产纲领与生产类型

1. 生产纲领

生产纲领是指企业在计划期内应当生产的产品产量和进度计划，一般指年产量。产品中某零件的生产纲领除了该产品在计划期内的产量外，还需包括一定的备品率和平均废品率。机器零件的生产纲领可按下式计算

$$N_零 = N * n \ (1 + \alpha + \beta)$$

式中，$N_零$——机器零件的生产纲领；

　　　N——机器产品在计划期内的产量；

　　　n——每台机器产品中该零件的数量；

　　　α——备品率；

　　　β——平均废品率。

当机器零件的生产纲领确定后，还要根据车间的情况按一定期限分批投产，每批投产的数量称为生产批量。

2. 生产类型

根据生产纲领的大小和产品品种的多少，机械制造企业的生产可分为单件生产、成批生产和大量生产三种生产类型。

1）单件生产

单件生产指加工的产品的产量很小，很少重复生产，工件地点的加工对象经常改变的生产。重型机器、专用设备或新产品试制都属于单件生产。

2）成批生产

一年中分批地制造相同的产品，生产周期性地重复，这种生产属于成批生产。普通机床、纺织机械等的制造等多属此种生产类型。

每批所制造的相同产品的数量称为批量。按照批量的大小，成批生产又可分为小批生产、中批生产和大批生产三种类型。小批生产的工艺特点与单件生产相似，大批生产的工艺特点与大量生产相似。

3）大量生产

大量生产指产品数量很大，大多数工作地点长期进行某一零件的某一道工序的加工生产。汽车、拖拉机、轴承、自行车等的制造多属此种生产类型。

据统计，目前世界各国机械产品的生产中，大量生产仅占 5%，而中、小批量生产占 70% 左右。像小轿车这类大量生产的产品，为了适应市场需要，也在向减少批量、增加品种的方向发展。因此发展数控机床和柔性生产线，实现中、小批量生产的自动化，提高生产效率具有很大的经济意义。

生产类型取决于产品（零件）的年产量、尺寸大小及复杂程度。表 5-3 列出了各种生产类型的生产纲领及工艺特点。

表5-3 各种生产类型的生产纲领及工艺特点　　　　　　　　　　　件

生产类型、纲领及特点		单件生产	成批生产			大量生产
			小批	中批	大批	
生产类型	重型机械	<5	5~100	100~300	300~1 000	>1 000
	中型机械	<20	20~200	200~500	500~5 000	>5 000
	轻型机械	<100	100~500	500~5 000	5 000~50 000	>50 000
工艺特点	毛坯的制造方法及加工余量	自由锻造，木模手工造型；毛坯精度低，余量大		部分采用模锻，金属模造型；毛坯精度及余量中等		广泛采用模锻、机器造型等高效方法；毛坯精度高，余量小
	机床设备及机床布置	通用机床按机群式排列；部分采用数控机床及柔性制造单元		通用机床和部分专用机床及高效自动机床；机床按零件类别分工段排列		高效专用夹具；定程及自动测量控制尺寸
	夹具及尺寸保证	通用夹具，标准附件或组合夹具；划线试切保证尺寸		通用夹具、专用或组成夹具；定程法保证尺寸		高效专用夹具；定程及自动测量控制尺寸
	刀具、量具	通用刀具、标准量具		专用或标准刀具、量具		专用刀具、量具，自动测量
	零件的互换性	配对制造、互换性低、多采用钳工修配		多数互换，部分试配或修配		全部互换，高精度偶件采用分组装配、配磨
	工艺文件的要求	编制简单的工艺过程卡片		编制详细的工艺过程卡片及关键工序的工序卡片		编制详细的工艺过程、工序卡片及调整卡片
	生产率	用传统加工方法，生产率低，用数控机床可提高生产率		中等		高
	成本	较高		中等		低
	对工人的技术要求	需要技术熟练的工人		需要一定熟练程度的技术工人		对操作工人的技术要求较低，对调整工人的技术要求较高
	发展趋势	采用成组工艺，数控机床，加工中心及柔性制造单元		采用成组工艺，用柔性制造系统或柔性自动线		用计算机控制的自动化制造系统、车间及无人工厂，实现自适应控制

注："重型机械""中型机械""轻型机械"可分别以轧钢机、柴油机、缝纫机为代表。

三、机械加工工艺规程

1. 机械加工工艺规程的概念

零件机械加工工艺规程是规定零件机械加工工艺过程和方法的工艺文件。它是在具体的生产条件下，将最合理或较合理的工艺过程用图表（或文字）的形式制成文本，用来指导生产、管理生产的文件。

2. 机械加工工艺规程的内容

工艺规程一般包括零件的加工工艺路线、各工序基本加工内容、切削用量、工时定额及采用的机床和工艺装备（刀具、夹具、量具、模具）等。

3. 机械加工工艺规程的作用

工艺规程的主要作用如下：

（1）工艺规程是指导生产的主要技术文件。合理的工艺规程是建立在正确的工艺原理和实践基础上的，是科学技术和实践经验的结晶。因此，它是获得合格产品的技术保证，一切生产和管理人员必须严格遵守。

（2）工艺规程是生产组织管理工作、计划工作的依据。原材料的准备、毛坯的制造、设备和工具的购置、专用工艺装备的设计制造、劳动力的组织、生产进度计划的安排等工作都是依据工艺规程来进行的。

（3）工艺规程是新建或扩建工厂或车间的基本资料。在新建、扩建或改造工厂或车间时，需依据产品的生产类型及工艺规程来确定机床和设备的数量及种类、工人的工种、数量及技术等级、车间面积及机床的布置等。

4. 常用工艺文件

零件的机械加工工艺过程确定之后，应将有关内容填写在工艺卡片上，这些工艺卡片总称为工艺文件。生产中常用的工艺文件有下列两种形式：

（1）机械加工工艺过程卡片。机械加工工艺过程卡片是以工序为单位，简要说明零件整个加工工艺过程的一种工艺文件，内容包括工序号、工序名称、工序内容、加工车间、设备及工艺装备、各工序时间定额等，其格式见表5-4。在单件小批生产中，常以机械加工工艺过程卡片直接指导生产。

表5-4 工艺过程卡

机械加工工艺过程卡片		产品型号		零件图号				
		产品名称		零件名称		共 页	第 页	

材料牌号	(1)	毛坯种类	(2)	毛坯外形尺寸	(3)	每毛坯可制件数	(4)	每台件数	(5)	备注	(6)

工序号	工序名称	工序内容	车间	工段	设备	工艺装备	工时	
							准终	单件
(7)	(8)	(9)	(10)	(11)	(12)	(13)	(14)	(15)

续表

工序号	工序名称	工序内容		车间	工段	设备	工艺装备		工时	
									准终	单件
(7)	(8)	(9)		(10)	(11)	(12)	(13)		(14)	(15)
描图										
描校										
底图号										
装订号										
							设计（日期）	审核（日期）	标准化（日期）	会签（日期）
标记	处数	更改文件号	签字	日期	标记	处数	更改文件号	签字	日期	

（2）机械加工工序卡片。机械加工工序卡片是针对每道工序所编制的、用来具体指导工人进行生产的工艺文件。它通过工序简图详细说明了该工序的加工内容、尺寸及公差、定位基准、装夹方式、刀具的形状及其位置等，并注明切削用量、工步内容及工时。工序卡片多用于大批大量生产中，每个工序都要有工序卡片。

成批生产中的主要零件或一般零件的关键工序，有时也要有工序卡片。

生产中所用的工艺文件的格式有多种形式，可视具体情况和参照相关规定来编制。

第二节　零件的工艺性分析及毛坯选择

一、零件的工艺分析

在制订零件的机械加工工艺规程之前，首先应对该零件的工艺性进行分析。零件的结构工艺性是指所设计的零件在满足使用要求的前提下，其制造的可行性和经济性。零件的结构对其机械加工工艺过程的影响很大。使用性能完全相同而结构不同的两个零件，它们的加工难易程度和制造成本可能有很大差别。因此，所谓良好的结构工艺性是指在现有工艺条件下既能方便地制造，又有较低的制造成本，同时零件结构还应适应生产类型和具体生产条件的要求。

关于切削零件的结构工艺性分析主要包括如下几个方面的内容。

（1）了解零件的各项技术要求，提出改进意见，从而合理确定零件的技术要求。

分析产品和零件图的目的在于熟悉产品用途、性能及工作条件，明确被加工零件在产品中的位置和作用，了解零件上各项技术要求制订的依据，找出主要技术要求和加工关键，以便在制订工艺规程时采取必要的工艺措施加以保证。同时，还要对图纸的完整性、技术要求的合理性以及材料选择是否恰当等方面问题提出必要的修改意见。

通常来说，不需要加工的表面不要设计成加工面；要求不高的表面，不应设计为高精度和表面粗糙度 Ra 值低的表面，否则会使成本提高。

如图 5−5（a）所示的汽车板簧和其吊耳内侧面的表面粗糙度，可由原始设计的 $Ra3.2$ 改为 $Ra25$，这样就可以在铣削加工时增大进给量，以提高生产效率。又如图 5−5（b）所示的方头销零件，其方头部分要求淬硬到 $55\sim60$HRC，其销轴 $\phi8$ mm 上有一个 $\phi2$ mm 的小孔，是需要在装配时配作，零件材料为 T8A，小孔不能预先加工，若采用 T8A 材料淬火，由于零件长度仅 15 mm，淬硬头部时必然将零件全部淬硬，造成该小孔难以加工。若将材料改为 20Cr，可局部渗碳来提高硬度，在小孔处镀铜保护防止被渗碳，则该孔就易于加工了。

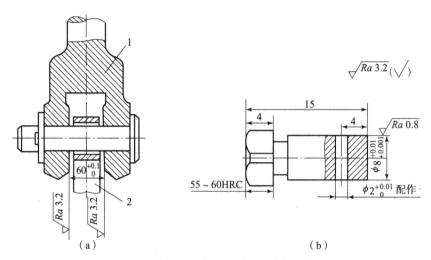

图 5−5　零件加工要求和零件材料选择不当示例

（a）汽车板簧；（b）方头销

1—板簧吊耳；2—板簧

（2）遵循零件结构设计的标准化。

①尽量采用标准化参数。

在确定零件的孔径、锥度、螺纹孔径和螺距、齿轮模数和压力角、圆弧半径、沟槽等参数时，尽量选用有关标准推荐的数值。这样可使用标准的刀、夹、量具，减少专用工装的设计、制造周期和费用。

②尽量采用标准件。

螺钉、螺母、轴承、垫圈、弹簧、密封圈等零件一般由标准件厂生产，可根据需要选用。这样，不仅可缩短设计制造周期，使用和维修也方便，而且较经济。

③尽量采用标准型材。

只要能满足使用要求，在进行零件毛坯选择时尽量采用标准型材。这样不仅可减少毛坯制造的工作量，而且可减少切削加工的工时和节省材料。

（3）合理标注尺寸。

对于零件图上的尺寸，其标注的合理性对保证产品的使用性能和零件机械加工的难易程度有很大的影响。

对需要满足结构设计要求的尺寸（通常是影响装配精度的尺寸），应按装配尺寸链计算

出的尺寸及公差进行标注,其余的尺寸则应按工艺要求标注,标注时应注意以下几个问题:

①按加工顺序标注尺寸,尽量减少尺寸换算,便于方便、准确地进行测量。

②从实际存在的和易测量的表面标注尺寸,在加工时应尽量使工艺基准与设计基准重合。

③零件各非加工面的位置尺寸应直接标注,而非加工面与加工面之间只能有一个联系尺寸。

(4) 零件结构要便于加工。

①设计的零件结构要便于安装,定位准确,加工稳定、可靠。

②结构设计要能减小毛坯余量,选用可加工性好的材料。

③各要素的形状应尽量简单,加工面积要尽量小,规格应尽量统一。

④零件结构尽量能采用标准刀具进行加工,且刀具易进入、退出和顺利通过加工表面。

⑤零件加工时应使刀具有良好的切削条件,以减少刀具磨损并保证加工质量。

表 5 - 5 对零件的结构工艺性优劣进行了对比,以供参考。

表 5 - 5　零件结构工艺性对比

零件结构		说明
工艺性不好	工艺性好	
		便于安装找正,增加工艺凸台,可在精加工后切除
		在平板侧面增设装夹用的凸缘或孔,便于可靠地夹紧,也便于吊装和搬运
		工件与卡爪的接触面积增大,安装较易
		一次安装可同时加工几个表面

续表

零件结构		说明
工艺性不好	工艺性好	
		改进后可在一次安装中加工出来
		磨削时，各表面间的过渡部分应设计出越程槽
		刨削时，在平面的前端要有让刀的部位
		留有较大的空间，以保证快速钻削的正常进行
		避免在曲面或斜壁上钻孔，以免钻头单边切削
		避免深孔钻削，效率低，散热排屑条件差

零件结构		说明
工艺性不好	工艺性好	
		孔的位置不能距壁太近，改进后可采用标准刀具，并保证加工精度
		车螺纹时，要留有退刀槽，可使螺纹清根，操作相对容易，避免打刀
		加工面在同一高度，一次调整刀具，可加工两个平面，生产率高，易保证精度
		使用同一把刀具可加工所有空刀槽
		插齿时要留有退刀槽，这样大齿轮可滚齿或插齿，小齿轮可以插齿加工
		应尽量减少加工面积，节省工时，减少刀具损耗且易保证平面度要求

零件结构		说明
工艺性不好	工艺性好	
4×M6　4×M5	4×M6　4×M6	同一端面上的尺寸相近螺纹孔改为同一尺寸螺纹孔，便于加工和装配
		内壁孔出口处有阶梯面，钻孔时孔易偏斜或钻头折断。内壁孔出口处平整，钻孔方便易保证孔中心位置度
		将阶梯轴两个键槽设计在同一方向上，一次装夹即可加工两个键槽
		正后一端留空刀，钻孔时间短，钻头寿命长，钻头不易偏斜
R3　R15	R2　R2	轴上的过渡圆角尽量一致，便于加工
		改进后可用两种材料，并改善了热处理工艺性

二、零件结构工艺性的评定指标

为满足不同的生产类型和生产条件，零件结构工艺性更合理，在进行定性分析基础上，还可采用定量指标进行评价。零件结构工艺性的主要评价指标有以下五项。

（1）加工精度参数 K_{ac}。

$$K_{ac} = \frac{产品（或零件）图样中标注有公差要求的尺寸数}{产品（或零件）图样中的尺寸总数}$$

（2）结构继承性系数 K_s。

$$K_s = \frac{产品中借用件数 + 通用件数}{产品零件总数}$$

（3）结构标准化系数 K_{st}。

$$K_{st} = \frac{产品中标准件数}{产品零件总数}$$

（4）结构要素统一化系数 K_e。

$$K_e = \frac{产品中各零件所用同一结构要素数}{该结构要素的尺寸数}$$

（5）材料利用系数 K_m。

$$K_m = \frac{产品净重}{该产品的材料消耗工艺定额}$$

三、毛坯的选择

机械加工的加工质量、生产效率和经济效益在很大程度上取决于所选用的工件毛坯。常用的毛坯类型有型材、铸件、锻件、冲压件和焊接件等。影响毛坯选择的因素很多，如零件的材料、结构和尺寸，零件的力学性能要求和加工成本等。毛坯的选择主要依据以下几方面的因素：

（1）零件的材料及机械性能。零件材料决定了所用毛坯的种类。例如，材料为铸铁，就应该选择铸造毛坯；对于钢质材料的零件，尺寸适中时可选用型材；当零件的机械性能要求较高时要选用锻造毛坯；有色金属常用型材或铸造毛坯。

（2）零件的结构形状及尺寸。直径相差不大的阶梯轴零件可选用棒料作毛坯；直径相差较大时，为节省材料，减少机械加工量，可采用锻造毛坯；尺寸较大的钢件可采用自由锻造毛坯；形状复杂的钢质零件需采用模锻。对于箱体、支架等零件一般采用铸造毛坯，大型设备的支架可采用焊接结构。

（3）生产类型。大量生产时，应采用精度高、生产率高的毛坯制造方法，如机器造型、熔模铸造、冷轧、冷拔、冲压加工等，虽然一次投资高，但由于批量大，同时减小了机械加工量，从而分摊成本较少。单件小批生产则采用木模手工造型、焊接、自由锻等。

（4）现有条件。应根据毛坯车间现有生产条件及技术水平来选用毛坯类型，或者通过外协获得各种毛坯。

（5）选择毛坯还应考虑利用新工艺、新技术和新材料的可能性，如精铸、精锻、冷轧、冷挤压、粉末冶金和工程塑料等。应用这些毛坯制造方法后，可大大减少机械加工量，有时甚至可不再进行机械加工，其经济效果非常显著。

第三节　工艺过程设计

一、定位基准的选择

1. 基准的概念及分类

在零件的设计和加工过程中，经常要用某些点、线、面来确定其要素间的几何关系，这些作为依据的点、线、面称为基准。

基准按作用不同分为设计基准和工艺基准两大类。

1）设计基准

设计基准是设计时在零件图纸上所使用的基准。

以设计基准为依据来确定各几何要素之间的尺寸及相互位置关系。如图 5-6 所示，齿轮内孔、外圆和分度圆的设计基准是齿轮的轴线，两端面可以认为是互为基准。

2）工艺基准

工艺基准是在制造零件和装配机器的过程中所使用的基准。按其用途不同，工艺基准又分为工序基准、定位基准、测量基准和装配基准。

（1）工序基准。

在工序图上，用来确定本工序所加工表面加工后的尺寸、位置的基准，称为工序基准。工序基准可以采用工件上的实际点、线、面，也可以是工件表面的几何中心、对称面或对称线等。如图 5-7 所示工件，加工表面为 ϕD 孔，要求其中心线与 A 面垂直，并且与 C 面和 B 面距离尺寸为 L_1 和 L_2，因此表面 A、B、C 均为本工序的工序基准。

（2）定位基准。

定位基准是指工件在加工时用来确定工件对于机床及刀具相对位置的表面。

例如，车削图 5-6 所示齿轮轮坯的外圆和左端面时，若用已经加工过的内孔将工件安装在芯轴上，则孔的轴线就是外圆和左端面的定位基准。

必须指出的是，工件上作为定位基准的点或线，总是由具体表面来体现的，这个表面称为定位基准面。如图 5-6 所示齿轮孔的轴线，并不具体存在，而是由内孔表面来体现的，所以确切地说，上例中的内孔是加工外圆和左端面的定位基准面。

（3）测量基准。

在测量时所用的基准，称为测量基准。如图 5-8 所示，根据不同工序要求测量已加工表面位置时所使用的两个不同测量基准，一是小圆的上母线，另一是大圆的下母线。

（4）装配基准。

机器装配时，用来确定零件或部件在产品中相对位置所采用的基准，称为装配基准。

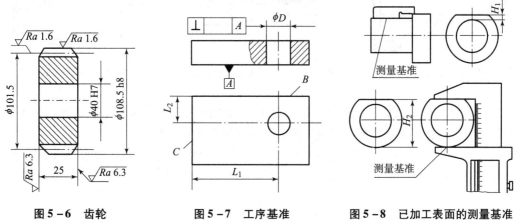

图 5-6 齿轮　　　　图 5-7 工序基准　　　　图 5-8 已加工表面的测量基准

2. 粗基准的选择原则

正确选择定位基准是设计工艺过程的一项重要内容。为了保证工件加工表面之间的相互位置精度，应从有相互位置精度要求的表面中选择定位基准。

在对零件进行机械加工中，第一道工序中只能用毛坯上未经加工的表面（即铸造、锻造或轧制等表面）作定位基准，这种基准面称为粗基准。在其后各工序加工中，所用的定位基准是已加工的表面，称为精基准。

粗基准的选择应保证所有加工表面都具有足够的加工余量，而且各加工表面对不加工表面具有一定的位置精度。

粗基准选择的具体原则如下：

（1）选取不加工的表面作粗基准。如果零件上有好几个不加工的表面，则应选择与加工表面相互位置精度要求高的表面作粗基准。

如图 5-9 所示，以不加工的外圆表面作为粗基准，既可在一次安装中把绝大部分要加工的表面加工出来，又能够保证外圆面与内孔同轴以及端面与孔轴线垂直。

（2）选取要求加工余量均匀的表面为粗基准。这样可以保证作为粗基准的表面加工时余量均匀。

例如车床床身（图 5-10），要求导轨面耐磨性好，希望在加工时只切去较小而均匀的一层余量，使其表层保留均匀一致的金相组织和物理力学性能。若先选择导轨面作粗基准，加工床腿的底平面 ［图 5-10 （a）］，然后再以床腿的底平面为基准加工导轨面 ［图 5-10 （b）］，这样就能达到目的。

（3）对于所有表面都要加工的零件，应选择余量和公差最小的表面作粗基准，以避免余量不足而造成废品。

如图 5-11 所示阶梯轴，表面 B 加工余量最小，应选择表面 B 作为粗基准。

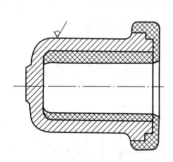

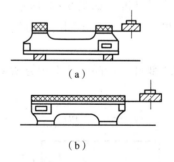

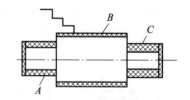

图 5-9 套筒法兰加工实例　　**图 5-10 床身加工的粗基准**　　**图 5-11 阶梯轴的加工**

（4）为使工件定位稳定，夹紧可靠，要求所选用的粗基准尽可能平整、光洁，不允许有锻造飞边、铸造浇冒口切痕或其他缺陷，并有足够的支撑面积。

（5）在同一尺寸方向上粗基准通常只允许使用一次。这是因为粗基准一般都很粗糙，重复使用同一粗基准，所加工的两组表面之间的位置误差会相当大，因此，粗基准一般不得重复使用。

3. 精基准的选择原则

精基准的选择应保证加工精度和装夹可靠方便。

精基准选择的具体原则如下：

（1）基准重合原则。

尽可能选用设计基准作为定位基准。这样可以避免定位基准与设计基准不重合而产生的定位误差。

（2）基准统一原则。

零件上的某些精确表面，其相互位置精度往往有较高的要求，在精加工这些表面时要尽可能选用同一定位基准，以保证各表面间的相互位置精度。选作统一基准的表面，一般都应是面积较大、精度较高的平面、孔以及其他距离较远的几个面的组合。例如，箱体零件用一个较大的平面和两个距离较远的孔作精基准，轴类零件用两个顶尖孔作精基准，圆盘类零件（齿轮）用其端面和内孔作精基准。

（3）互为基准原则。

工件上两个加工表面之间的位置精度要求比较高时，可以采用两个加工表面互为基准进行反复加工。例如加工精密齿轮，需要高频淬火把齿面淬硬后，再磨齿。由于淬硬层薄，磨削余量应小而均匀，所以应先以齿面为基准磨内孔，再以孔为基准磨齿面，如图 5－12 所示。

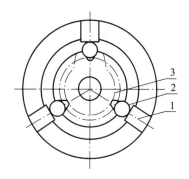

图 5－12 以齿形表面定位磨内孔

1—三爪卡盘；2—滚柱；3—工件

（4）自为基准原则。

当有的表面精加工工序要求余量小而均匀（如导轨磨）时，可利用被加工表面本身作为定位基准，这称为自为基准原则。此时的位置精度应由先行工序保证。浮动绞刀铰孔、圆拉刀拉孔、无心磨床磨外圆等，都属于自为基准定位。如图 5－13（a）所示，镗连杆的小头孔时，以小头孔本身作为精基准；图 5－13（b）中以导轨面本身作为精基准。

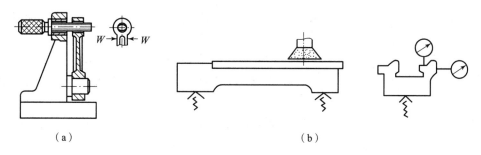

（a）　　　　　　　　　　　　　（b）

图 5－13 以加工表面本身为精基准的示例

（a）镗削连杆孔；（b）精加工床身导轨面

（5）精基准的选择应使定位准确，夹紧可靠。因此，精基准的面积与被加工表面相比，应有较大的长度和宽度，以提高其位置精度。

在生产实际中，工件上定位基准面的选择不一定能完全符合上述原则，这就要根据具体情况进行分析，并加以灵活运用。

二、零件表面加工方法选择

零件表面的加工方法，首先取决于加工表面的技术要求。但应注意，这些技术要求不一定就是零件图所规定的要求，有时由于工艺上的原因而在某些方面高于零件图上的要求。如由于基准不重合而提高对某些表面的加工要求，或由于作为精基准而可能对其提出更高加工要求。

所选择的加工方法，应满足零件的质量、良好的加工经济性和高的生产率的要求。因此，应考虑以下因素：

（1）选择加工方案要首先选定它的最终加工方法，然后再逐一选定各前道工序的加工方法。

（2）所选的加工方法的经济精度、表面粗糙度要与加工表面的技术要求相适应。这是由于任何加工方法能获得的加工精度和表面粗糙度都有一个相当大的范围，但只有在某一个较窄的范围才是经济的。这个范围的加工精度就是经济加工精度。例如，公差为 IT7 级和表面粗糙度为 $Ra0.4\ \mu m$ 外圆面加工，采用磨削方法比采用精细车方法要经济的多。

（3）所选的加工方法要与被加工材料的性质相适应。比如淬火钢一般采用磨削加工，而有色金属可采用金钢镗或高速精细车削加工。

（4）所选的加工方法要与产品的生产类型相适应。例如大批量生产，一般采用高效的先进工艺：对于平面和孔，拉削代替普通的铣、刨和镗孔；采用粉末冶金制造油泵齿轮；采用石蜡铸造柴油机上的小零件，这些方法都有利于提高生产效率。

（5）所选的加工方法要与本厂条件相适应。应该充分利用现有设备，挖掘企业潜力，必要时改进现有加工方法和设备，并要考虑设备负荷平衡。

三、加工顺序的安排

1. 加工阶段的划分

对于那些加工质量要求高或比较复杂的零件，通常将整个工艺路线划分为以下几个阶段：

（1）粗加工阶段。粗加工阶段的主要任务是切除毛坯的大部分余量并加工出精基准，该阶段的关键问题是如何提高生产率。

（2）半精加工阶段。半精加工阶段的任务是减小粗加工留下的误差，完成次要表面加工（攻丝、铣键槽等），主要表面达到一定要求为精加工做好余量准备。半精加工阶段安排在热处理前。

（3）精加工阶段。精加工阶段的任务是保证各主要表面达到图样规定要求。这一阶段的主要问题是如何保证加工质量。

（4）光整加工阶段。光整加工阶段主要任务是减小表面粗糙度值和进一步提高精度。

生产中划分加工阶段的好处是：

（1）保证加工质量。按先粗后精的顺序进行机械加工，可以合理地分配加工余量以及合理地选择切削用量。粗加工阶段切削用量大，产生的切削力和切削热大，所需夹紧力也大，所以零件残余内应力和工艺系统的受力变形、热变形、应力变形都比较大。粗加工所产生的加工误差，可通过半精加工和精加工逐步消除，从而保证加工精度。

（2）合理使用设备。粗加工时要求设备功率大、刚性好、生产率高，对设备的精度要求不高；精加工则要求精度高的设备。划分加工阶段，可以充分发挥粗加工机床的效率，长期保持精加工机床的精度。

（3）有利于安排热处理工序，使冷热加工工序更好地配合。例如，粗加工后零件残余应力大，可安排时效处理，消除残余应力；在热处理过程中引起的变形可在精加工中消除。

（4）便于及时发现问题。毛坯的各种缺陷如气孔、砂眼和加工余量不足等，在粗加工后即可发现，便于及时修补或决定是否报废，避免工时浪费，增加成本。

（5）精加工和光整加工的表面安排在最后加工，可保护零件少受磕碰、划伤等损坏。

2. 机械切削加工顺序的安排

加工顺序的安排对保证加工质量、提高生产率和降低成本都有重要作用，是拟定工艺路线的关键之一。加工顺序的安排可按下列原则进行。

先基准后其他：选作精基准的表面应在一开始的工序中就加工出来，以便为后续工序的加工提供定位基准。

先粗后精：在加工时应先安排粗加工，中间安排半精加工，最后安排精加工。

先主后次：先安排零件的装配基面和工作表面等主要表面的加工，后安排如键槽、紧固用的光孔和螺纹孔等次要表面的加工。因为这些次要表面加工余量小，一般都与主要表面有相互位置要求。

先面后孔：对于箱体、支架、连杆、底座等零件，一般先加工用作定位的平面和孔的端面，然后再加工孔。

精密偶件需装配后加工。

3. 热处理工序的安排

零件加工过程中的热处理可分为预备热处理和最终热处理。

预备热处理：预备热处理的目的是改善切削加工性能、消除内应力，为最终热处理作准备。它包括退火、正火、调质和时效处理。铸件和锻件在机械加工前应进行退火或正火处理；对大而复杂的铸造毛坯件（如机架、床身等）及刚度较差的精密零件（如精密丝杠），在粗加工之前及粗加工与半精加工之间安排多次时效处理；对于要求不高的零件仅在毛坯制造以后安排一次时效处理。

最终热处理：最终热处理的目的主要是为了提高零件材料的强度、硬度及耐磨性。它包括淬火、渗碳及氮化等。淬火及渗碳通常安排在半精加工之后、精加工之前进行；氮化处理由于变形较小，通常安排在精加工之后。

4. 辅助工序的安排

辅助工序包括：检验、清洗、去毛刺、防锈、去磁及平衡去重等。其中检验是最主要的、也是必不可少的辅助工序。零件加工过程中除了安排工序自检之外，还应在下列场合安排检验工序：粗加工全部结束之后、精加工之前；重要工序加工前后；工件转入、转出车间前后；特种检验（如磁力探伤、密封性实验、动平衡实验等）之前；全部加工工序完成后。

在特种检验中，X 射线探伤或超声波探伤用于检验毛坯的内部质量，应安排在机械加工之前；磁力探伤、荧光检验用于检验工件表层质量，通常安排在精加工阶段；密封性检验、零件的平衡和零件的重量检验等一般安排在工艺过程的末尾。

在工艺过程中还要考虑安排去毛刺、倒棱、去磁、清洗等辅助工序，忽视辅助工序将会给后续加工和装配工作带来困难。例如，工件上的毛刺和尖角棱边，容易割破工人的手指，还会给装配带来困难；研磨、珩磨等光整加工后的零件，不经清洗就去装配，残留在工件上的砂粒会加剧零件的磨损。在采用磁力夹紧的平面磨工序后面，一定要安排去磁工序，避免进入装配的零件带有磁性。

四、工序的集中与分散

1. 概念

同一个工件，同样的加工内容，可以安排两种不同形式的工艺规程：一种是工序集中，另一种是工序分散。所谓工序集中，是使每个工序中包括尽可能多的工步内容，因而使总的工序数目减少，夹具的数目和工件的安装次数也相应地减少。所谓工序分散，是将工艺路线中的工步内容分散在更多的工序中去完成，因而每道工序的工步少，工艺路线长。

2. 工序分散的特点

（1）所使用的机床设备和工艺设备都比较简单，容易调整，工人易于操作，也易于适应更换产品。

（2）有利于选用最合理的切削用量，减少机动工时。

（3）机床设备数量多，生产面积大，工艺路线长。

3. 工序集中的特点

（1）有利于采用高效的专用设备和工艺装备，提高生产率。

（2）减少了工序数目，缩短了工艺过程，简化了生产计划和生产组织工作。

（3）减少了设备数量，减少了操作工人人数和生产面积，工艺路线短。

（4）减少了工件装夹次数，所以缩短了辅助时间，而且由于一次装夹加工较多的表面，就容易保证它们之间的位置精度。

（5）专用设备投资大，生产准备工作量大，转为新产品的生产也比较困难。

4. 工序集中和工序分散的选择

二者各有特点，必须根据生产规模、零件的结构特点和技术要求、机床设备等具体生产条件综合分析，以便决定采用哪种原则来组合工序。

（1）传统的流水线、自动生产线多采用工序分散的组织形式，可以实现高效生产，但适应性较差。

（2）采用高效自动化机床，以工序集中的形式组织生产，如加工中心，这种方式生产适应性强，转产相对容易。

（3）零件的加工精度要求比较高时，常要把工艺过程划分为不同的加工阶段，这种情况下必须比较分散。

第四节　工序设计

零件的工艺过程设计以后，要进行工序设计。工序设计主要包括为每一工序选择机床和工艺装备，确定加工余量、工序尺寸和公差，确定切削用量、工时定额等。

一、机床和工艺装备选择

1. 机床设备的选择

机械加工所选择的机床精度应与工件要求的加工精度相适应；所选择机床的生产率与生产类型相适应；机床的规格与加工工件的尺寸相适应；机床的选择应结合现场的实际情况；合理选用数控机床。一般情况下，单件小批量生产时选择通用机床和工装；大批、大量生产时选择专用机床、组合机床和专用工装；数控机床可用于各种生产类型。

2. 工艺装备的选择

（1）夹具的选择。单件小批量生产时采用各种通用夹具和机床附件，如卡盘、虎钳、分度头等，有组合夹具站的可采用组合夹具；大批大量生产时为提高劳动生产率应采用专用高效夹具；多品种中、小批生产可采用可调夹具或成组夹具；采用数控加工时夹具要敞开，其定位、夹紧元件不能影响加工走刀。

（2）刀具的选择。生产中一般优先采用标准刀具。若加工工序集中时，应采用各种高效的专用刀具、复合刀具和多刃刀具。刀具的类型、规格和精度等级应符合加工要求。数控加工对刀具的刚性及寿命要求较普通加工严格，应合理选择各种刀具、辅具（刀柄、刀套、夹头）。

（3）量具的选择。单件小批量生产应广泛采用通用量具，如游标卡尺、百分尺和千分表等；大批大量生产应采用各种量规和高效的专用检验夹具和量仪等。量具的精度必须与加工精度相适应。

二、加工余量的确定

零件加工工艺路线确定后，在进一步安排各个工序的具体内容时，应正确地确定工序的工序尺寸，为确定工序尺寸，首先应确定加工余量。

1. 加工余量的概念

由于毛坯不能达到零件所要求的精度和表面粗糙度，因此要留有加工余量，以便经过机械加工来达到这些要求。

加工余量是指加工过程中从加工表面切除的金属层厚度。加工余量分为工序余量和总余量。根据加工表面形状不同，加工余量又分为单边余量和双边余量。

平面加工，加工余量为单边余量，即实际切除的金属层厚度。

回转面加工，加工余量为双边余量，实际切除的金属层厚度为工序余量的一半。

1）工序余量

工序余量是指某一表面在一道工序中切除的金属层厚度。

（1）工序余量的计算。

工序余量等于相邻两工序的工序尺寸之差。

对于平面外表面［图 5 – 14（a）］

$$Z_b = A_a - A_b$$

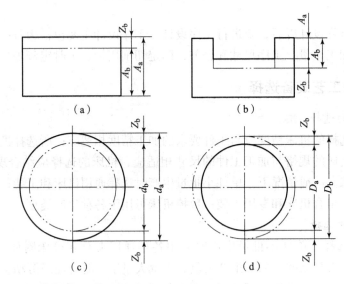

图 5 – 14 平面和回转面加工时的单边余量和双边余量

（a）平面外表面；（b）平面内表面；（c）轴；（d）孔

对于平面内表面［图 5 – 14（b）］

$$Z_b = A_b - A_a$$

式中，Z_b——本工序的工序余量（mm）；

　　A_a——前工序的工序尺寸（mm）；

　　A_b——本工序的工序尺寸（mm）。

上述加工余量均为非对称的单边余量，旋转表面的加工余量为双边对称余量。

对于轴［图 5 – 14（c）］

$$2Z_b = d_a - d_b$$

对于孔［图 5 – 14（d）］

$$2Z_b = D_b - D_a$$

式中，Z_b——直径上的加工余量（mm）；

　　D_a——前工序的加工直径（mm）；

　　D_b——本工序的加工直径（mm）。

当加工某个表面的工序是分几个工步时，则相邻两工步尺寸之差就是工步余量。它是某工步在加工表面上切除的金属层厚度。

（2）工序基本余量、最大余量、最小余量及余量公差。

由于毛坯制造和各个工序尺寸都存在着误差，加工余量也是个变动值。当工序尺寸用基本尺寸计算时，所得到的加工余量称为基本余量或公称余量。

最小余量 Z_{min} 是保证该工序加工表面的精度和质量所需切除的金属层最小厚度。最大余量 Z_{max} 是该工序余量的最大值。下面以图 5 – 14（c）以及图 5 – 15 所示的外圆为例来计算，其他各类表面的情况与此相类似。

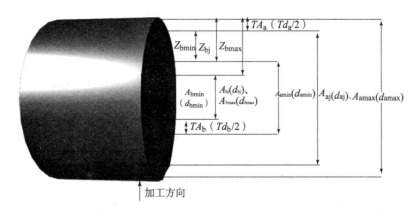

图5-15　外圆面工序余量和工序尺寸的关系

图5-15中符号含义：

A_{aj}（d_{aj}，D_{aj}）——上工序的基本尺寸；

A_{bj}（d_{bj}，D_{bj}）——本工序的基本尺寸；

A_{amax}（d_{amax}、D_{amax}）——上工序的最大极限尺寸；

A_{amin}（d_{amin}、D_{amin}）——上工序的最小极限尺寸；

A_{bmax}（d_{bmax}、D_{bmax}）——本工序的最大极限尺寸；

A_{bmin}（d_{bmin}、D_{bmin}）——本工序的最小极限尺寸；

TA_a（Td_a、TD_a）——上工序的工序尺寸公差；

TA_b（Td_b、TD_b）——本工序的工序尺寸公差；

Z_{bj}、Z_{bmax}、Z_{bmin}——本工序的工序基本余量、工序最大余量、工序最小余量；

T_{Zb}——本工序的工序余量公差。

当尺寸 A_{aj}、A_{bj} 均为工序基本尺寸时，基本余量为

$$2Z_{bj} = A_{aj} - A_{bj}$$

则最小余量 $2Z_{bmin} = A_{amin} - A_{bmax}$；

而最大余量 $2Z_{bmax} = A_{amax} - A_{bmin}$。

图5-16所示为工序尺寸公差与加工余量间的关系。余量公差是加工余量间的变动范围，其值为

$$\begin{aligned} T_{Zb} &= Z_{bmax} - Z_{bmin} = \left[(A_{amax} - A_{amin}) + \right.\\ &\quad \left. (A_{bmax} - A_{bmin}) \right]/2 \\ &= (T_a + T_b)/2 \end{aligned}$$

式中，T_{Zb}——本工序余量公差（mm）；

T_a——前工序的工序尺寸公差（mm）；

T_b——本工序的工序尺寸公差（mm）。

所以，余量公差为前工序与本工序尺寸公差之和。

工序尺寸公差带的分布，一般采用"单向入体原则"。即对于被包面（轴类），基本尺寸取公差带

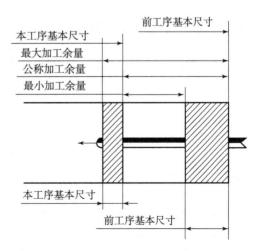

图5-16　工序尺寸公差与加工余量的关系

上限，下偏差取负值，工序基本尺寸即为最大尺寸；对于包容面（孔类），基本尺寸为公差带下限，上偏差取正值，工序尺寸即为最小尺寸但孔中心距及毛坯尺寸公差采用双向对称布置。

2）加工总余量

毛坯尺寸与零件图样的设计尺寸之差称为加工总余量。它是从毛坯到成品时从某一表面切除的金属层总厚度，也等于该表面各工序余量之和，即

$$Z_0 = Z_1 + Z_2 + \cdots + Z_n = \sum_{i=1}^{n} Z_i$$

式中，Z_i——第 i 道工序的工序余量（mm）；

n——该表面总加工的工序数。

加工总余量也是个变动值，其值及公差一般可从有关手册中查得或凭经验确定。如图 5-17所示内孔和外圆表面经多次加工时，加工总余量、工序余量与加工尺寸的分布图。

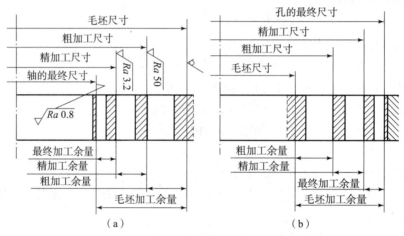

图 5-17　加工余量和加工尺寸分布

（a）轴；（b）孔

2. 影响加工余量的因素

影响加工余量的因素包括以下几方面：

（1）前工序的表面质量（包括表面粗糙度 Ry 和表面破坏层深度 D_a），如图 5-18 所示。

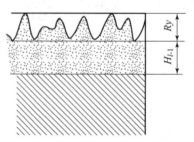

图 5-18　表面缺陷对加工余量的影响

（2）前工序的工序尺寸公差 T_a；

（3）前工序的位置误差 ρ_a，如工件表面在空间的弯曲、偏斜以及空间误差等，如图 5-19所示。

（4）本工序的装夹误差 ε_b。

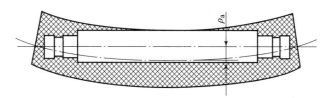

图 5-19　轴线弯曲对加工余量的影响

所以本工序加工余量的计算式为

对单边余量：

$$Z \geq T_a + (Ry + D_a) + |\rho_a + \varepsilon_b|$$

对双边余量：

$$2Z \geq T_a + 2(Ry + D_a) + 2|\rho_a + \varepsilon_b|$$

或

$$Z \geq T_a/2 + (R + D_a) + |\rho_a + \varepsilon_b|$$

3. 确定加工余量的方法

加工余量大小，直接影响零件的加工质量和生产率。加工余量过大，不仅增加机械加工劳动量，降低生产率，而且增加材料、工具和电力的消耗，增加成本。但若加工余量过小，又不能消除前工序的各种误差和表面缺陷，甚至产生废品。因此，必须合理地确定加工余量。其确定的方法有：

1）经验估算法

经验估算法是根据工艺人员的经验来确定加工余量。为避免产生废品，所确定的加工余量一般偏大，适于单件小批生产。

2）查表修正法

此法根据有关手册，查得加工余量的数值，然后根据实际情况进行适当修正，这是一种广泛使用的方法，见表 5-6 和表 5-7。

3）分析计算法

这是对影响加工余量的各种因素进行分析，然后根据一定的计算式来计算加工余量的方法。此法确定的加工余量较合理，但需要全面的试验资料，计算也较复杂，故很少应用。

表 5-6　轴类零件粗加工余量　　　　　　　　　　　mm

加工直径	≤18	>18~30	>30~50	>50~120	>120~250	>250~500
零件长度	直 径 余 量 a					
≤30	3	3.5	4	5	5	5
>30~50	3.5	4	5	5	5	5
>50~120	4	4	5	5	6	6
>120~250	4	5	5	6	6	6
>250~500	5	5	6	7	7	7
>500~800	6	6	7	7	8	8
>800~1 200	7	7	7	8	8	8

说明：1. 适用于粗精分开，自然时效或人工时效。

2. 粗精加工分开及自然时效允许小于表中留量的 20%。

3. 表中加工直径 d 指粗车后值，并非最终零件尺寸，工序间余量查表均如此。

4. 本表参照《机械加工余量实用手册》编制。

表 5 - 7　轴在粗车外圆后，精车外圆的加工余量（不经热处理）　　　　mm

轴的直径 d	零件长度 L						粗车外圆的公差 IT12
	≤100	>100~250	>250~500	>500~800	>800~1 200	>1 200~2 000	
	直径余量 a						
≤10	0.8	1.0	1.3	—			0.15
>10~18	0.9	1.2		1.4			0.18
>18~30	1.2	1.3	1.4	1.7	1.8		0.21
>30~50	1.3				2.0	2.2	0.25
>50~80	1.4	1.4	1.6	1.8	2.1	2.3	0.30
>80~120		1.6				2.5	0.35
>120~180	1.6		1.7	2.0	2.2	2.6	0.40
>180~260	1.7	1.7	1.8	2.1	2.3		0.46
>260~360		1.8	2.0	2.2	2.5	2.7	0.52
>360~500	1.8	2.0				2.9	0.63

说明：1. 当工艺有特殊要求时（如需中间热处理）可不按本表规定。

　　　2. 决定加工余量的折算长度与装卡方式有关。

　　　3. 本表摘自《机械加工余量实用手册》。

三、工序尺寸的确定

1. 尺寸链的基本概念

1）尺寸链（工艺尺寸链）的基本术语及其定义

在一个零件或一台机器的结构尺寸中，总存在着一些相互联系的尺寸，由它们形成的封闭尺寸组，称为尺寸链。

如图 5 - 20 所示的孔和轴零件的装配过程，其间隙 A_0 的大小由孔径 A_1 和轴径 A_2 所决定，即 $A_0 = A_1 - A_2$。这些尺寸组合 A_0、A_1 和 A_2 就形成了一个装配尺寸链。

又如图 5 - 21 所示零件，先后按 A_1、A_2 加工，则尺寸 A_0 由 A_1 和 A_2 所确定，即 $A_0 = A_1 - A_2$。这样，尺寸 A_0、A_1 和 A_2 就形成了一个工艺尺寸链。

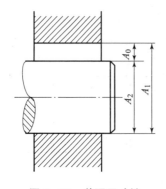

图 5 - 20　装配尺寸链

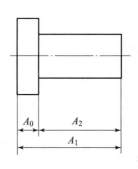

图 5 - 21　工艺尺寸链

尺寸链具有以下两个特性：

（1）封闭性：组成尺寸链的各个尺寸按一定顺序构成一个封闭系统。其中，应包含一个间接保证的尺寸和若干个对此有影响的直接获得的尺寸。

（2）相关性：其中一个尺寸变动将影响其他尺寸变动。尺寸链中间接保证的尺寸精度是受这些直接获得的尺寸精度所支配的，彼此间具有特定的函数关系，并且间接保证的尺寸精度必然低于直接获得的尺寸精度。

2）有关尺寸链的基本术语

（1）环。

把列入工艺尺寸链的每一个工艺尺寸称为环。尺寸链的环分为封闭环和组成环。

（2）封闭环。

加工或装配过程中最后自然形成的尺寸称为封闭环。一般以字母加下标"0"表示，如 A_0、B_0 等。如图 5－20 中的尺寸 A_0 是由装配过程中最后形成的。图 5－21 中的尺寸 A_0 是在加工过程中最后形成的，该尺寸在尺寸标注中称为封闭环，一般不注出。

（3）组成环。

尺寸链中除封闭环以外的其他环称为组成环。组成环中任何一环的变动必然引起封闭环的变动。同一尺寸链中的组成环，根据它们对封闭环影响的不同，又分为增环和减环。

①增环：其变动会引起封闭环同向变动的组成环。同向变动是指该环增大时封闭环也增大，该环减小时封闭环也减小，如图 5－20 和图 5－21 中的尺寸 A_1。

②减环：其变动会引起封闭环反向变动的组成环。反向变动是指该环增大时封闭环减小，该环减小时封闭环增大，如图 5－20 和图 5－21 中的尺寸 A_2。

（4）传递系数。

表示各组成环影响封闭环大小的程度和方向的系数，用符号表示 ξ_i（下角标 i 为组成环的序号）。对于增环，ξ_i 为正值；对于减环，ξ_i 为负值。

（5）尺寸链的特征。

工艺尺寸彼此首尾连接构成封闭图形；封闭环所有组成环变动而变动；封闭环的一次性。

2. 尺寸链的分类

1）按应用范围分

尺寸链按应用范围分为装配尺寸链、零件尺寸链和工艺尺寸链。

（1）装配尺寸链。全部组成环为不同零件设计尺寸所形成的尺寸链，如图 5－22（a）所示。

（2）零件尺寸链。全部组成环为同一零件的设计尺寸所形成的尺寸链，如图 5－22（b）所示。

（3）工艺尺寸链。全部组成环为同一零件工艺尺寸所形成的尺寸链，如图 5－22（c）所示。

2）按各环所在空间位置分

尺寸链按各环所在空间的位置分为线性尺寸链、平面尺寸链和空间尺寸链。

（1）线性尺寸链。全部组成环位于同一平面内且彼此平行的尺寸链。如图 5－22 所示的尺寸链均为线性尺寸链。线性尺寸链中增环的传递系数 $\xi_i = +1$，减环的传递系数 $\xi_i = -1$。

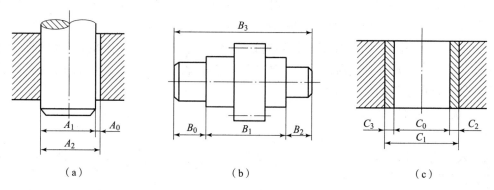

（a）　　　　　　　　　（b）　　　　　　　　　（c）

图 5 - 22　尺寸链

（a）装配尺寸链；（b）零件尺寸链；（c）工艺尺寸链

（2）平面尺寸链。全部组成环位于同一平面或几个平行平面内，但其中有些彼此不平行的尺寸，如图 5 - 23 所示。

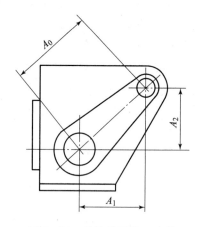

图 5 - 23　箱体的平面尺寸链

（3）空间尺寸链。各组成环位于不平行的平面上的尺寸链。

最常见的尺寸链是线性尺寸链。平面尺寸链和空间尺寸链可以通过采用坐标投影的方法转换为线性尺寸链，然后按线性尺寸链的计算方法来计算。

3. 尺寸链的建立与分析

正确地建立尺寸链是进行尺寸链计算的前提。下面举例说明建立装配尺寸链的步骤。

1）确定封闭环

建立尺寸链时必须首先明确封闭环。装配尺寸链中的封闭环就是装配后应达到的装配精度要求。通常每一项装配精度要求就可以相应建立一个尺寸链。

2）查找组成环并画出尺寸链图

在装配关系中，对装配精度要求有直接影响的那些零件的尺寸，都是装配尺寸链中的组成环。对于每一项装配精度要求，通过对装配关系的分析，都可查明其相应装配尺寸链的组成环。查找组成环的方法是：从封闭环的一端开始，依次找出那些会引起封闭环变动的相互连接的各个零件尺寸，直到最后一个零件尺寸与封闭环的另一端连接为止，其中每一个尺寸就是一个组成环。

确定了封闭环并找出了组成环后，用符号将它们标注在装配示意图上，或将封闭环和各个组成环相互连接的关系单独地用简图表示出来，就得到了尺寸链图。画尺寸链图时，可用带箭头的线段来表示尺寸链的各环，线段一端的箭头只表示查找组成环的方向。与封闭环线段箭头方向一致的组成环为减环，与封闭环箭头方向相反的组成环为增环，如图 5 – 24 所示。

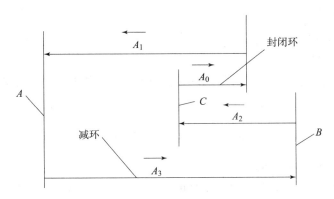

图 5 – 24　尺寸链简图及增减环判断法则

4. 尺寸链的计算

尺寸链的计算是指计算封闭环与组成环的基本尺寸和极限偏差。在机械设计与制造中，尺寸链的计算主要有下列两种计算。

1）设计计算

设计计算是指已知封闭环的极限尺寸和各组成环的基本尺寸，计算各组成环的极限偏差。这种计算通常用于产品设计过程中由机器或部件的装配精度确定各组成环的尺寸公差和极限偏差，把封闭环公差合理地分配给各组成环。应当指出，设计计算的解不是唯一的，而且可能有多种不同的解。

2）校核计算

校核计算是指已知各组成环的基本尺寸和极限偏差，计算封闭环的基本尺寸和极限偏差。这种计算主要用于验算零件图上标注的各组成环的基本尺寸和极限偏差在加工之后能否满足所设计产品的技术要求。

无论设计计算还是校核计算，都要处理封闭环的基本尺寸和极限偏差与各组成环的基本尺寸和极限偏差的关系。

为了保证互换性，可以采用极值法或概率互换法来达到封闭环的公差要求，某些情况下，为了经济地达到装配尺寸链的装配精度要求，可以采用分组互换法、修配法或调整法。

四、尺寸链的极值法计算

极值法（也称完全互换法）是指全部产品中，装配时各组成环不需挑选，也不需要改变其大小或位置，装入后即能达到封闭环的公差要求的尺寸链计算方法。该方法采用极值公差公式计算。

1. 极值法解（线性）尺寸链的基本公式

1）封闭环的公称尺寸 A_0

封闭环的公称尺寸 A_0 等于所有增环的公称尺寸 A_i 之和减去所有减环的公称尺寸 A_j 之和。用公式表示为

$$A_0 = \sum_{i=1}^{n} A_i - \sum_{j=n+1}^{m} A_j$$

式中，n——增环环数；

m——全部组成环数。

2）封闭环的上极限尺寸 A_{0max}

封闭环的上极限尺寸 A_{0max} 等于所有增环的上极限尺寸之和减去所有减环的下极限尺寸之和。用公式表示为

$$A_{0max} = \sum_{i=1}^{n} A_{imax} - \sum_{j=n+1}^{m} A_{jmin}$$

3）封闭环的下极限尺寸 A_{0min}

封闭环的下极限尺寸 A_{0min} 等于所有增环的下极限尺寸之和减去所有减环的上极限尺寸之和。用公式表示为

$$A_{0min} = \sum_{i=1}^{n} A_{imin} - \sum_{j=n+1}^{m} A_{jmax}$$

4）封闭环的上偏差 ES_0

$$ES_0 = \sum_{i=1}^{n} ES_i - \sum_{j=n+1}^{m} EI_j$$

即封闭环的上偏差等于所有增环的上偏差之和减去所有减环的下偏差之和。

5）封闭环的下偏差 EI_0

$$EI_0 = \sum_{i=1}^{n} EI_i - \sum_{j=n+1}^{m} ES_j$$

即封闭环的下偏差等于所有增环的下偏差之和减去所有减环的上偏差之和。

6）封闭环公差 T_0

$$T_0 = \sum_{i=1}^{m} T_i$$

即封闭环公差等于所有组成环公差之和。

由封闭环公差 T_0 看出：

$T_0 > T_i$，即封闭环公差最大，精度最低。因此在零件尺寸链中应尽可能选取最不重要的尺寸作为封闭环。在装配尺寸链中，封闭环往往是装配后应达到的要求，不能随意选定。

T_0 一定时，组成环数越多，则各组成环公差必然越小，经济性越差。因此，设计中应遵守"最短尺寸链"原则，即使组成环数尽可能少。

2. 极值法求解尺寸链

正确地分析和解算工艺尺寸链，是保证设计尺寸要求，合理编制工艺规程，确定各工序

工序尺寸和技术要求的基础。工艺尺寸链一般多为线性尺寸链。

例1　图5-25（a）所示零件的加工，镗孔工序的定位基准为 A 面，但孔的设计基准是 C 面，属于基准不重合。加工时镗刀按定位基准 A 面调整，故需对该工序尺寸 A_3 进行计算。

要确定工序尺寸 A_3 应控制在什么范围内才能保证设计尺寸 A_0 的要求，首先应查明应与该尺寸有联系的各尺寸，并作出如图5-25（b）所示的工艺尺寸链简图。

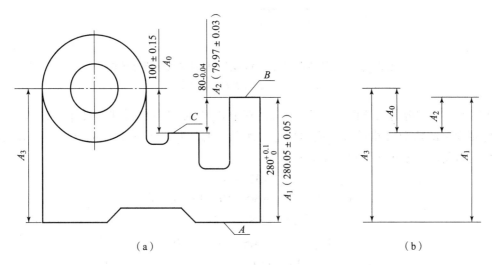

图5-25　定位基准与设计基准不重合时的工序尺寸计算

（a）零件的加工；（b）工艺尺寸链简图

由于工件在镗孔前 A、B 和 C 面都已加工完毕，故尺寸 A_1 和 A_2 在本工序中是已有尺寸，而尺寸 A_3 将是本工序加工直接得到的尺寸，因此这三个尺寸都是尺寸链中的直接尺寸，它们都是组成环。尺寸 A_0 是最后得到的尺寸，所以是封闭环。为方便计算，可将各尺寸换算成平均尺寸。

由工艺尺寸链简图可知组成环 A_2 和 A_3 是增环，A_1 是减环。根据前述计算式得

$$A_{0m} = A_{2m} + A_{3m} - A_{1m}$$

$$A_{3m} = A_{0m} + A_{1m} - A_{2m} = 100 + 280.05 - 79.97 = 300.08 \text{（mm）}$$

$$TA_0 = TA_1 + TA_2 + TA_3$$

$$TA_3 = TA_0 - TA_1 - TA_2 = 0.3 - 0.10 - 0.06 = 0.14 \text{（mm）}$$

$$A_3 = （300.08 \pm 0.07） \text{ mm}$$

若图纸规定的设计尺寸 A_0 为（100 ± 0.08）mm，则封闭环公差已等于尺寸 A_1 和 A_2 两者公差之和，尺寸 A_3 的公差为零，这是不能实现的。为此，可压缩 TA_1 及 TA_2，留给尺寸 A_3 必要的公差。如将尺寸 A_1 的公差压缩为 0.06 mm，并取其为上偏差 +0.06 mm，尺寸 A_2 的公差压缩为 0.04 mm，并取其为下偏差 -0.04 mm，则 A_3 的公差为 0.06 mm。

可见，当各组成环公差的总和等于或超过封闭环公差时，就要压缩各组成环的公差以保证封闭环的公差。这意味着要提高组成环的加工精度，有时可能还要改变组成环的原来加工方法以保证压缩后的公差。

例2　如图5-26（a）所示的零件，图示的尺寸 $10_{-0.4}^{\ 0}$ mm 不便测量，于是改为测量尺寸 A_2，以间接保证这个设计尺寸。为此，需计算工序尺寸 A_2。

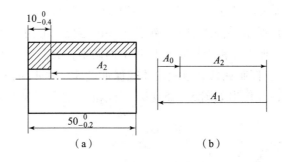

图 5 - 26 测量基准与设计基准不重合时的工序尺寸计算

(a) 零件；(b) 工艺尺寸链简图

作出工艺尺寸链简图 [图 5 - 26 (b)]，其中 A_2 为测量直接得到的尺寸，A_1 为已有尺寸，A_0 则为由此两个尺寸最后形成的尺寸。所以，A_1，A_2 为组成环，A_1 为增环，A_2 为减环，A_0 为封闭环，根据工艺尺寸链计算式

$$A_{0m} = A_{1m} - A_{2m}$$
$$A_{2m} = A_{1m} - A_{0m} = 50 - 10 = 40 \ (\text{mm})$$
$$ES_{A_0} = ES_{A_1} - EI_{A_2}$$
$$EI_{A_2} = ES_{A_1} - ES_{A_0} = 0 - 0 = 0$$
$$EI_{A_0} = EI_{A_1} - ES_{A_2}$$
$$ES_{A_2} = EI_{A_1} - EI_{A_0} = -0.2 + 0.4 = 0.2 \ (\text{mm})$$
$$A_2 = 40^{+0.20}_{0} \ (\text{mm})$$

这里应指出，当 A_2 尺寸超差时，尺寸 A_0 不一定超差。例如，当 A_2 的实际尺寸为 40.4 mm，已超出规定值，所以认为 A_0 不合格而报废，但如果 A_1 的实际尺寸为 50 mm，则 $A_0 = 50 - 40.4 = 9.6$（mm），所以认为符合零件图的要求。一般情况下，测量尺寸超差的值不超过另一组成环的公差，就可能产生假废品。这时，就应在测出另一组成环的实际尺寸，以判定是否是废品。

例 3 加工图 5 - 27 (a) 所示的零件，其上有一具有键槽的内孔，加工过程为

(1) 镗孔至 $\phi 39.6^{+0.10}_{0}$ mm；

(2) 热插槽，工序基准为镗孔后的内孔母线，工序尺寸为 A；

(3) 热处理；

(4) 磨内孔至 $\phi 40^{+0.05}_{0}$ mm，同时保证 $43.6^{+0.34}_{0}$ mm 的设计尺寸。

现要计算中间工序尺寸 A，需作出如图 5 - 27 (b) 所示的工艺尺寸链简图。图 5 - 27 (b) 中尺寸 $19.8^{+0.05}_{0}$ mm 是前工序镗孔所得到的半径尺寸，是直接尺寸，是组成环；图 5 - 27 (b) 中尺寸 $20^{+0.025}_{0}$ mm 是将在后工序磨孔直接得到的尺寸，在尺寸链中是不受其他环影响的直接尺寸，也是组成环；图 5 - 27 (b) 中尺寸 A 则是在本工序中加工直接得到的尺寸，所以也是组成环；图 5 - 27 (b) 中剩下的尺寸 $43.6^{+0.34}_{0}$ mm 则是将在磨孔工序中间间接得到的尺寸，它又是上述三个组成环共同形成的尺寸，所以是尺寸链中的封闭环。现根据工艺尺寸链计算公式计算中间工序尺寸 A 如下：

$$A_{0j} = 43.6 = 20 + A_j - 19.8$$
$$A_j = 43.4$$

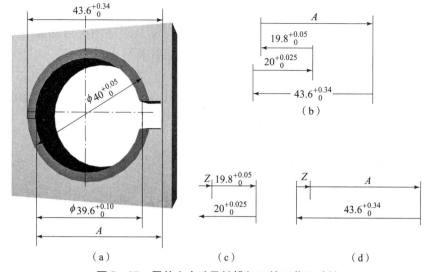

图5-27　零件上内孔及键槽加工的工艺尺寸链

(a) 零件；(b)、(c)、(d) 工艺尺寸链简图

$$ES_0 = 0.34 = 0.025 + ES_A - 0$$
$$ES_A = 0.315 \text{ mm}$$
$$EI_0 = 0 = 0 + EI_A - 0.05$$
$$EI_A = 0.05 \text{ mm}$$

得到插件槽的中间工序尺寸 A 为

$$A = A_j{}^{+ES_A}_{+EI_A} = 43.4^{+0.315}_{+0.05} = 43.45^{+0.265}_{0} \quad (\text{mm})$$

即按此工序尺寸插键槽，磨孔后即可保证设计尺寸 $43.6^{+0.36}_0$ mm。

此外，还可以根据磨孔余量来计算中间工序尺寸 A，为此需作出图5-27 (c)、(d) 两个工艺尺寸链简图。

在图5-27 (c) 中，余量 Z 是镗孔得到的尺寸和磨孔得到的尺寸所形成的，故是此尺寸链的封闭环，尺寸 $19.8^{+0.05}_0$ mm 和尺寸 $20^{+0.025}_0$ mm 都是组成环。经计算得

$$Z = 0.2^{+0.025}_{-0.05} \text{ mm}$$

在图5-27 (d) 中，余量 Z 和尺寸 A 都是组成环，尺寸 $43.6^{+0.34}_0$ mm 是由该两个组成环所形成的尺寸，所以是封闭环。经计算得

$$A = 43.4^{+0.315}_{+0.05} \text{ mm}$$

结果相同。

设计尺寸 $43.6^{+0.34}_0$ 的公差是 0.34 mm，中间工序尺寸 A 的公差是 0.265 mm，两者差 0.075 mm，恰等于余量 Z 的公差。这就是以尚待继续加工的设计基准时中间尺寸的设计特点。

3. 典型工艺尺寸链的分析

1) 定位基准与设计基准不重合

当定位基准与设计基准不重合时，为了达到零件原设计精度要求，就需将零件设计尺寸换算成工序尺寸。

例4　如图5-28 (a) 所示为零件简图，图5-28 (b) 所示为该零件的最终工序铣缺口的工序简图。工件在此之前的工序中已加工出表面 A、B、C，为保证尺寸

（60 ± 0.05）mm 和 $30^{+0.04}_{0}$ mm，求工序尺寸 L_1。

由零件图可见，加工表面 D 面的设计基准是 C 面，而从工序图上可知其加工时的定位基准 A 面，所以基准不重合。工序尺寸 L_1 需通过尺寸链计算得出。

解：（1）根据题意，画出尺寸链图，如图 5 - 28（c）所示。

（2）找出封闭环，确定增、减环。在尺寸链中，尺寸 L_2、L_3 是前面工序形成的，尺寸 L_1 是本道工序得到的，而 $L_0 = 10^{+0.18}_{0}$ 要通过前面 3 个尺寸间接保证，是封闭环。易知 L_1、L_2 为增环，L_3 为减环。

（3）计算。按照极值法公式进行计算。

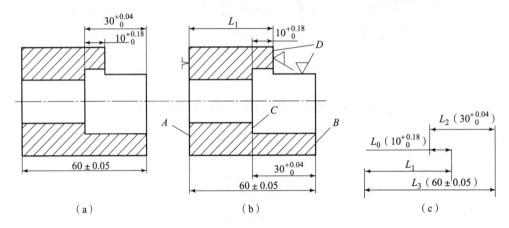

图 5 - 28 定位基准与设计基准不重合

（a）零件简图；（b）工序简图；（c）尺寸链图

基本尺寸：由 $L_0 = L_1 + L_2 - L_3$ 得 $L_1 = L_0 - L_2 + L_3 = 10 - 30 + 60 = 40$（mm）

上偏差：$\text{ES}_{L_1} = \text{ES}_{L_0} - \text{ES}_{L_2} + \text{EI}_{L_3} = 0.18 - 0.04 - 0.05 = 0.09$（mm）

下偏差：$\text{EI}_{L_1} = \text{EI}_{L_0} - \text{EI}_{L_2} + \text{ES}_{L_3} = 0 - 0 + 0.05 = 0.05$（mm）

因此，$L_1 = 40^{+0.09}_{+0.05}$ mm，按入体方向标注为 $40.09^{0}_{-0.04}$。

验算封闭环尺寸公差。尺寸链验算一般只要根据"封闭环公差等于各组成环公差之和"验算封闭环公差即可。即

$$T_0 = \sum_{i=1}^{n} T_i = 0.04 + 0.04 + 0.10 = 0.18 \, (\text{mm})$$

2）测量基准与设计基准不重合

当设计尺寸不便或无法直接测量时，需要在零件上另选易于测量的表面作测量基准，即进行基准转换，间接地保证设计尺寸要求，为此，需要进行工艺尺寸换算。

例5 如图 5 - 29（a）所示的套筒零件，设计时根据装配要求进行标注尺寸，其中大孔深度尺寸未注。加工时，由于尺寸 $10^{0}_{-0.36}$ 测量比较困难，改用深度游标卡尺测量大孔深度 A_2，求工序尺寸 A_2 及其偏差。

解：

（1）根据题意，画出尺寸链图，如图 5 - 29（b）所示。

（2）找出封闭环，确定增减环。易知，尺寸 A_0（$10^{0}_{-0.36}$）为封闭环，A_1 为增环、A_2 为减环。

（3）计算：

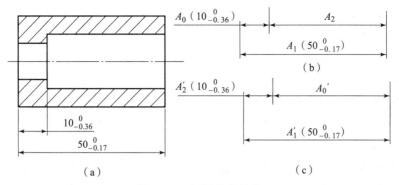

图 5 - 29　测量尺寸计算

（a）零件图；（b）工艺尺寸；（c）零件尺寸链

基本尺寸：$A_2 = A_1 - A_0 = 50 - 10 = 40$（mm）

上偏差：$ES_{A_2} = EI_{A_1} - EI_{A_0} = -0.17 - （-0.36）= 0.19$（mm）

下偏差：$EI_{A_2} = ES_{A_1} - ES_{A_0} = 0 - 0 = 0$

因此，$A_2 = 40^{+0.19}_{0}$ mm

下面就相关问题进行讨论。

（1）零件图上设计尺寸 A_1'（$50^{0}_{-0.17}$）、A_2'（$10^{0}_{-0.36}$）和大孔的深度尺寸形成了零件尺寸链，如图 5 - 29（c）所示。大孔深度尺寸 A_0' 是最后形成的，为封闭环。根据公式计算可得：$A_0' = 40^{+0.36}_{-0.17}$。比较加工时大孔深度的工序尺寸 $A_2 = 40^{+0.19}_{0}$（$T_2 = 0.19$）和原设计要求 $A_0' = 40^{+0.36}_{-0.17}$（$T_0' = 0.53$）可知，由于测量基准与设计基准不重合须进行尺寸换算，换算结果明显提高了对工序尺寸（大孔深度尺寸）的精度要求，其公差值少了 0.34（= 0.53 - 0.19）mm，此值恰是另一组成环 A_1（$= A_1'$）公差（$T_1 = 0.17$）的两倍。

（2）假废品分析。由于采用极值法进行尺寸链换算，只要尺寸 A_1 合格，当加工后实测 A_2 的实际尺寸在 $40^{+0.19}_{0}$ mm 之间，就能保证零件为合格品，即尺寸 A_0（$10^{0}_{-0.36}$）合格。

在实际加工，如果零件换算后的测量尺寸超差，只要超差量小于或等于另一组成环公差，则该零件有可能有假废品，应对该零件进行复检，并以复检结果作为零件合格性的判定依据。

第五节　工时定额及提高劳动生产率的工艺措施

一、工时定额的估算

工时定额是生产单位产品或完成一定工作量所规定的时间消耗量。如对车工加工一个零件、装配工组装一个部件或一个产品所规定的时间。合理的工时定额能促进工人的生产技能和技术熟练程度的不断提高，调动工人的积极性，从而不断促进生产向前发展和不断提高劳动生产率。工时定额是安排生产计划、成本核算的主要依据，在设计新厂时，又是计算设备数量、布置时间、计算工人数量的依据。

工时定额的组成（五部分）：

1. 基本时间 $t_{基}$

直接改变生产对象的尺寸、形状、相对位置、表面状态或材料性质等工艺过程所消耗的时间，称为基本时间，其包括刀具的趋近、切入、切削加工、切出等时间。

2. 辅助时间 $t_{辅}$

为实现工艺过程所必须进行的各种辅助动作所消耗的时间，称为辅助时间。如装卸工件、启停机床、改变切削用量、测量工件等时间。基本时间和辅助时间的总和称为作业时间 $t_{作}$。它是直接用于制造产品或零部件所消耗的时间。

$$基本时间\ t_{基} + 辅助时间\ t_{辅} = 作业时间\ t_{作}$$

3. 布置工作地时间 $t_{布}$

为使加工正常进行，工人照管工作地（如更换刀具、润滑机床、清理切屑、收拾工具等）所消耗的时间，称为布置工作地时间 $t_{布}$。$t_{布}$ 很难精确估计，故一般按操作时间 t 作的百分比来计算：

$$t_{布} = \alpha \cdot t_{作}$$
$$\alpha = 2\% \sim 7\%$$

4. 休息和自然需要时间 $t_{休}$

指工人在工作时间内为恢复体力和满足生理上的需要所消耗的时间，也按操作时间 $t_{作}$ 的百分数来计算。

$$t_{休} = \beta \cdot t_{作}\ (\beta \approx 2\%)$$

上述时间之和称为单件时间

$$t_{单件} = t_{基} + t_{辅} + t_{布} + t_{休}$$

5. 准备终结时间 $t_{准终}$

工人为了生产一批产品或零部件，进行准备工作和结束工作所消耗的时间，如熟悉图纸、领取夹具、刀具、量具等，以及调整机床、归还工艺装备、发送成品等所消耗的时间。

准备终结时间 $t_{准终}$ 是针对加工一批工件的，只需要一次，零件批量 $N_{零}$ 越大，分摊到单个零件上的准备终结时间就越小。

成批生产时的单件时间定额为

$$T_{定额} = t_{单件} + (t_{准终} / N_{零})$$

在大批生产时，$N_{零}$ 很大，所以 $t_{准终} / N_{零}$ 近似为零，可忽略不计。

二、提高劳动生产率的措施

劳动生产率：一个工人在单位时间内生产出的合格产品的数量，和时间定额呈相反的关系。提高劳动生产率，主要有以下措施。

1. 缩短基本时间

（1）提高切削用量（切削速度、进给量和切削深度）。

增大切削速度、进给量和切削深度都可以缩减基本时间，从而减少单件时间，这是机械加工中广泛采用的提高劳动生产率的有效方法。

磨削方面，可在不影响加工精度的条件下，尽量采用强力磨削，提高金属的切除率。

（2）减少切削行程长度。

减少切削行程长度也可以缩减基本时间。例如，用几把车刀同时加工同一表面，用宽砂轮做切入磨削，均可显著提高劳动生产率。切入法加工时，要求工艺系统具有足够的刚性和抗振性，同时要求增大主电动机功率。

（3）合并工步。

用几把刀具或一把复合刀具对同一工件的几个不同表面或同一表面同时进行加工，把原理单独的几个工步集中为一个复合工步。各工步的基本时间就可以全部或部分相重合，从而减少了工序的基本时间。

（4）采用多件加工。

分为顺序多件加工、平行多件加工和平行顺序多件加工。其中顺序多件加工时，工件顺着行程方向一个接一个装夹，如图 5 - 30（a）所示。这种方法减少了刀具切入和切出时间，间接减少了分摊到每个工件上的辅助时间。平行多件加工指在一次行程中同时加工多个平行排列的工件，如图 5 - 30（b）所示。平行顺序多件加工为上述两种方法的综合，如图 5 - 30（c）所示。这种方法适用于工件较小、批量较大的情况。

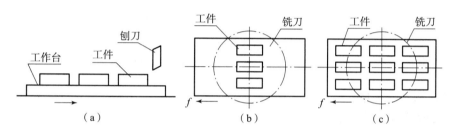

图 5 - 30 顺序多件、平行多件和平行顺序多件加工
（a）顺序多件加工；（b）平行多件加工；（c）平行顺序多件加工

（5）改变加工方法，采用新工艺、新技术。

2. 缩短辅助时间

当辅助时间占单件时间的 55% ~ 70% 时，仅通过提高切削用量来提高生产率不会取得显著效果，此时应考虑缩减辅助时间以提高效率。

（1）采用先进夹具。

如采用气动、液动夹具，不仅可以保证加工质量，还大大减少了装卸和找正工件的时间，从而提高了效率。

（2）采用转位夹具或转位工作台。

这样可以使得在加工时间内装卸另一个或另一组工件，从而使装卸工件的辅助时间与基本时间重合，如图 5 - 31（a）所示。

（3）采用连续加工。

例如，在立式或卧式连续回转工作台铣床上加工，由于工件连续送进，使机床的空程时间明显缩短，装卸工件又不需停机，因此能显著提高生产率，如图 5 - 31（b）所示。

（4）采用各种快速换刀、自动换刀装置。

如数控机床、加工中心上的自动换刀装置，以及采用不需重磨的硬质合金刀片等刀具，都能减少辅助时间。

（5）采用主动检验或数字显示的自动测量装置。

这样可以使得零件在加工过程中不需要停机即可完成自动测量，并能用测量结果控制机床的自动补充调整。

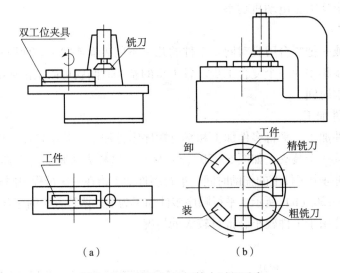

图 5－31　辅助时间与基本时间重合

（a）采用转位夹具或转位工作台；（b）采用连续加工

3. 缩短准备终结时间 $t_{准终}$

可以考虑采取以下措施：

（1）采用组合夹具，使夹具和刀具调整通用化；

（2）采用可换刀架，如六角转塔车床；

（3）采用刀具的微调和快调；

（4）减少夹具在机床上的安装找正时间，比如夹具体上的定向键靠向机床工作台 T 形槽；

（5）采用准备终结时间少的先进加工设备。

4. 多台机床看管

多台机床看管是一种先进的劳动组织措施，由一个工人同时看管几台机床，这使得工人劳动生产率可相应提高几倍。如图 5－32 所示，如果一个工人看管三台机床，则当工人做完第一台机床上的手动操作后，即转到第二台机床，然后转到第三台机床。完成一个循环后，又回到第一台机床。

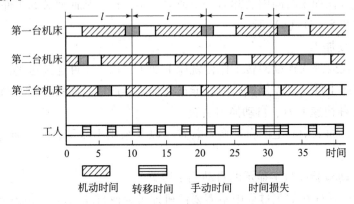

图 5－32　一人看管多台机床

5. 自动化加工

比如自动化机床、数控机床和加工中心等高效、自动设备进行加工，能显著提高加工效率。

第六节 机械加工工艺规程制订及举例

一、制订机械加工工艺规程的基本要求

制订机械加工工艺规程的基本要求，是在保证产品质量前提下，能尽量提高劳动生产率和降低成本。同时，还应在充分利用本企业现有生产条件的基础上，尽可能采用国内、外先进工艺技术和经验，并保证良好的劳动条件。

由于工艺规程是直接指导生产和操作的重要技术文件，所以工艺规程还应正确、完整、统一和清晰。所用术语、符号、计量单位、编号都要符合相应标准。

二、机械加工工艺规程的制订原则

制订机械加工工艺规程应遵循如下原则：

（1）必须可靠地保证零件图上技术要求的实现。在制订机械加工工艺过程时，如果发现零件图某一技术要求规定得不得当，只能向有关部门提出建议，不得擅自修改零件图或不按零件图去做。

（2）在规定的生产纲领和生产批量下，一般要求工艺成本最低。

（3）充分利用现有生产条件，少花钱、多办事。

（4）尽量减轻工人的劳动强度，保障生产安全、创造良好、文明的劳动条件。

三、制订机械加工工艺规程的内容和步骤

1. 对零件进行工艺分析

在对零件的加工工艺规程进行制订之前，应首先对零件进行工艺分析。其主要内容包括：

（1）分析零件的作用及零件图上的基本要求。

（2）分析零件主要加工表面的尺寸、形状、位置精度、表面粗糙度以及设计基准等；

（3）分析零件的材质、热处理及机械加工的工艺性。

2. 确定毛坯

毛坯的种类和质量对零件加工质量、生产率、材料消耗以及加工成本都有密切关系。毛坯的选择应以生产批量的大小、零件的复杂程度、加工表面及非加工表面的技术要求等几方面综合考虑。正确选择毛坯的制造方式，可以使整个工艺过程更加经济合理，故应慎重对待。在通常情况下，主要以生产类型来决定。

3. 制订零件的机械加工工艺路线

（1）制订工艺路线。在对零件进行分析的基础上，制订零件的工艺路线和划分粗、精加工阶段。对于比较复杂的零件，可以先考虑几个方案，分析比较后，再从中选择比较合理的加工方案。

（2）选择定位基准，进行必要的工序尺寸计算。根据粗、精基准选择原则合理选择各工序的定位基准。当某工序的定位基准与设计基准不相符时，需对它的工序尺寸进行计算。

（3）确定工序集中与分散的程度，合理安排各表面的加工顺序。

（4）确定各工序的加工余量和工序尺寸及公差。

（5）选择机床及工、夹、量、刃具。机械设备的选用应当既保证加工质量、又要经济合理。在成批生产条件下一般采用通用机床和专用工夹具。

（6）确定各主要工序的技术要求及校验方法。

（7）确定各工序的切削用量和时间定额。

（8）单件小批量生产厂，切削用量多由操作者自行决定，机械加工工艺过程卡片中一般不做明确规定。在中批，特别是在大批量生产厂，为了保证生产的合理性和节奏的均衡，则要求必须规定切削用量，并不得随意改动。

（9）填写工艺文件。

四、制订机械加工工艺规程举例

例1 生产某套筒如图 5-33 所示，材料为 45 钢，是某产品上的一个零件。该产品年生产纲领 4 000 台，产品零件备品率 4%，机加工废品率 1%，编制其机械加工工艺规程（其余粗糙度 $Ra12.5$）。

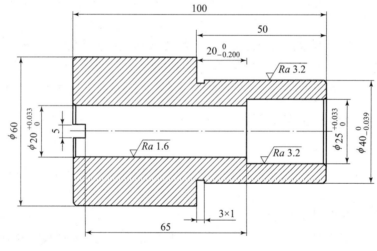

图 5-33 套筒零件图

1. 零件分析

该零件为轴套类零件，结构简单明了，结构工艺性好，方便加工。

2. 确定生产类型

（1）零件年生产纲领：根据已知数据可求得该零件的年生产纲领

$$N = Qm(1 + a\% + b\%)$$
$$= 4\ 000 \times 1 \times (1 + 4\% + 1\%)$$
$$= 4\ 200\ (件/年)$$

（2）确定生产类型。

根据零件生产纲领和零件尺寸，可知该套筒零件生产类型为中批生产。

3. 确定毛坯

根据该零件的材料、生产类型、结构形状、尺寸大小、技术要求等因素，其毛坯选用棒料。

4. 确定各加工表面的加工、定位及夹紧方案

该零件各表面加工、定位、夹紧方案见表 5 – 8。

表 5 – 8　表面加工、定位、夹紧方案

加工表面	加工方案	定位方案	夹紧方案
小端面	车	毛坯外圆	三爪卡盘夹紧毛坯外圆
大端面	车	$\phi40_{-0.039}^{\ 0}$ mm 外圆	三爪卡盘夹紧 $\phi40_{-0.039}^{\ 0}$ mm 外圆
$\phi60$ mm 外圆	车	$\phi40_{-0.039}^{\ 0}$ mm 外圆	三爪卡盘夹紧 $\phi40_{-0.039}^{\ 0}$ mm 外圆
$\phi40_{-0.039}^{\ 0}$ mm 外圆	粗车—精车	毛坯外圆	三爪卡盘夹紧毛坯外圆
$\phi25_{0}^{+0.033}$ mm 孔	钻—车	毛坯外圆	三爪卡盘夹紧毛坯外圆
$\phi20_{0}^{+0.033}$ mm 孔	钻—扩—铰	$\phi40_{-0.039}^{\ 0}$ mm 外圆	三爪卡盘夹紧 $\phi40_{-0.039}^{\ 0}$ mm 外圆
宽 5 通槽	铣	$\phi40_{-0.039}^{\ 0}$ mm 外圆及其台阶面	专用夹具压紧大端面

5. 安排工艺过程

由于结构简单，加工要求不高，又是中批生产类型，零件加工过程不必划分加工阶段。结合各表面加工、定位和夹紧方案的分析、确定，除宽度为 5 mm 的通槽外，其余表面均可在同一台车床上完成加工。这样，该零件工艺过程简单，工序少。

6. 工序设计

1）绘制工序图

只需绘制车、铣两个工序图，如图 5 – 34、图 5 – 35 所示。

2）确定工序尺寸

（1）判断是否需要工艺尺寸链来确定工序尺寸；

（2）径向工序尺寸的确定；

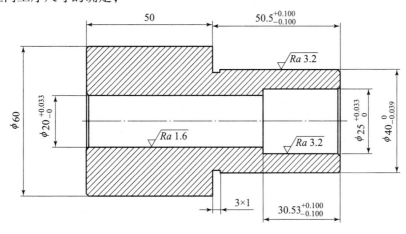

图 5 – 34　车削工序

（3）轴向工序尺寸的确定。

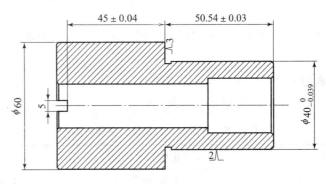

图 5 – 35　铣削工序简图

① 建立工艺尺寸链：

a. 找出工艺尺寸。

b. 确定封闭环。

c. 查找组成环，建立工艺尺寸链。

② 工艺尺寸链的计算。

3）机床、工艺装备的选择

（1）车工序：工件尺寸比较小，加工要求不高，选择常用的 CA6140 机床即可。外圆的加工余量比较多，应选用硬质合金车刀。

（2）铣工序：三面刃圆盘铣刀铣该工件通槽比较方便，铣床应是卧式的（选用 X62W）。在批量生产的情况下，为保证精度的稳定性，需用专用夹具安装工件。

例 2　CA6140 车床主轴加工工艺分析，如图 5 – 36 和图 5 – 37 所示。

7. CA6140 主轴技术条件的分析

1）支撑轴颈的技术要求

主轴两支撑轴颈 A、B 的圆度允差 0.005 mm，径向跳动允差 0.005 mm，两支撑轴颈的 1∶12 锥面接触率 >70%，表面粗糙度 $Ra0.4\ \mu m$。支撑轴颈直径按 IT5 ~ IT7 级精度制造。

主轴外圆的圆度要求，对于一般精度的机床，其允差通常不超过尺寸公差的 50%，对于提高精度的机床，则不超过 25%，对于高精度的机床，则应在 5% ~ 10%。

2）锥孔的技术要求

主轴锥孔（莫氏 6 号）对支撑轴颈 A、B 的跳动，近轴端允差 0.005 mm，离轴端 300 mm 处允差 0.01 mm，锥面的接触率 >70%，表面粗糙度 $Ra0.4\ \mu m$，硬度要求 48HRC。

3）短锥的技术要求

短锥对主轴支撑轴颈 A、B 的径向跳动允差 0.008 mm，端面 D 对轴颈 A、B 的端面跳动允差 0.008 mm，锥面及端面的粗糙度均为 $Ra0.8\ \mu m$。

4）空套齿轮轴颈的技术要求

空套齿轮的轴颈对支撑轴颈 A、B 的径向跳动允差为 0.015 mm。

5）螺纹的技术要求

这是用于限制与之配合的压紧螺母的端面跳动量所必须的要求。因此在加工主轴螺纹时，必须控制螺纹表面轴心线与支撑轴颈轴心线的同轴度，一般规定不超过 0.025 mm。

从上述分析可以看出，主轴的主要加工表面是两个支撑轴颈、锥孔、前端短锥面及其端面以及装齿轮的各个轴颈等。而保证支撑轴颈本身的尺寸精度、几何形状精度、两个支撑轴颈之间的同轴度、支撑轴颈与其他表面的相互位置精度和表面粗糙度，则是主轴加工的关键。

图 5 – 36　CA6140 主轴外形图

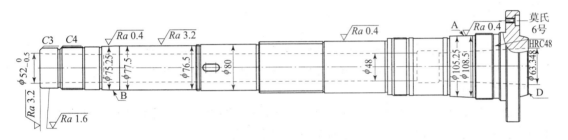

图 5 – 37　CA6140 主轴部分尺寸图

主轴箱如图 5 – 38 所示。

图 5 – 38　主轴箱

8. 主轴加工工艺过程分析

1）主轴毛坯的制造方法及热处理

批量：大批；材料：45 钢；毛坯：模锻件。

（1）材料。

在单件小批量生产中，轴类零件的毛坯往往使用热轧棒料。

对于直径差较大的阶梯轴，为了节约材料和减少机械加工的劳动量，则往往采用锻件。单件小批量生产的阶梯轴一般采用自由锻，在大批大量生产时则采用模锻。

（2）热处理。

45钢，在调质处理（235HBS）之后，再经局部高频淬火，可以使局部硬度达到 62 ~ 65HRC，再经过适当的回火处理，可以降到需要的硬度（例如 CA6140 主轴规定为 52HRC）。

凡要求局部高频淬火的主轴，要在前道工序中安排调质处理（有的钢材则用正火），当毛坯余量较大时（如锻件），调质放在粗车之后、半精车之前，以便因粗车产生的内应力得以在调质时消除；当毛坯余量较小时（如棒料），调质可放在粗车（相当于锻件的半精车）之前进行。高频淬火处理一般放在半精车之后，由于主轴只需要局部淬硬，故精度有一定要求而不需淬硬部分的加工，如车螺纹、铣键槽等工序，均安排在局部淬火和粗磨之后。对于精度较高的主轴在局部淬火及粗磨之后还需低温时效处理，从而使主轴的金相组织和应力状态保持稳定。

2）定位基准的选择

对实心的轴类零件，精基准面就是顶尖孔，满足基准重合和基准统一，而对于像 CA6140A 的空心主轴，除顶尖孔外还有轴颈外圆表面并且两者交替使用，互为基准。

3）加工阶段的划分

主轴加工过程中的各加工工序和热处理工序均会不同程度地产生加工误差和应力，因此要划分加工阶段。主轴加工基本上划分为下列三个阶段：

（1）粗加工阶段。

①毛坯处理。毛坯备料、锻造和正火。

②粗加工。锯去多余部分，铣端面、钻中心孔和荒车外圆等。

（2）半精加工阶段。

①半精加工前热处理。对于45钢一般采用调质处理以达到 220 ~ 240HBS。

②半精加工。车工艺锥面（定位锥孔）、半精车外圆端面和钻深孔等。

（3）精加工阶段。

①精加工前热处理。局部高频淬火。

②精加工前各种加工。粗磨定位锥面、粗磨外圆、铣键槽和花键槽，以及车螺纹等。

③精加工。精磨外圆和内外锥面以保证主轴最重要表面的精度。

4）加工顺序的安排和工序的确定

具有空心和内锥特点的轴类零件，在考虑支撑轴颈、一般轴颈和内锥等主要表面的加工顺序时，可有以下几种方案。

（1）外表面粗加工→钻深孔→外表面精加工→锥孔粗加工→锥孔精加工；

（2）外表面粗加工→钻深孔→锥孔粗加工→锥孔精加工→外表面精加工；

（3）外表面粗加工→钻深孔→锥孔粗加工→外表面精加工→锥孔精加工。

针对 CA6140 车床主轴的加工顺序来说，可做这样的分析比较：

第一方案：在锥孔粗加工时，由于要用已精加工过的外圆表面作精基准面，会破坏外圆表面的精度和粗糙度，所以此方案不宜采用。

第二方案：在精加工外圆表面时，还要再插上锥堵，这样会破坏锥孔精度。另外，在加工锥孔时不可避免地会有加工误差（锥孔的磨削条件比外圆磨削条件差）加上锥堵本身的误差等就会造成外圆表面和内锥面的不同轴，故此方案也不宜采用。

第三方案：在锥孔精加工时，虽然也要用已精加工过的外圆表面作为精基准面；但由于锥面精加工的加工余量已很小，磨削力不大；同时锥孔的精加工已处于轴加工的最终阶段，对外圆表面的精度影响不大；加上这一方案的加工顺序，可以采用外圆表面和锥孔互为基准，交替使用，能逐步提高同轴度。

经过上述比较可知，像 CA6140 主轴这类的轴件加工顺序，以第三方案为佳。

通过方案的分析比较也可看出，轴类零件各表面先后加工顺序，在很大程度上与定位基准的转换有关。当零件加工用的粗、精基准选定后，加工顺序就大致可以确定了。因为各阶段开始总是先加工定位基准面，即先行工序必须为后面的工序准备好所用的定位基准。例如 CA6140 主轴工艺过程，一开始就铣端面打中心孔。这是为粗车和半精车外圆准备定位基准；半精车外圆又为深孔加工准备了定位基准；半精车外圆也为前后的锥孔加工准备了定位基准。反过来，前后锥孔装上锥堵后的顶尖孔，又为此后的半精加工和精加工外圆准备了定位基准；而最后磨锥孔的定位基准则又是上工序磨好的轴颈表面。

工序的确定要按加工顺序进行，应当掌握两个原则：

①工序中的定位基准面要安排在该工序之前加工。例如，深孔加工所以安排在外圆表面粗车之后，是为了要有较精确的轴颈作为定位基准面，以保证深孔加工时壁厚均匀。

②对各表面的加工要粗、精分开，先粗后精，多次加工，以逐步提高其精度和粗糙度。主要表面的精加工应安排在最后。

为了改善金属组织和加工性能而安排的热处理工序，如退火、正火等，一般应安排在机械加工之前。为了提高零件的机械性能和消除内应力而安排的热处理工序，如调质、时效处理等，一般应安排在粗加工之后与精加工之前。

5）大批生产和小批生产工艺过程的比较

（1）定位基准的选择。

不同生产类型下主轴加工定位基准的选择见表 5-9。

表 5-9　不同生产类型下主轴加工定位基准的选择

工序名称	定位基准面	
	大批生产	小批生产
加工顶尖孔	毛坯外圆	划线
粗车外圆	顶尖孔	顶尖孔
钻深孔	粗车后的支撑轴颈	夹一端，托另一端
半精车和精车	两端锥堵的顶尖孔	夹一端，顶另一端
粗、精磨外锥	两端锥堵的顶尖孔	两端锥堵的顶尖孔
粗、精磨外圆	两端锥堵的顶尖孔	两端锥堵的顶尖孔
粗、精磨锥孔	两支撑轴颈外表面或靠近两支撑轴颈的外圆表面	夹小端，托大端

（2）轴端两顶尖孔的加工。

在单件小批生产时，多在车床或钻床上通过划线找正加工。

在成批生产时，可在中心孔钻床上加工。专用机床可在同一工序中铣出两端面并打好顶尖孔。

（3）外圆表面的加工。

在单件小批生产时，多在普通车床上进行；而在大批生产时，则广泛采用高生产率的多刀半自动车床或液压仿形车床等设备。

（4）深孔加工。

在单件小批生产时，通常在车床上用麻花钻头进行加工。在大批量生产中，可采用锻造的无缝钢管作为毛坯，从根本上免去了深孔加工工序；若是实心毛坯，可用深孔钻头在深孔钻床上进行加工；如果孔径较大，还可采用套料的先进工艺。

（5）花键轴加工。

在单件小批生产时，常在卧式铣床上用分度头分度以圆盘铣刀铣削；而在成批生产（甚至小批生产）都广泛采用花键滚刀在专用花键轴铣床上加工。

（6）前后支撑轴颈以及与其有较严格的位置精度要求的表面精加工，在单件小批生产时，多在普通外圆磨床上加工；而在成批大量生产中多采用高效的组合磨床加工。

9. 主轴加工中的几个工艺问题

1）锥堵和锥堵芯轴的使用

对于空心的轴类零件，若通孔直径较小的轴，可直接在孔口倒出宽度不大于 2 mm 的 60°锥面，代替中心孔。而当通孔直径较大时，则不宜用倒角锥面代之，一般都采用锥堵或锥堵芯轴的顶尖孔作为定位基准。

使用锥堵或锥堵芯轴时应注意事项：

（1）一般不中途更换或拆装，以免增加安装误差。

（2）锥堵芯轴要求两个锥面应同轴，否则拧紧螺母后会使工件变形。

2）顶尖孔的研磨

因热处理、切削力、重力等的影响，常常会损坏顶尖孔的精度，因此在热处理工序之后和磨削加工之前，对顶尖孔要进行研磨，以消除误差。常用的研磨方法有以下几种：

（1）用铸铁顶尖研磨。

（2）用油石或橡胶轮研磨。

（3）用硬质合金顶尖刮研。

（4）用中心孔磨床磨削。

3）深孔加工

一般孔的深度与孔径之比 $l/d > 5$ 就算深孔。CA6140 主轴内孔 $l/d = 18$，属深孔加工。

（1）加工方式。

加工深孔时，工件和刀具的相对运动方式有三种：

①工件不动，刀具转动并送进。这时如果刀具的回转中心线对工件的中心线有偏移或倾斜，加工出的孔轴心线必然是偏移或倾斜的。因此，除笨重或外形复杂而不便于转动的大型工件外，一般不采用。

②工件转动，刀具做轴向送进运动。这种方式钻出的孔轴心线与工件的回转中心线能达

到一致。如果钻头偏斜，则钻出的孔有锥度；如果钻头中心线与工件回转中心线在空间斜交，则钻出的孔的轴向截面是双曲线，但不论如何，孔的轴心线与工件的回转中心线仍是一致的，故轴的深孔加工采用这种方式。

③工件转动，同时刀具转动并送进。由于工件与刀具的回转方向相反，所以相对切削速度大，生产率高，加工出来的孔的精度也较高。但对机床和刀杆的刚度要求较高，机床的结构也较复杂，因此应用不很广泛。

（2）深孔加工的冷却与排屑。

在单件、小批生产中，加工深孔时，常用接长的麻花钻头，以普通的冷却润滑方式，在改装过的普通车床上进行加工。为了排屑，每加工一定长度之后，须把钻头退出。这种加工方法，不需要特殊的设备和工具。由于钻头有横刃，轴向力较大，两边切削刃又不容易磨得对称，因此加工时钻头容易偏斜。此法的生产率很低。

在批量生产中，深孔加工常采用专门的深孔钻床和专用刀具，以保证质量和生产率。这些刀具的冷却和切屑的排出，很大程度上取决于刀具结构特点和冷却液的输入方法。目前应用的冷却与排屑的方法有两种：

①内冷却外排屑法。

加工时冷却液从钻头的内部输入，从钻头外部排出。高压冷却液直接喷射到切削区，对钻头起冷却润滑作用，并且带着切屑从刀杆和孔壁之间的空间排出。

②外冷却内排屑法。

冷却液从钻头外部输入，有一定压力的冷却液经刀杆与孔壁之间的通道进入切削区，起冷却润滑作用，然后经钻头和刀杆内孔带着大量切屑排出。

复习思考题

1. 什么是尺寸链？它有何特点？

2. 如何确定一个尺寸链的封闭环？如何确定增环和减环？

3. 解尺寸链的方法有几种？分别用在什么场合？

4. 为什么封闭环公差比任何一个组成环公差大？考虑问题的出发点是什么？

5. 有一套筒，按 $\phi65h11$ 加工外圆，按 $\phi50H11$ 加工内孔，求壁厚的基本尺寸与极限偏差。

6. 什么是机械加工工艺规程？工艺规程在生产中有什么作用？

7. 制订加工工艺规程时，为什么要划分加工阶段？

8. 什么是工序、安装、工位和工步？

9. 何谓粗基准和精基准？粗、精基准的选择原则各是什么？

10. 何谓零件的结构工艺性？

11. 成批生产如题图 5-1 所示零件的阶梯轴，试按表 5-10 中的加工顺序将其工序、安装、工位、工步用数码区分开。

表 5 – 10　阶梯轴加工工序

顺序	加工内容	工序	安装	工位	工步
1	切一端面	I	2 次	2 个	4 个
2	打中心孔				
3	切另一端面				
4	打另一中心孔				
5	车大外圆	II			
6	大外圆倒角				
7	车小外圆				
8	小外圆倒角				
9	铣键槽	III			
10	去毛刺	IV			

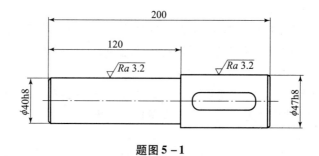

题图 5 – 1

12. 如题图 5 – 2 所示零件，若按调整法加工时，试在图中指出：（1）加工平面 2 时的设计基准、定位基准、工序基准和测量基准；（2）镗孔 4 时的设计基准、定位基准、工序基准和测量基准。

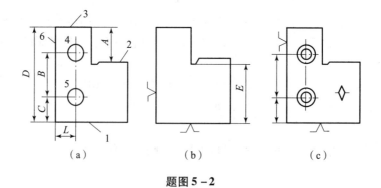

题图 5 – 2

13. 试选择题图 5 – 3 所示端盖零件加工时的粗基准。

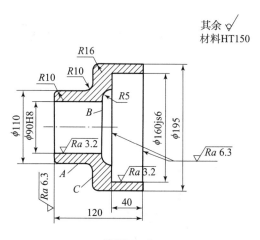

题图 5-3

14. 题图 5-4 所示零件为一拨杆，试选择加工 $\phi10H7$ 孔的定位基面。已知条件：其余各被加工表面均已加工好，毛坯为铸件。

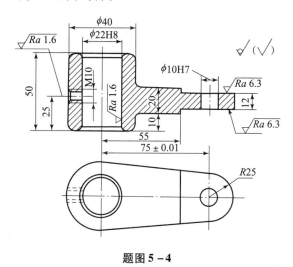

题图 5-4

15. 加工题图 5-5 所示零件，A 为设计基准，B 为测量基准，按极值法计算 A_2 及其偏差。

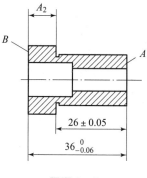

题图 5-5

16. 题图 5-6 所示工件，如先以 A 面定位加工 C 面，得尺寸 A_1；然后再以 A 面定位用调整法加工台阶面 B，得尺寸 A_2，要求保证 B 面与 C 面间尺寸 A_0，试求工序尺寸 A_2。

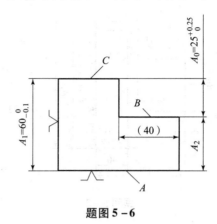

题图 5-6

17. 题图 5-7 所示零件除 $\phi25H7$ 孔外，其他各表面均已加工。试确定当以 A 面定位加工孔时 $\phi25H7$ 的工序尺寸。

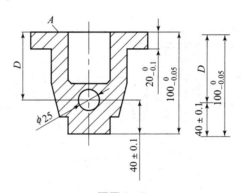

题图 5-7

18. 题图 5-8 所示为一零件简图。三个圆弧槽的设计基准为母线 A，当圆弧槽加工后，A 点就不存在。为了测量方便，必须选择母线 B 或内孔母线 C 作为测量基准。试确定在工序图上应标注的工序尺寸，并确定其测量尺寸。

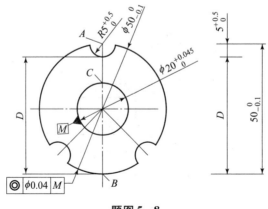

题图 5-8

第六章　机械加工精度

第一节　概　　述

一、加工精度

对任何一台机器或仪器，为了保证它们的使用性能，必然要对其组成零件提出许多方面的质量要求。加工精度就是质量要求的一个方面，此外还有强度、刚度、表面硬度、表面粗糙度等方面的质量要求。

任何一个零件，其加工表面本身或各加工表面之间的尺寸、加工表面形状和它们之间的相互位置都是通过不同的机械加工方法获得的。实际加工所获得的零件在尺寸、形状或位置方面都不能绝对准确和一致，它们与理想零件相比总有一些差异，为此，在零件图上对其尺寸、形状和有关表面间的位置都必须以一定形式标注出能满足该零件使用性能的允许误差或偏差，这就是公差。习惯上是以公差值的大小或公差等级表示对零件的机械加工精度要求。对一个零件来说，公差值或公差等级越小，表示对它的机械加工精度要求越高。在机械加工中，所获得的每个零件的实际尺寸、形状和有关表面之间的位置，都必须在零件图上所规定的有关的公差范围之内。可靠地保证零件图纸所要求的精度是机械加工最基本的任务之一。

加工精度是指零件加工后的实际几何参数（尺寸、形状和位置）对理想几何参数的符合程度。加工精度包括尺寸精度、形状精度和位置精度三个方面。

（1）尺寸精度：指加工后零件表面本身或表面之间的实际尺寸与理想尺寸之间的符合程度。这里所提出的理想尺寸是指零件图上所标注的有关尺寸的平均值。

（2）形状精度：指加工后零件各表面的实际形状与理想形状之间的符合程度。这里所提出的表面理想形状是指绝对准确的表面形状，如平面、圆柱面、球面、螺旋面等。

（3）位置精度：指加工后零件表面之间的实际位置与表面之间理想位置的符合程度。这里所提出的表面之间理想位置是指绝对准确的表面之间位置，如两平面平行、两平面垂直、两圆柱面同轴等。

对任何一个零件来说，其实际加工后的尺寸、形状和位置误差若在零件图所规定的误差范围内，则在机械加工精度这个质量要求方面能够满足要求，即是合格产品。若其中任何一项超出公差范围，则是不合格产品。

二、加工误差

1. 加工误差和原始误差

加工误差是指零件加工后的实际几何参数对理想几何参数的偏离程度。无论是用试切法加工一个零件，还是用调整法加工一批零件，加工后则会发现可能有很多零件在尺寸、形状和位置方面与理想零件有所不同，它们之间的差别分别称为尺寸、形状或位置误差。

零件加工后产生的加工误差，主要是由机床、夹具、刀具、量具和工件所组成的工艺系统，在完成零件加工的任何一道工序的加工过程中有很多误差因素在起作用，这些造成零件加工误差的因素称为原始误差。

在零件加工中，造成加工误差的主要原始误差大致可划分为如下两个方面。

1）工艺系统的原有误差

在零件未进行正式切削加工以前，加工方法本身存在加工原理误差或由机床、夹具、刀具、量具和工件所组成的工艺系统本身就存在着某些误差因素，它们将在不同程度上以不同形式反映到被加工的零件上去，造成加工误差。工艺系统的原始误差主要有加工原理误差、机床误差、夹具和刀具误差、工件误差、测量误差，以及定位和安装调整误差等。

2）加工过程中的其他因素

在零件的加工过程中在力、热和磨损等因素的影响下，将破坏工艺系统的原有精度，使工艺系统有关组成部分产生新的附加的原始误差，从而进一步造成加工误差。加工过程中其他造成原始误差的因素，主要有工艺系统的受力变形、工艺系统热变形、工艺系统磨损和工艺系统残余应力等。

2. 加工误差的性质

在零件加工过程中，虽然有很多原始误差在不同程度上以不同形式反映到被加工零件上造成各种加工误差，但从它们的性质上分，不外乎有系统误差和随机误差两大类。

1）系统误差

在相同工艺条件下，加工一批零件时产生的大小和方向不变或按加工顺序做有规律性变化的误差，就是系统误差。前者称为常值系统误差，后者称为变值系统误差。

机床、夹具、刀具、量具本身的制造误差，机床、夹具、刀具、量具的磨损，加工过程中刀具的调整以及他们在恒定力作用下的变形等造成的加工误差，一般都是常值系统误差。机床、夹具、刀具、量具等在热平衡前的热变形，加工过程中刀具的磨损等都是随时间的顺延而做规律性变化的，故它们所造成的加工误差，一般可认为是变值系统误差。如图 6-1 所示，对刀误差、夹紧误差、定位误差、导轨误差等属于常值系统性误差；而机床热变形属于变值系统性误差。

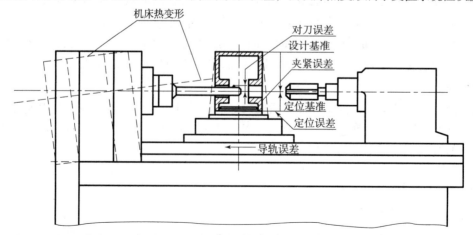

图 6-1 活塞销孔精镗工序示意图

2）随机误差

在相同的工艺条件下，加工一批零件时产生的大小和方向不同且无变化规律的加工误差即为随机误差。

零件加工前的毛坯或工件的本身误差（如加工余量不均或材质软硬不等）、工件的定位误差，机床热平衡后的温度波动以及工件残余应力变形等所引起的加工误差均属于随机误差。

三、误差敏感方向

切削加工过程中，由于各种原始误差的影响，会使刀具和工件间的正确几何关系遭到破坏，引起加工误差。通常，各种原始误差的大小和方向是各不相同的，而加工误差则必须在工序尺寸方向度量。因此，不同的原始误差对加工精度有不同的影响。当原始误差的方向与工序尺寸方向一致时，其对加工精度的影响就最大。下面以外圆车削为例来进行说明。

如图6-2所示，车削时工件的回转轴心是 O，刀尖正确位置在 A，设某一瞬间由于各种原始误差的影响，使刀尖位移到 A'。$\overline{AA'}$ 即为原始误差 δ，它与 $\overline{OA}$ 间夹角为 ϕ，由此引起工件加工后的半径由 $\overline{OA}$ 变为 $\overline{OA'}$，故半径上（即工序尺寸方向上）的加工误差 ΔR 为

$$\Delta R = \overline{OA'} - \overline{OA} = \sqrt{R^2 + \delta^2 + 2R\delta\cos\phi} - R \approx \delta\cos\phi + \frac{\delta^2}{2R}$$

可以看出，当原始误差的方向恰为加工表面法线方向时（$\phi = 0$），引起的加工误差 $\Delta R = \delta$ 为最大；当原始误差的方向恰为加工表面的切线方向时，引起的加工误差为最小，通常可以忽略。为了便于分析原始误差对加工精度的影响，我们把对加工精度影响最大的那个方向（即通过刀刃的加工表面的法向）成为误差敏感方向。

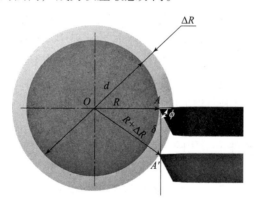

图6-2 误差敏感方向

四、加工精度研究的发展趋势

研究加工精度的根本目的就在于通过减少和控制各种原始误差来不断提高机器零件的加工精度，以适应机器性能和使用寿命方面不断提高的要求。在机器制造业中，对加工精度的要求越来越高，从加工精度不断提高的过程就可以明显地看到这一点。据统计，从19世纪初开始，加工的极限精度几乎每隔50年提高一个数量级，即由1800年的1 mm提高到1850

年的 0.1 mm，1900 年的 0.01 mm 和 1950 年的 0.001 mm。而从 20 世纪 50 年代开始，机械加工精度提高的步伐更加迅速，到 1970 年，其最高精度已达到 0.000 1 mm，超精密加工的极限精度为 0.000 005 mm，目前可达 10^{-6} mm，即 1 nm。此外，我国的齿轮和丝杠的精度标准已由原来的旧标准五级改为包括尚未定具体数值待发展级在内的新标准十级，我国公差标准也由原来的旧标准十二级改为新标准的二十级。这些都充分说明了对加工精度要求不断提高的总趋势。

为了适应机械加工精度不断提高的趋势和解决机械加工中出现的新问题，精度研究的主要内容如下：

（1）机械加工精度的获得方法；

（2）工艺系统原有误差时机械加工精度的影响及其控制；

（3）加工过程中其他因素对机械加工精度的影响及其控制；

（4）加工总误差的分析与估算；

（5）保证和提高机械加工精度的主要途径。

第二节　加工精度的获得方法

在机械加工中，根据生产批量和生产条件的不同，可采用如下一些获得加工精度的方法。

一、尺寸精度的获得方法

在机械加工中，获得尺寸精度的方法主要有下述四种。

1. 试切法

试切法是获得零件尺寸精度最早采用的加工方法，同时也是目前常用的能获得高精度尺寸的主要方法之一。所谓试切法，即是在零件加工过程中不断对已加工表面的尺寸进行测量，并相应调整刀具相对工件加工表面的位置进行试切，直到达到尺寸精度要求的加工方法。零件上轴颈尺寸的试切车削加工、轴颈尺寸的在线测量磨削、箱体零件孔系的试镗加工及精密量块的手工精研等，均属试切法加工。

2. 调整法

调整法是在成批生产条件下采用的一种加工方法。所谓调整法，即是按试切好的工件尺寸、标准件或对刀块等调整刀具相对工件定位基准的准确位置，并在保持此准确位置不变的条件下，对一批工件进行加工的方法。如在多刀车床或六角自动车床上加工轴类零件、在铣床上铣槽，在无心磨床上磨削外圆及在摇臂钻床上用钻床夹具加工孔系等，均属调整法加工。

3. 尺寸刀具法

尺寸刀具法是在加工过程中采用具有一定尺寸的刀具或组合刀具，以保证被加工零件尺寸精度的一种方法。如用方形拉刀拉方孔，用钻头、扩孔钻、铰刀或镗刀加工内孔及用组合铣刀铣工件两侧面和槽面等，均属尺寸刀具法加工。

4. 自动控制法

自动控制法是指在加工过程中，通过由尺寸测量装置、动力进给装置和控制机构等组成的自动控制系统，使加工过程中的尺寸测量、刀具的补偿调整和切削加工等一系列工作自动完成，从而自动获得所要求尺寸精度的一种加工方法。如在无心磨床上磨削轴承圈外圆时，通过测量装置控制导轮架进行微量补偿进给，从而保证工件的尺寸精度，以及在数控机床上，通过数控装置、测量装置及伺服驱动机构，控制刀具在加工时应具有的准确位置，从而保证零件的尺寸精度等，均属自动控制法加工。

二、形状精度的获得方法

在机械加工中，获得形状精度的方法主要有下述两种。

1. 成形运动法

成形运动法是指以刀具的刀尖作为一个点相对工件做有规律的成形运动，从而使加工表面获得所要求形状的加工方法。此时，刀具相对工件运动的切削成形面即是工件的加工表面。

机器上的零件虽然种类很多，但它们的表面不外乎由几种简单的几何形面所组成。例如，常见的零件表面有圆柱面、圆锥面、平面、球面、螺旋面和渐开线面等，这些几何形面均可通过成形运动法加工出来。

在生产中，为了提高效率，往往不是使用刀具刃口上的一个点，而是采用刀具的整个切削刃口（即线工具）加工工件。如采用拉刀、成形车刀及宽砂轮等对工件进行加工，这时由于制造刀具刃口的成形运动已在刀具的制造和刃磨过程中完成，故可明显简化零件加工过程中的成形运动。采用宽砂轮横进给磨削、成形车刀车削及螺纹表面的车削加工等，都是这方面的实例。

在采用成形刀具的条件下，通过它相对工件所做的展开啮合运动，还可以加工出形状更为复杂的几何形面。如各种花键表面和齿形表面的加工，就常常采用这种方法。此时，刀具相对工件做展成啮合的成形运动，其加工后的几何形面即是刀刃在成形运动中的包络面。

2. 非成形运动法

非成形运动法是指零件表面形状精度的获得不是靠刀具相对工件的准确成形运动，而是靠在加工过程中对加工表面形状的不断检验和工人对其进行精细修整加工的方法。

这种非成形运动法，虽然是获得零件表面形状精度最原始的加工方法，但直到目前为止某些复杂的形状表面和形状精度要求很高的表面仍然采用。如具有较复杂空间型面锻模的精加工、高精度测量平台和平尺的精密刮研加工及精密丝杠手工研磨加工等。

三、位置精度的获得方法

在机械加工中，获得位置精度的方法主要有下述两种。

1. 一次装夹获得法

一次装夹获得法指零件有关表面间的位置精度是直接在工件的同一次装夹中，由各有关刀具相对工件的成形运动之间的位置关系保证的。如轴类零件外圆与端面、端台的垂直度，箱体孔系加工中各孔之间的同轴度、平行度和垂直度等，均可采用一次装夹获得法。

2. 多次装夹获得法

多次装夹获得法指零件有关表面间的位置精度是由刀具相对工件的成形运动与工件定位基准面（亦是工件在前几次装夹时的加工面）之间的位置关系保证的。如轴类零件上键槽对外圆表面的对称度、箱体平面与平面之间的平行度、垂直度，箱体孔与平面之间的平行度和垂直度等，均可采用多次装夹获得法。在多次装夹获得法中，又可根据工件的不同装夹方式划分为直接装夹法、找正装夹法和夹具装夹法。

第三节　原理误差对加工精度的影响

一、理论误差

理论误差是由于采用了近似的加工方法而产生的。近似加工法最常遇到的是采用近似的加工运动或近似的切削工具轮廓两种形式。

在某些比较复杂的型面加工时，为了简化机床设备或切削工具的结构，常采用近似的加工方法。

如图6-3所示，在滚切加工渐开线的齿形时，为了便于工具制造，采用法向直廓基本蜗杆来代替渐开线基本蜗杆的滚刀，就产生了理论误差。另外，滚刀需要切削而开刃，因而加工后不是光滑的渐开线齿形曲线，而是为折线所代替。

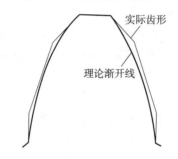

图6-3　理论齿形与实际齿形之间的差别

在用离散点定义的复曲面加工时，常采用回转面族的包络面去逼近原曲面，这也要产生理论误差。另外，在数控机床上，常用直线或圆弧插补来加工轮廓曲线和曲面，也有理论误差存在。

图6-4所示为涡轮叶片叶型（叶盆）的加工，由于叶盆是斜锥面，加工比较困难，若用正圆锥面来代替，则加工就十分方便。因此，每个截面上的理论曲线（圆弧）都由椭圆来代替而产生了理论误差。

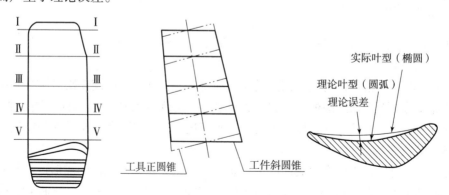

图6-4　涡轮叶片叶型加工的理论误差

综上所述，一般在型面加工时才采用近似加工法。由于近似加工法比较简单，只要理论误差不大，采用近似加工法就可大大提高生产率和经济性。

理论误差的大小，一般应控制在公差值的 10% ~ 20%。其数值可用分析计算法或作图法来确定。

二、安装误差

工件的安装误差，包括定位误差和夹紧误差。

定位误差首先与定位基准和定位方法的选择有关；同时，定位基准和定位件上的定位表面的制造精度也有很大的关系。

定位基准有多种形式，如平面、圆柱面、型面及其组合。若基准表面比较简单，则定位基准容易加工正确，复杂的定位基准容易产生较大的定位误差。另外，定位方法不同，影响误差的因素也不同。如用圆柱定位销或小锥度芯轴作为定位件时，其定位误差不同。

因此，不但要提高定位基准和定位表面的制造精度，而且要合理地选择定位基准和定位方法，以减少定位误差。

夹紧误差主要与夹紧力及夹紧机构的选择有关。

夹紧力的大小、方向和作用点的选择，对夹紧误差有很大的影响。在选择夹紧力时，要避免破坏工件定位的准确性和稳定性，同时要使夹紧变形小。特别是在工件的各向刚性相差较大时，更要注意夹紧力方向的选择，如薄壁套筒及环形件等，常用轴向夹紧以防止变形。

在选择夹紧机构时，应使工件能均匀且稳定地夹紧，在保证可靠性的同时，使夹紧变形减小。

三、调整误差

调整是保证工艺系统中各环节位置精度的重要措施。通过调整，保证切削工具和工件的相对位置准确，从而保证工序的加工精度和工艺稳定性。

调整误差主要与机床、夹具和切削工具的调整误差有关。

机床上的定程机构如行程挡块、凸轮、靠模等以及影响工件与切削工具相对位置的其他机构的调整，都要影响工件的加工精度。

夹具在机床上安装时，一般是利用夹具和机床上的连接表面定位。当精度要求较高时，往往规定安装精度的数值，如要求同轴度、垂直度和平行度等。

切削工具在机床上的安装与调整，特别是在自动获得精度的情况下，如在转塔车床、多刀机床、仿形机床、组合机床和数控机床等机床上加工时，切削工具的调整更为重要。

对于单件或小批量生产，常采用试切法进行加工。在批量较大或大量生产时，为减少调整时间，调刀时可采用样件或对刀样板来进行调整。在静态下调整有时和实际加工时有较大的差别，因此，在用样件或对刀样板调整好以后，还要进行若干个工件的试切，再进行精调。

第四节 机床误差对加工精度的影响

被加工工件的精度，在很大程度上取决于机床的误差。机床误差包括机床的制造误差和安装误差。

在机床的这些误差中，对加工精度影响较大的有主轴回转误差、导轨的导向精度以及传动链的传动精度。

一、主轴回转误差

1. 主轴回转误差分类

机床主轴用以安装工件或切削工具，其回转精度影响工件在加工时的表面形状、表面间的位置关系精度以及表面粗糙度等，是机床精度的重要指标之一。

主轴的回转误差，是指主轴实际的回转轴线相对于理论轴线的漂移。

由于主轴存在着轴颈的圆度误差、轴颈间的同轴度误差以及轴承的各种误差、轴承孔的误差、本体上轴承孔间的同轴度误差等，这些误差都要影响主轴轴心线的位置。在加工过程中，还要受到各种力及温度等多种因素的影响，造成主轴回转轴线的空间位置发生周期性变化，从而使轴线漂移。

主轴回转误差一般可分三种基本形式，即径向跳动、轴向窜动和角度摆动。

1）径向跳动

如图 6－5 所示，实际回转轴线始终平行于理想回转轴线，在一个平面内做等幅的跳动，影响工件圆柱度。

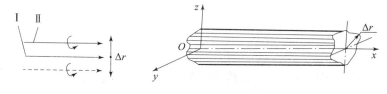

图 6－5 径向跳动

2）轴向窜动

如图 6－6 所示，实际回转轴线始终沿理想回转轴线做等幅的窜动，影响轴向尺寸。

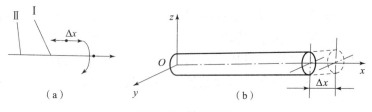

（a） （b）

图 6－6 轴向跳动

3）角度摆动

如图 6－7 所示，实际回转轴线与理想回转轴线始终成一倾角，在一个平面上做等幅摆动且交点位置不变，影响圆柱度。

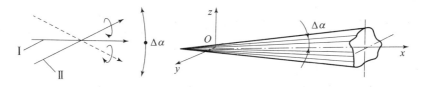

图 6 - 7 角度摆动

主轴的径向回转误差是径向跳动和角度摆动的合成；轴向回转误差是轴向窜动和角度摆动的合成。不同的加工方法，对不同的回转误差所造成的影响也是不同的。

如在加工外圆或内孔时，径向回转误差要引起圆度和圆柱度误差，而径向回转误差对加工端面则无直接影响。轴向回转误差对加工内孔或外圆影响不大，而对端面垂直度则有很大的影响。在车螺纹时，它使螺旋面的导程产生周期误差。

由以上分析可知，对圆柱面及端面等的精密加工，需要采用能稳定主轴回转的轴系。因此，静压轴承等结构在精密机床上的应用日益增多。对于采用滚动轴承的主轴，则需要保持适当的预载荷以稳定主轴的回转。

2. 影响主轴回转精度的主要因素

引起主轴回转轴线漂移的原因主要是：轴承的误差、轴承间隙以及与轴承配合零件的误差等。主轴转速对主轴回转误差也有影响。

1）轴承误差的影响

主轴采用滑动轴承时，轴承误差主要是指主轴颈和轴承内孔的圆度误差和波度。

对于工件回转类机床（如车床、磨床等），切削力的方向大体上是不变的，主轴在切削力的作用下，主轴颈以不同部位和轴承内孔的某一固定部位相接触。因此，影响主轴回转精度的主要是主轴轴颈的圆度和波度，而轴承孔的形状误差影响较小。如果主轴颈是椭圆形的，那么，主轴每回转一周，主轴回转轴线就径向圆跳动两次。主轴轴颈表面如有波度，主轴回转时将产生高频的径向圆跳动。

对于刀具回转类机床（如镗床等），由于切削力方向随主轴的回转而回转，主轴颈在切削力作用下总是以其某一固定部位与轴承内表面的不同部位接触。因此，对主轴回转精度影响较大的是轴承孔的圆度。如果轴承孔是椭圆形的，则主轴每回转一周，就径向圆跳动一次。轴承内孔表面如有波度，同样会使主轴产生高频径向圆跳动。

2）轴承间隙的影响

主轴轴承间隙对回转精度也有影响，如轴承间隙过大，会使主轴工作时油膜厚度增大，油膜承载能力降低，当工作条件（载荷、转速等）变化时，油膜厚度变化较大，主轴轴线漂移量增大。

3）与轴承配合零件误差的影响

由于轴承内外圈或轴瓦很薄，受力后容易变形，因此与之相配合的轴颈或箱体支撑孔的圆度误差会使轴承圈或轴瓦发生变形而产生圆度误差。与轴承圈端面配合的零件如油肩、过渡套、轴承端盖、螺母等的有关端面，如果有平面度误差或与主轴回转轴线不垂直，会使轴承圈滚道倾斜，造成主轴回转轴线的径向、轴向漂移。箱体前后支撑孔、主轴前后支撑轴颈的同轴度会使轴承内外圈滚道相对倾斜，同样也会引起主轴回转轴线的漂移。总之，提高与轴承相配合零件的制造精度和装配质量，对提高主轴回转精度有密切的关系。

4）主轴转速的影响

由于主轴部件质量不平衡、机床各种随机振动以及回转轴线的不稳定随主轴转速增加而增加，使主轴在某个转速范围内的回转精度较高，超过这个范围时，误差较大。

3. 提高主轴回转精度的措施

（1）提高主轴部件的制造精度。首先应提高轴承的回转精度，如选用高精度的滚动轴承或采用高精度的多油楔动压轴承和静压轴承。其次是提高箱体支撑孔、主轴轴颈和轴承相配合有关表面的加工精度。此外，还可在装配时先测出滚动轴承及主轴锥孔的径向圆跳动，然后调节径向圆跳动的方位，使误差相互补偿或抵消，以减少轴承误差对主轴回转精度的影响。

（2）对滚动轴承进行预紧。对滚动轴承适当预紧以消除间隙，甚至产生微量过盈，由于轴承内外圈和滚动体弹性变形的相互制约，既增加了轴承刚度，又对轴承内外圈滚道和滚动体的误差起均化作用，因而可提高主轴的回转精度。

二、导轨的导向精度

导轨是机床各部件运动的基准，机床的直线运动精度主要取决于机床导轨的精度。为了控制导轨的误差，就需要控制以下几方面：

（1）导轨在垂直平面内的直线度；

（2）导轨在水平平面内的直线度；

（3）前后导轨的平行度；

（4）导轨与主轴回转轴线的平行度。

导轨的直线度要影响工具切削刃的轨迹，从而影响加工误差。在垂直平面内和水平平面内的直线度误差，对不同的加工方式其影响是不同的。如在普通车床上加工外圆时，导轨在垂直平面内的直线度误差对尺寸精度的影响就很小，而水平平面内的直线度误差，其影响就很大。

图6-8所示为导轨在垂直平面内的直线度误差，引起刀具有 Δz 的位移。图6-9所示为导轨在水平平面内直线度误差，引起刀具有 Δy 的位移。

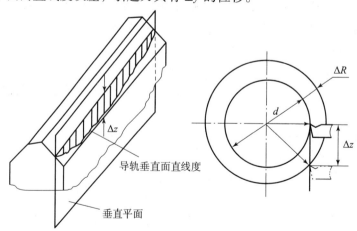

图6-8 导轨在垂直平面内的直线度误差

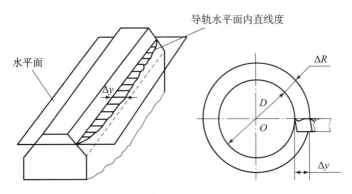

图6-9　导轨在水平平面内的直线度误差

由误差敏感方向理论可知，导轨垂直平面内的直线度误差对车削这种加工方法来讲，影响较小，可以忽略不计。

另外，导轨间的不平行度（扭曲）误差，也影响刀架和工件之间的相对位置从而引起加工误差，如图6-10所示。

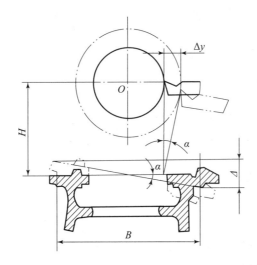

图6-10　刀架和工件之间的相对位置引起加工误差

三、传动链的传动精度

在某些加工过程中，成形运动有一定的速度关系，如齿轮的齿形与螺纹等表面的加工。切削工具和工件之间的运动关系，通常是通过机床的传动链来保证的。因此，传动系统的误差将对工件的加工误差产生直接的影响。

为了提高传动精度，一般在工艺上常采取下列措施：

（1）缩短传动链，以减少传动件个数，减少误差环节；

（2）提高传动件的制造精度，特别是末端传动件的精度，对加工误差的影响较大；

（3）提高传动件的装配精度，特别是末端传动件的装配精度，以减少因几何偏心而引起的周期误差；

（4）传动采用降速传动，以缩小传动误差对加工精度的影响。

另外，为了加工高精度的工件，常采用误差补偿的办法来提高机床的传动精度。补偿装置可采用计算机控制的自动补偿装置，以校正机床的静态和动态传动误差。

第五节　夹具、切削工具误差对加工精度的影响

一、夹具误差

夹具是使工件在机床上安装时，相对于切削工具有正确的相对位置，因此，夹具的制造误差以及在使用过程中的磨损，会对工件的位置尺寸和位置关系的精度有比较大的影响。

夹具上的定位元件、切削工具的引导件、分度机构以及夹具体等的制造误差，都会影响工件的加工精度。对于因夹具制造精度而引起的加工误差，在设计夹具时，应根据工序公差的要求，予以分析和计算，一般精加工用夹具取工件公差的 1/2~1/3，粗加工夹具则一般取工件公差的 1/3~1/5。

夹具在使用过程中会磨损，这也对工件的加工精度有影响。因此，在设计夹具时，对于容易磨损的元件，如定位元件与导向元件等，均应采用较为耐磨的材料进行制造。同时，当磨损到一定程度时，应及时地进行更换。

二、切削工具误差

切削工具误差包括制造误差和加工过程中的磨损。它对工件加工精度的影响，由于切削工具的不同，其影响也有不同。在下列情况下，将直接影响加工精度。

1. 定尺寸切削工具

定尺寸切削工具如钻头、铰刀、孔拉刀和键槽铣刀等，在加工时，切削工具的尺寸和形状精度直接影响工件的尺寸和形状精度。

2. 定形切削工具

定形切削工具如成形车刀、成形铣刀、成形砂轮等，在加工时，切削工具的形状直接反映到工件的表面上，从而影响工件的形状精度。

对于一般切削工具，如普通车刀和铣刀等，其制造精度对加工误差无直接影响。但如果切削工具的几何参数或材料选择不当，将使切削工具急剧磨损，也会间接影响加工精度。

在切削过程中，切削工具不可避免地要产生磨损，使原有的尺寸和形状发生变化，从而引起加工误差。

在精加工以及大型工件加工时，切削工具的磨损对加工精度会有较大的影响。同时，也是影响工序加工精度稳定性的重要因素。

对加工精度的影响主要是在加工表面法向上的磨损量。磨损量的大小直接引起工件尺寸的改变。图 6-11 所示为车削工具的磨损。

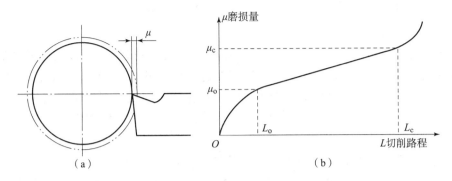

图 6-11 车削工具的磨损

第六节 测量精度对加工精度的影响

零件尺寸精度的获得，往往首先受到尺寸测量精度的限制。目前，有不少零件从现有的加工工艺方法来看，完全可以加工的非常精确，但由于尺寸测量精度不高而无法分辨。例如，常见的滚动轴承的钢球，采用磨滚和滚研的方法可以加工得很准确，但因为没有相应精度的测量工具而不能进行精确的尺寸测量和尺寸分组。过去只能制造出尺寸精度为 0.5 μm 的钢球，而现在则可制造出尺寸精度为 0.1 μm 或更高精度的钢球。然而，钢球的加工工艺方法并没有什么变化，主要是尺寸测量精度有了相应提高。当前，精确的尺寸测量方法是利用光波干涉原理将被测尺寸与激光光波波长相比较，其测量精度可达 0.01 μm。这种光波干涉测量法主要用于实体基准——精密量块和精密刻度尺的测量。对一般机器零件的尺寸，则主要采用万能量具、量仪进行测量。

一、尺寸测量方法

在机械加工中，常采用如下几种测量方法：

1. 绝对测量和直接测量

测量示值直接表示被测尺寸的实际值，如用游标卡尺、百分尺、千分尺和测长仪等具有刻度尺的量具或量仪测量零件尺寸的方法。

2. 相对测量

测量示值只反映被测尺寸相对于某个定值基准的偏差值，而被测尺寸的实际值等于基准值与偏差值的代数和，如在具有小范围细分刻线尺或表头的各种测微仪、比较仪上，用精密量块调零后再测零件尺寸的方法。

3. 间接测量

测量值只是与被测尺寸有关的一些尺寸或几何参数，测出后还必须再按它们之间函数关系计算出被测零件的尺寸。如采用三针和百分尺测量螺纹中径，采用弓高弦长规测量非整圆样板或大小尺寸圆弧直径等。

二、影响尺寸测量精度的主要因素

采用上述几种尺寸测量方法对零件尺寸进行测量，从其测量过程、测量条件及使用的测量工具来看，影响尺寸测量精度的主要因素有如下几个方面：

（1）测量工具本身精度的影响。

在对零件尺寸进行测量时，由于使用的测量工具不可能制造得绝对准确，因而测量工具的精度必然对被测零件尺寸的测量精度产生直接的影响。测量工具精度主要是由示值误差、示值稳定性、回程误差和灵敏度等四个方面综合起来的极限误差（测量工具可能产生的最大测量误差）Δ_{lim}表示的。各种常用测量工具的极限误差值可以从各种测量工具的使用说明书中查出。

（2）测量过程中测量部位、目测或估计不准的影响。

在对零件尺寸进行测量的过程中，测量者的视力、判断能力和测量经验等都会影响尺寸测量精度。当采用卡钳、游标卡尺或百分尺测量轴颈或孔径尺寸时，往往由于测量的部位不准确而造成测量误差，如图 6-12 所示。按图 6-12 所示的几何关系，通过近似计算可求得由于测量偏离被测部位 φ 角时被测轴颈或孔径的测量误差。

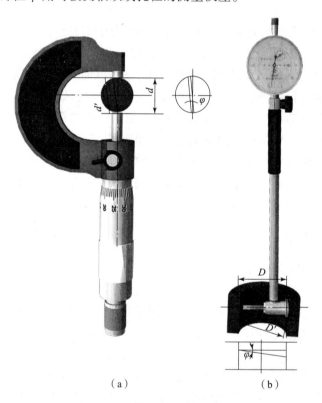

（a）　　　　　　　　　　　　　（b）

图 6-12　测量部位不准确的影响

当测量轴颈 d 时，如图 6-12（a）所示，其测量误差 Δd 为

$$\Delta d = d - d' = 2\Delta r = 2r(1 - \cos\varphi) = 4r \sin^2 \frac{\varphi}{2}$$

当 φ 角一定时，被测工件的尺寸越大，造成的误差也越大，故在测量大尺寸的轴颈或孔径时应特别注意保持正确的测量部位。

此外，在测量过程中目测刻度值时，往往由于观测方向不垂直而产生斜视的测量误差，这种测量误差有时甚至大到半格之多。在精密测量时，若测量仪指针停留在两条示值刻线之间，这就要求用目测来估计指针移过刻线的小数部分，因而也会产生目测估计不准的误差。

（3）测量过程中所使用的对比标准、其他测量工具的精度及数学运算精度的影响。

当采用相对测量或间接测量时，还应考虑所使用的对比标准、其他测量工具的精度及数学运算的精度等影响因素。当采用机械测微仪和精密量块测量工件直径［图6-13（a）］、用千分尺和三针测量精密螺纹中径 d_2［图6-13（b）］或通过弓高弦长规测量计算非整圆样板直径［图6-13（c）］时，所使用的精密量块、三针、弓高弦长规的精度及有关的数学运算的精度，都对测量精度有影响。

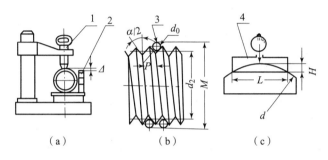

图6-13　对比标准和其他测量工具精度的影响

（a）用精密量块测量；（b）用三针测量；（c）用弓高弦长规测量

1—机械测微仪；2—精密量块；3—三针；4—弓高弦长规

例如，采用弓高弦长规测量非整圆样板直径 d 及采用千分尺和三针（直径为 d_0）测量精密螺纹中径 d_2 时，其值分别为

$$d = H + \frac{L^2}{4H}$$

$$d_2 = M - d_0 \left(1 + \frac{1}{\sin\frac{\alpha}{2}}\right) = \frac{P}{2}\cot\frac{\alpha}{2}$$

现分别对上述关系式进行全微分，并以增量代替微分，则得出相应的测量误差与其他测量工具精度（如弓高弦长规、三针等）的关系式为

$$\Delta d = \frac{L}{2H}\Delta L - \left[\left(\frac{L}{2h}\right)^2 - 1\right]\Delta H$$

$$d_2 = \Delta M - \left(1 + \frac{1}{\sin\frac{\alpha}{2}}\right)\Delta d_0 + \frac{1}{2}\cot\frac{\alpha}{2}\Delta P + \frac{1}{\sin^2\frac{\varphi}{2}}\left(d_0\cos\frac{\alpha}{2} - \frac{P}{2}\right)\Delta\alpha$$

式中，P——被测螺纹的螺距。

（4）单次测量判断不准的影响。

尺寸测量精度的高低是由测量误差 $\Delta_{测}$ 来衡量的，而测量误差的大小则以实际测得值 $L_{测}$ 与所谓"真值" $L_{真}$ 之差表示，即

$$\Delta_{测} = L_{测} - L_{真}$$

然而，真值在测量前并不知道，其本身就是要通过测量确定的。为了衡量测量误差的大

小，就需要寻找一个非常接近真值的数值代替真值以评价测量精度的高低。为此，只有在排除测量过程中系统误差的前提下，对某一测量尺寸进行多次重复测量，用多次重复测量值的算数平均值 L_μ 代替 $L_真$。

在对零件尺寸测量时，若只根据一次测量的数据来确定被测尺寸的大小，则由于一次测量结果的随机性而不能更准确地判断其值与 L_μ 的接近程度（图 6-14），测量误差 $\Delta_测$ 为所使用测量工具的系统误差 $\Delta_系$ 与随机误差 $\Delta_随$ 之代数和，即

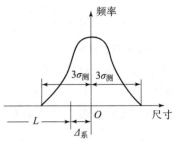

图 6-14　测量误差的分布

$$\Delta_测 = \Delta_系 \pm \frac{\Delta_随}{2} = \Delta_系 \pm 3\sigma_测$$

式中，$\sigma_测$——测量工具或测量方法的均方根偏差。

三、保证尺寸测量精度的主要措施

1. 选择的测量工具或测量方法应尽可能符合"阿贝原则"

"阿贝原则"是指零件上的被测线应与测量工具上的测量线重合或在其延长线上。例如，常用的外径百分尺、测深尺、立式测长仪和万能测长仪等测量时符合"阿贝原则"，而游标卡尺及各种工具显微镜的测量则不符合"阿贝原则"。采用的测量工具不符合"阿贝原则"，则存在较大的误差。如图 6-15 所示，采用游标卡尺测量一个小轴直径尺寸 d，比采用外径百分尺测量存在较大的测量误差。

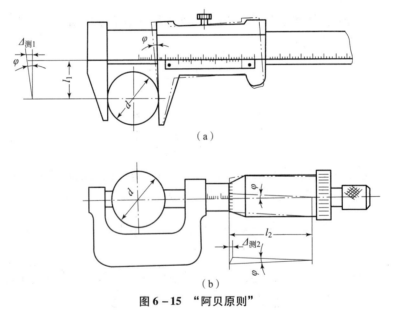

（a）

（b）

图 6-15　"阿贝原则"

（a）用游标卡尺测量；（b）用外径百分尺测量

2. 合理选择测量工具及测量方法

由于在进行尺寸测量过程中所使用的各种量具、量仪、长度基准件和其他测量工具等也都是按一定的公差制造的，故在应用时也必然有它们相应的精度范围。在对零件尺寸进行测量之前，首先应了解所采用的各种测量工具或测量方法所能达到的测量精度，然后再根据被测零件的尺寸精度合理地选取相应精度的测量工具或测量方法。

3. 合理使用测量工具

（1）使用量具或量仪量程中测量误差最小的标准段进行测量。

（2）采用具有示值误差校正值的量具或量仪进行测量，这时可以通过消除所使用测量工具本身的系统误差（即量具的示值误差）提高测量精度。

4. 采用多次重复测量

对被测零件尺寸进行多次重复测量，然后对测量数据进行处理，就可以得到较接近于被测零件尺寸真值的测量结果。

第七节　微量进给精度对加工精度的影响

一、测量进给方法及影响微量进给精度的因素

在机床上实现微量进给的方法，大多是通过一套减速机构实现的，如图 6 - 16 所示的蜗轮蜗杆、行星齿轮或棘轮棘爪等减速装置，均可获得微小的进给量。

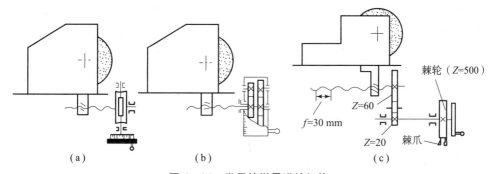

图 6 - 16　常用的微量进给机构

（a）蜗轮蜗杆；（b）行星齿轮；（c）棘轮棘爪

对于常见的各种机械减速的微量进给机构，从传动角度看，进给手轮转动一小格使工作台进给移动 1 μm 或更小的数值是很容易的。但在实际进行的低速微量进给过程中，常常出现如图 6 - 17（a）所示的现象。即当开始转动进给手轮时，只是消除了进给机构的内部间

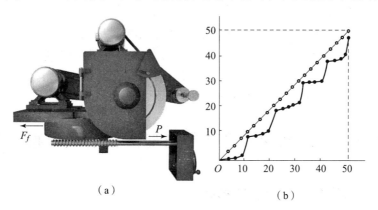

图 6 - 17　低速微量进给时的跃进现象

（a）低速微量进给；（b）实测结果

隙，工作台并没有移动。再将进给手轮转动一下，工作台可能还不移动，直到进给手轮转动到某一个角度，工作台才开始移动。但此刻工作台往往一下突然移动一个较大的距离，而后，又处于停滞不动的状态。这种在进给手轮低速转动过程中，工作台由不动到移动，再由移动到停滞不动的反复过程，称之为跃进（或爬行）现象。图6-17（b）所示为一个进给刀架的实测结果。

产生这种现象的根本原因在于进给机构中各相互运动的零件表面之间存在着摩擦力，其中主要的是进给系统的最后环节——即机床工作台与导轨之间的摩擦力。这些摩擦力在开始转动进给手轮时就阻止工作台移动，并促使整个进给机构产生相应的弹性变形。随着进一步转动进给手轮，进给机构的弹性形变程度和相应产生的弹性驱动力 P 逐渐增大，当其值达到能克服工作台与床身导轨之间的静摩擦力 $G\mu_0$（即 $P_1 \geqslant G\mu_0$）时，工作台便开始进给移动了。工作台一开始移动，相互运动表面由静摩擦状态变为动摩擦状态，这时由于摩擦系数下降而使工作台产生一个加速度，因而工作台就会移动一个较大的距离。当工作台移动一定距离后，会因动摩擦力 $G\mu$ 大于逐渐由于弹性恢复而减小的弹性驱动力（即 $G\mu \geqslant P_1$）而暂时停止下来，又恢复到静止不动的状态。这样周而复始地进行，即出现了跃进现象。

在低速微量进给过程中，跃进现象的产生与整个进给机构的传动刚度，工作台重量和静、动摩擦系数有关。工作台每次产生跃进的距离与工作台重量和静、动摩擦系数的差值成正比，而与进给机构的传动刚度成反比。

二、提高微量进给精度的措施

（1）提高进给机构的传动刚度。

①在进给机构结构允许的条件下，可以适当加粗进给机构中传动丝杠的直径，缩短传动丝杠的长度，以减少其在进给传动时的受力变形。设计进给机构中的传动丝杠，若按一般的强度、磨损等条件计算，所需直径尺寸往往很小，以至刚度较低。为此，可适当地加大直径尺寸。

②尽量消除进给机构中各传动元件之间的间隙，特别是最后传动环节——丝杠和螺母之间的间隙。

③尽量缩短进给机构的传动链。为了提高微量进给精度，还可以采用传动链极短的高刚度、无间隙的微量进给机构。

（2）减少进给机构各传动副之间的摩擦力和静、动摩擦因数的差值。

（3）合理布置进给机构中传动丝杠的位置。在机床进给机构的设计中，还必须合理布置进给丝杠的位置，否则由于扭侧力矩的作用使工作台与床身导轨搭角接触，从而增加了摩擦阻力，影响进给精度，严重时甚至可能造成"卡死"现象。

第八节　工艺系统受力变形对加工精度的影响及控制

一、各种力对零件加工精度的影响

在零件加工过程中，在各种力（夹紧力、拨动力、离心力、切削力、重力和测量力等）的作用下，整个工艺系统要产生相应的变形并造成零件在尺寸、形状和位置等方面的加工误差。

1. 夹紧力的影响

在加工过程中，由于工件或夹具的刚度过低或夹紧力确定不当，都会引起工件或夹具的相应变形，造成加工误差。如图6-18（a）所示，在车床上用三爪自定心卡盘定位夹紧加工薄壁套或在平面磨床上磨削加工薄片类工件，由于夹紧力而产生弹性变形，工件加工后虽然在床上测量加工表面的形状是合格的，但取下后它们将会因弹性恢复而超差。又如，当使用夹具时，由于夹具设计得不合理或其刚度不够，也会由于夹具某些受力部分的过大变形［图6-18（b）］而造成工件的加工误差。

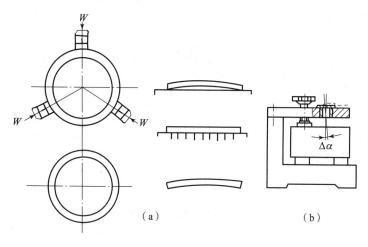

图6-18 夹紧力的影响

2. 拨动力和离心力的影响

在加工过程中，若采用单爪拨盘带动工件回转时，将产生不断改变其方向的拨动力。对高速回转的工件，若其质量不平衡，也将产生方向不断变化的离心力。这些在工件每转一转其方向不断改变的力会引起工艺系统有关环节的变形，并相应造成被加工工件的误差。如图6-19所示，在车床上用单爪拨盘拨动加工工件外圆表面时，若只考虑单爪拨盘拨动力的影响，则在不断变化其方向的恒定拨动力的作用下，工件的瞬时回转中心已不再是工件的顶尖孔中心（如图6-19所示中的1、2、3、4），而是工件端面上某一固定点Q_1。这样，加

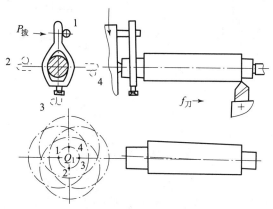

图6-19 拨动力的影响

工后将造成外圆表面与定位基准面（前后顶尖孔连线）的同轴度误差，且这项加工误差值将随与拨盘端面距离的增加而逐渐减小。同理，在只考虑不断改变其方向的恒定离心力的影响下，加工工件外圆和内孔也将造成它们与定位端面的位置误差。

3. 切削力的影响

在加工过程中，切削力会引起工艺系统有关部分的变形，从而造成加工误差。如图 6 - 20 所示，在外圆磨床用宽砂轮横向进给磨削工件的轴颈时，由于磨床头架刚度高于尾架刚度，将造成被加工轴颈的圆柱度误差。

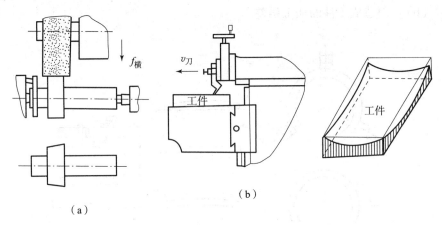

（a）

（b）

图 6 - 20　切削力的影响

4. 重力的影响

在加工过程中，工艺系统有关部分在自身重力作用下所引起的相应变形，也会造成加工误差，这在切削力甚小的精密加工机床上表现得更为突出。如采用悬伸式磨头的平面磨床加工平面时，则由于磨头部件的自重变形而造成加工表面的平面度误差及其对工件底面的平行度误差，如图 6 - 21 所示。

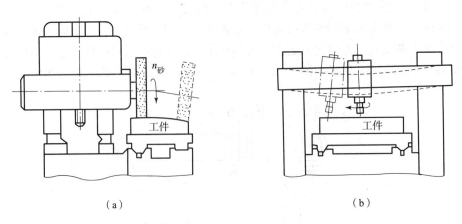

（a）

（b）

图 6 - 21　重力的影响

5. 测量力的影响

在加工过程中，当采用试切法或试切调整法加工时，由于对工件试切尺寸进行测量时测量力的作用，将使测量触头与工件表面产生接触变形，从而由于测量不准而造成加工误差。

二、控制工艺系统受力变形对零件加工精度影响的主要措施

（1）降低切削用量。

（2）补偿工艺系统有关部件的受力变形。

通过掌握工艺系统受力变形的规律，积极采取补偿变形的方法。即事先调整好工艺系统的某个部分，使其占有受力变形的相反位置，从而补偿加工过程中受力变形产生的误差。

在车床上采用调整法加工一批工件的外圆时，为了补偿刀架部件受力变形的影响，常常采取先试切几个工件，根据加工后工件的实际尺寸调整刀具的位置，或在已知变形量大小的前提下，采用径向尺寸略小的样件调整刀具位置等方法以达到补偿刀架部件受力变形的目的。

（3）采用恒力装置。

（4）提高工艺系统刚度。

在上述措施中，降低切削用量是一种比较消极的办法，而补偿受力变形也往往由于结构限制或加工调整过于复杂，而使其采用受到一定限制。比较彻底的解决办法是提高工件系统的刚度，其中特别是提高工艺系统中薄弱环节的刚度。

三、工艺系统刚度

1. 工艺系统刚度的概念及其特点

由材料力学可知，任何一个物体在外力作用下总要产生变形。如图 6-22（a）所示，其变形量 y 的大小与外力 P 和物体本身的刚度 K 有关，一般以所用在物体上的外力 P（N）与由它所引起在作用力方向上的位移 y（mm）的比值表示，即

$$K = \frac{P}{y}$$

工艺系统刚度与一个物体本身刚度的概念一样，也是指整个工艺系统在外力作用下抵抗使其变形的能力。在零件加工过程中，工艺系统各部分在切削力作用下将在各个受力方向产生相应的变形。但从对零件加工精度的影响程度来看，则以在加工表面的法线方向的变形影响量最大。为此，可以将工艺系统刚度 $K_系$ 定义为零件加工表面法向分力 $F_法$ 与在该力作用下，刀具在此方向上相对工件的变形位移量 $y_法$ 之间的比值，即

$$K_系 = \frac{F_法}{y_法}$$

如在车床或磨床上加工外圆表面时，即主要考虑径向切削分力 F_y 和径向相对变形位移量 y 的问题，此时工艺系统刚度即为

$$K_系 = \frac{F_y}{y}$$

对一般物体或简单零件来说，其刚度值是一个常数，即外力与变形量之间呈线性关系，且变形与外力的方向一致［图 6-22（b）］。然而，对整个工艺系统来说，则由于它是由机床、夹具、刀具和工件等很多零部件所组成，故其受力与变形之间的关系就比较复杂，且有它本身的特殊性。

为进一步寻求连接面受力变形的规律，还可进行外力 P 与试件变形量 $y_测$ 之间关系的实

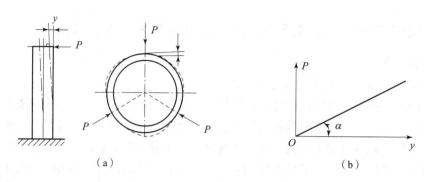

图 6 - 22　外力 P 与位移 y 的关系

验，如图 6 - 23（a）所示。如图 6 - 23（b）所示，实验曲线表明外力 P 与变形量 $y_{测}$ 之间不呈线性关系，即连接面刚度不是一个常数。连接面刚度不是一个常数的原因，主要是在不同外力作用下其实际接触面积也在变化。当外力增加时，连接面的实际接触面积却增加较快 [图 6 - 23（c）]，从而由于实际压强的减小而使其变形量的增量也相应减小。

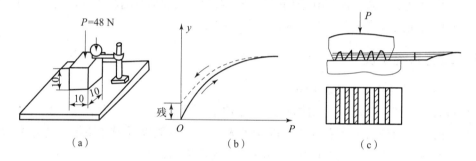

图 6 - 23　外力 P 与变形量 $y_{测}$ 之间的关系

　　上述工艺系统刚度的定义和车床刀架部件刚度的测定，建立在只考虑对零件加工精度有直接影响的法向分力 $F_{法}$ 和在其作用下的变形位移量 $y_{法}$ 的比值，即和一般物体的刚度概念一样，建立在单方向受力和变形的基础之上。此时，由于变形方向与作用力方向一致，故其刚度均为正值。但在实际加工过程中，不仅法向分力将直接引起刀具相对工件的变相位移，而且其他方向的分力也将间接引起刀具相对工件的变形位移。如图 6 - 24 所示，在车床上加工工件外圆时，刀架部件在径向切削力 F_y 的作用下将主要产生法向的变形位移 y_2，但其他

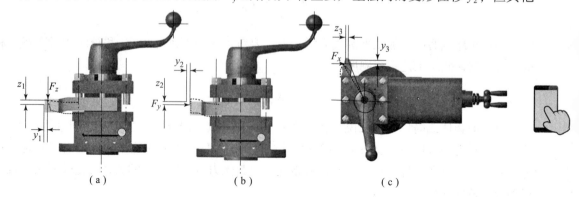

图 6 - 24　切削力与变形之间的关系

两个切削力 F_z 及 F_x 也将通过刀架部件的弯曲和扭转变形，而间接产生法向的变形位移 y_1 及 y_3。由于 y_1、y_3 与 y_2 方向相反，故在某些特定条件下可能出现 $y_1 + y_3 = y_2$ 或 $y_1 + y_3 > y_2$，即此时刀架部件的刚度可能为无穷大或负值。但是，一般在正常切削条件下，这种情况是很少出现的。

为了切实反映工艺系统刚度对零件加工精度的实际影响，应将工艺系统刚度的定义最后确定为加工表面法向分力与在各切削分力作用下所产生的法向综合变形位移 $y_{法综}$ 之比，即

$$K_{系} = \frac{F_{法}}{y_{法综}}$$

2. 工艺系统刚度与零件加工精度的关系

在分析工艺系统受力变形的问题时，不仅要知道工艺系统刚度对零件的加工精度有影响，而且还应知道其影响的性质和大小，以便找出工艺系统各部分刚度、切削力和零件加工精度之间的关系。现按不同情况分别进行分析和讨论：

（1）在加工过程中，由于工艺系统在工件加工各部位的刚度不等产生的加工误差。

在车床前后顶尖之间加工外圆表面，当在切割力大小不变且只考虑切削力影响的条件下，分析在不同加工部位由于工艺系统刚度不等造成的加工误差。加工过程中，在切削力的作用下，车床的床头、尾座和工件要产生变形，刀架也要产生变形。在一般情况下，床头、尾座和工件的变形与刀架的变形方向相反，结果都使加工的工件尺寸增大，此时工艺系统的总变形量是它们每个部分变形量的总和。但在某些特定条件下，当车床刀架部件刚度处于负值（即其变形方向与床头、尾座和工件的方向相同）时，则刀架部件刚度以负值参与计算，此时工艺系统的总变形量是它们每个部分变形量的代数和。

在车床上加工外圆表面时，刀具所处不同加工位置而形成的不同工艺系统刚度值为

$$K_{系} = \frac{F_y}{y_{系}}$$

式中，F_y——车削加工时的径向切割分力（N）；

$y_{系}$——车削过程中，在各切削分力作用下产生沿径向 y 方向的工艺系统总变形量（mm）。

由图 6-25 可知

$$y_{系} = y_{机} + y_{工} = y_{头} + (y_{尾} - y_{头})\frac{x}{L} + y_{架} + y_{工} = \left(1 - \frac{x}{L}\right)y_{头} + \left(\frac{x}{L}\right)y_{尾} + y_{架} + y_{工}$$

式中，$y_{机}$、$y_{工}$、$y_{架}$、$y_{头}$、$y_{尾}$ 及 $y_{架}$ 分别为机床、工件、床头、尾座及刀架部分在刀具切削加工到 x 位置时的变形量。

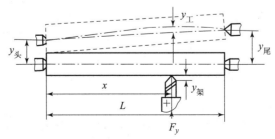

图 6-25 顶尖偏移

而

$$y_头 = \frac{F_y}{K_头}\left(1 - \frac{x}{L}\right)$$

$$y_尾 = \frac{F_y}{K} \cdot \frac{x}{L}$$

$$y_架 = \frac{F_y}{K_架}$$

$$y_工 = \frac{F_y L^3}{3EJ}\left(\frac{x}{L}\right)^2\left(\frac{L-x}{L}\right)^2$$

代入上式并化简

$$y_系 = \frac{F_y}{K_头}\left(1 - \frac{x}{L}\right)^2 + \frac{F_y}{K_尾}\left(\frac{x}{L}\right)^2 + \frac{F_y}{K_架} + \frac{F_y L^3}{3EJ}\left(\frac{x}{L}\right)^2\left(\frac{L-x}{L}\right)^2$$

最后得：

$$K_系 = \frac{F_y}{y_系} = 1 \Big/ \left[\frac{1}{K_头}\left(1 - \frac{x}{L}\right)^2 + \frac{1}{K_尾}\left(\frac{x}{L}\right)^2 + \frac{1}{K_架} + \frac{L^3}{3EJ}\left(\frac{x}{L}\right)^2\left(\frac{L-x}{L}\right)^2\right]$$

式中，$K_头$、$K_尾$ 及 $K_架$ 分别为车床床头、尾座及刀架部件的实测平均刚度值。

由上式的工艺系统刚度与车床各部件刚度、工件刚度的关系式可知，工艺系统刚度将随刀具加工时位置的不同而不同。因此，在加工各部位时工艺系统刚度不等的条件下，所加工出来的工件外圆必然要产生相应的轴向形状误差。例如，当在车床上车削加工细长轴时，由于刀具在工件两端切削时工艺系统刚度较高，刀具对工件的变形位移很小；而在工件中间切削时，则工艺系统刚度（主要是工件刚度）很低，刀具相对工件的变形位移很大，从而使工件在加工后产生较大的腰鼓形误差，如图 6-26（a）所示。

另外，当在车床上车削加工刚度很高的短粗轴时，也会因加工各部位的工艺系统刚度（主要是车床刚度）不等，而使加工后的工件产生相应的形状误差，其形状恰与加工细长轴时相反呈现细腰形，如图 6-26（b）所示。加工后工件的最小直径处于中间略偏向床头或尾座部件中刚度较高的那一方。

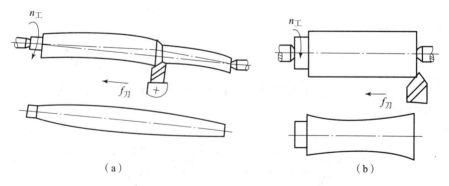

图 6-26　切削力对工件形状的影响

（a）腰鼓形；（b）细腰形

同理，在车床上加工外圆表面时，若主轴部件的径向刚度在主轴一转中的各个部位不等，加工后将造成工件的圆度误差。

（2）在工件加工过程中，由于切削力变化而产生的加工误差。

在工件加工时，由于加工余量不均或工件材料硬度不够，将引起切削力的变化，从而造成加工误差。这是工艺系统刚度对零件加工精度影响经常出现的情况。如图 6 – 27（a）所示的工件，由于加工前有圆度误差（椭圆），在车削加工时切深将不一致（$a_{p1} > a_{p2}$），因而在加工时的工艺系统变形量也不一致（$y_1 > y_2$），这样在加工后的工件上仍留有较小的圆度误差（椭圆）。

工件加工前的误差 $\Delta_{前}$ 以类似的形状反映到加工后的工件上去（即加工后的误差 $\Delta_{后}$）的这个规律，称为误差复映规律。误差复映的程度是以误差复映系数 ε 表示的。

当加工材料硬度不均的工件时，也会引起工艺系统的变形不等，从而造成加工误差。如图 6 – 27（b）所示的轴承座，因铸造后其上部硬度常高于下部，故在一次行程镗孔后也会产生圆度误差。

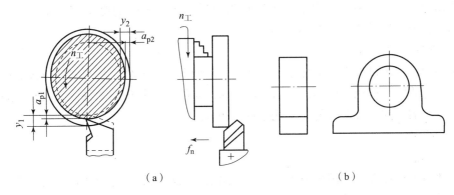

（a）　　　　　　　　　　　　　　　（b）

图 6 – 27　工艺系统刚度与加工误差的复映

对一批零件加工时，由于这批零件的加工余量和材料硬度不均，会引起这一批零件加工后的尺寸分散。

3. 工艺系统刚度的测定

工艺系统是由机床、夹具、刀具和工件等部分组成，因而工艺系统刚度也就包括机床刚度、夹具刚度、刀具刚度和工件刚度等。为了估算工艺系统受力变形所造成工件加工误差的大小，就需要确定工艺系统刚度值，并根据刚度与变形的关系式估算在一定切削规范条件下可能产生的加工误差值。对组成工艺系统的工件和刀具来说，结构比较简单，可通过简化和有关力学公式对其本身刚度进行计算。但对由很多零件组成的夹具和由很多零部件组成的机床来说，由于其结构复杂，就很难通过简化计算其刚度，而必须通过实验的方法进行测定。

4. 提高工艺系统刚度的主要措施

（1）提高工件加工时的刚度。

（2）提高刀具在加工时的刚度。

（3）提高机床和夹具的刚度。

第九节　工艺系统热变形对加工精度的影响及其控制

一、工艺系统的热源

1. 内部热源

1）摩擦热

任何一台机床都具有各种各样的运动副，如轴承与轴、齿轮与齿轮或齿条、蜗杆与蜗轮、丝杠与螺母、床鞍与床身导轨、摩擦离合器等。这些运动副在相对运动时，产生一定的摩擦力而形成摩擦热。

2）转化热

机床动力源的能量消耗也会部分地转化为热量，如机床中的电动机、油马达、液压系统、冷却系统等工作时所发出的热。

3）切削热和磨削热

在工件切削加工过程中，消耗于弹、塑性变形及刀具与工件、切屑之间摩擦的能量，绝大部分转变为热能，形成一种热源。切削加工时产生的热量将传给工件、刀具和切屑。由于切削加工方法的不同，其分配的百分比也各不相同。

2. 外部热源

1）环境温度

在工件加工过程中，周围环境的温度随气温及昼夜温度的变化而变化，局部室温、空气对流、热风或冷风以及地基温度的变化等都会使工艺系统的温度发生变化，从而影响工件的加工精度，特别是在加工大型精密零件时，其影响更为明显。例如，某工厂加工精密大直径斜齿轮时，一个大斜齿轮的齿因需要经过几昼夜的连续加工才能完成，由于昼夜间温差的影响，使齿形表面产生了波纹度。

2）辐射热

在加工过程中，阳光、照明、取暖设备等都会产生辐射热，这种外部热源也会使工艺系统产生变形。如车间里靠近窗口的机床设备，常受阳光照射，上、下午之间的照射位置和照射强度不同，使机床设备的温升和变形也不同。阳光的照射常常是单面的或局部的，受到照射的部分与未经照射的部分之间出现温差，从而导致机床的变形。

二、工艺系统热变形对加工精度的影响

1. 机床热变形及其对加工精度的影响

机床在运转与加工过程中，由于内、外热源的影响，其温度会逐渐升高。由于机床各部件的热源和尺寸形状的不同，各部件的温升也不相同。由不同温升形成的"温度场"将使机床各部件的相互位置和相对运动发生变化，使出厂时机床的原有几何精度遭到破坏，从而造成工件的加工误差。

机床在运转一段时间之后，当传入各部件的热量与由各部件散失的热量接近或相等时，其温度便不再继续上升而达到热平衡状态。此时，机床各部件的热变形也就不再继续而停止在相应的程度上，它们之间的相互位置和相对运动也就相应地稳定下来。达到热平衡之前，

机床的几何精度是变化不定的，它对加工精度的影响也变化不定。因此，一般都要求在机床达到热平衡之后进行精密加工。

对于车、铣、镗床类机床，其主要热源是主轴箱的发热，如图6-28所示，它将使箱体和床身（或立柱）发生变形和翘曲，从而造成主轴的位移和倾斜。

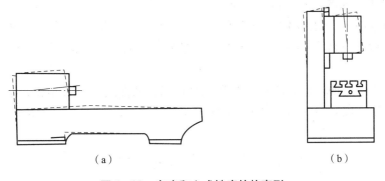

（a）　　　　　　　　　　　　　　　　（b）

图6-28　车床和立式铣床的热变形

（a）车床；（b）立式铣床

2. 工件热变形及其对加工精度的影响

工件的热变形视受热的情况不同而有所不同。例如，车削或磨削外圆表面时，切削热或磨削热是从四周均匀传入工件的，因此主要是使工件的长度和直径增大。工件的直径在胀大的状态下被加工到所要求尺寸的，当工件加工后冷却到室温，由于收缩显然就要小于所要求的尺寸而造成加工误差。

当工件受热不均，如磨削板类零件的上平面，由于工件单面受热就会因工件翘曲变形而产生中凹的形状误差。

当工件用顶尖装夹进行加工时，工件在长度方面方向的热伸长，有时对加工精度也有很大影响。特别是加工细长轴时，工件的热伸长将使两顶尖间产生轴向力，细长轴在轴向力和切削力的作用下，会出现弯曲并可能导致切削的不稳定。

如图6-29（a）所示，在内圆磨床上磨削一个薄的圆环零件。磨削后冷却至室温，经

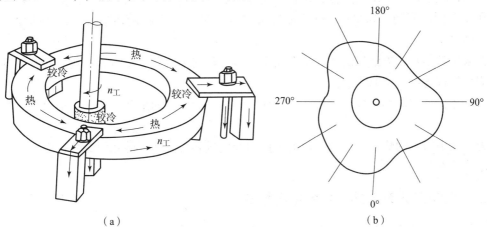

（a）　　　　　　　　　　　　　　　　（b）

图6-29　圆环零件内孔磨削时的热变形

（a）磨削圆环零件；（b）三棱形的圆度误差

测量画出其内圆的极坐标轨迹时，发现有三棱形的圆度误差，如图6－29（b）所示。磨削时工件是装夹在三个支撑垫上，当大大减少夹紧力之后，这种误差仍然出现。因此说明，这种误差不是由于三个夹紧点的受力变形所造成，而是由于加工中磨削热传给工件后，在三个支撑垫的部位散热快，该处工件的温度较其他部位的温度低，磨削量较大所致。

3. 刀具热变形及其对加工精度的影响

在切削过程中，虽然传给刀具的切削热的百分比不大，但因刀体较小，热容量小，所以刀具仍有相当程度的温升，特别是刀具从刀架悬伸出来的部分，温升较高，受热的伸长量也较大。

车刀在加工时的伸长量如图6－30所示曲线A，从曲线可以看出，开始切削时温升较快，伸长也较快。以后温升逐渐减缓，直至热平衡。

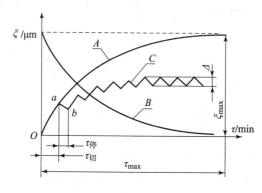

图6－30　车刀热伸长曲线

当切削停止后，刀具温度立刻下降，开始时冷却较快，而后逐渐减缓，如图6－30所示曲线B。

在一般情况下，刀具的切削工作是间断的，即在装卸工件等非切削的时间内，刀具有一段冷却时间。

在切削时间内，刀具由O点伸长到a点，在非切削时间内，温度下降，刀具由a点缩减至b点，随着加工的继续进行，伸长与缩短渐趋稳定。经过一段时间后达到热平衡，最后保持在Δ范围内变动，如图6－30中曲线C所示。所以，在间断切削时，刀具的变形量较连续切削时小。

在采用其他加工方法切削时，也会发生刀具的热变形问题。多齿刀具属于间断切削，温升及变形量较连续切削时小些。

刀具热变形要影响工件的尺寸。连续加工时则要影响几何形状，如车长轴时可能要产生锥度。

为了减小刀具的热变形，应合理地选择切削用量和刀具切削的几何参数，更合理的措施是使用冷却液。

三、控制工艺系统热变形的主要措施

控制工艺系统热变形可以从下述几个方面采取措施：

1. 减少热量的产生及其影响

减少工艺系统的热源或减少热源的发热量及其影响，都可以达到减少热变形的目的。

在磨削加工中，磨削热的大小不仅与磨削用量有关，还受砂轮钝化和堵塞的影响。因此，除正确的选择砂轮和磨削用量外，还应及时地修整砂轮以避免过多的热量产生。

对机床中的运动部件，要减少其发热量，通常从结构和润滑等方面着手。如在主轴上应用静压轴承、低温动压轴承以及采用低黏度润滑油、锂基油脂和用油雾润滑等都可使其温升减少。在机床液压传动系统中减少节流元件，也能相应地降低油温，从而减少机床的热变形。

对机床的电动机、齿轮变速箱、油箱、冷却箱等热源，如有可能都移出主机以外成为独立的单元，从而避免其影响。若不能分离出去时，则在这些部件和机床大件的结合面上装置隔热材料，或用隔热罩将热源罩起来，也能取得较好的效果。

对未安置在恒温车间的精密加工设备，应考虑安放在适当的位置，以防止阳光、暖气等外部热源的影响。

2. 加强散热能力

加强散热也是控制工艺系统热变形的一个行之有效的措施。例如，在加工过程中供给充分的冷却液，并使其喷射到应有的位置上，或采用喷雾冷却等办法，以加强加工时的散热能力。

采用强制冷却控制热变形的效果最显著。

3. 控制温度变化/均衡温度场

对于周围环境温度的变化，主要是采用恒温的办法来解决。例如，对精密磨床、坐标镗床、螺纹磨床、齿轮磨床等精密机床，最好安放在恒温车间中使用。恒温的精度可根据加工精度要求而定，一般取 $\pm1℃$，精度更高的机床应取 $\pm0.5℃$。

在精加工之前，先让机床空运转一段时间，待机床达到或接近热平衡状态后再进行加工，也是解决温度变化的一项措施。

4. 采取补偿措施

当热变形不可避免时，可采取补偿措施来消除其对加工精度的影响。采用这种措施时必须先掌握变形的规律。

第十节　加工误差的分类

虽然引起随机误差的因素很多，它们的作用情况又是错综复杂的，但我们可以用数理统计的方法找出随机误差的规律，并用来控制和掌握随机误差。

在生产实践中，常用统计法来研究机械加工精度。这种方法是以现场观察和实测有关的数据为分析基础的，用概率和统计的方法对这些数据进行处理，从而揭示各种因素对加工精度的综合影响。

一、直方图及实际分布曲线

直方图是表示工件尺寸变化情况的一种主要工具。用直方图可以解析出尺寸的规则性，比较直观地看出产品质量特性的分布状态，对于尺寸分布状况一目了然，便于判断其总体质量分布情况。在制作直方图时，牵涉统计学的概念，首先要对工件尺寸进行分组，因此如何合理分组是其中的关键问题。按组距相等的原则进行的两个关键数是频数和组距，是一种几何形图表，它是根据从生产过程中收集来的尺寸数据分布情况，画成以组距为底边、以频数为高度的一系列连接起来的直方矩形图。

以加工轴颈为例，在完全排除变值系统误差的情况下加工一批零件的轴颈，加工后准确地测量出每个轴颈的尺寸，并记录下来。然后按尺寸的大小把整批零件分成若干组，每一组零件的尺寸处在一定的尺寸间隔范围内。同一尺寸间隔内的零件数量称为频数，频数与这批零件总数的比值称为频率。以频数或频率为纵坐标，零件尺寸为横坐标，就可以画出柱状图，该柱状图称为直方图。若将柱状图中点用直线连接起来，就可得到一条折线，当加工零件的数量增加、尺寸间隔减到很小（即组数分得很多）时，这根折线就非常接近于曲线，这条曲线图即为实际分布曲线，如图 6-31 所示。

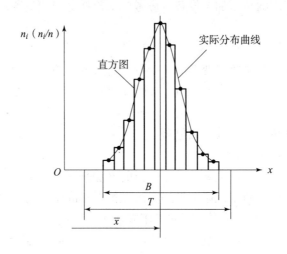

图 6-31   直方图与实际分布曲线

图 6-31 中曲线上频率的最大值处于这批零件轴颈的算数平均尺寸的位置。平均尺寸的横坐标位置就是这批零件的尺寸分布中心（或误差聚集中心）。整批中最大尺寸和最小尺寸之差，就是尺寸分散范围。

从实验分布可以归纳出一些随机误差的规律：

（1）随机误差有大有小，它们对称分布在尺寸分布中心 $\bar{x}$ 的左右；

（2）距尺寸分布中心越近的随机误差，出现的可能性越大，反之越小；

（3）随机误差在实用中可以认为有一定的分散范围。

二、理论分布曲线

实践证明，在一般无某种优势因素影响的情况下，在机床上用调整法加工一些零件时得到的实验分布曲线符合正态分布曲线。在分析工件的加工误差时，通常用正态分布曲线代替实际分布曲线，可使问题的研究大大简化。

图 6-32 所示正态分布曲线的方程式为

$$y = \frac{1}{\sigma\sqrt{2\pi}}e^{-\frac{(x-\mu)^2}{2\sigma^2}}$$

曲线方程式的纵坐标 y 代表尺寸分布曲线的分布密度，分布密度等于以尺寸间隔值除以

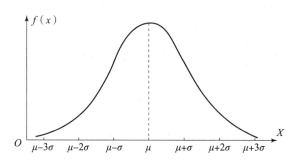

图 6-32　正态分布曲线

频数所得的商。横坐标 x 表示各零件实测尺寸值。μ 即等于尺寸均值 $\bar{x}$，σ 为均方根偏差，其值为

$$\sigma = \sqrt{\frac{\sum\limits_{i=1}^{n}(x_i - \bar{x})^2}{n}}$$

式中，n——一批零件总数；

　　　x_i——一批零件中各零件的实测尺寸。

从正态分布曲线方程可知：

$x = \mu$ 时是曲线纵坐标的最大值；在 $\pm|x|$ 处，y 值相等，即曲线对称于 y 轴；当 $x = \pm\infty$ 时，$y \to 0$，即曲线以 x 轴为其渐近线。

图 6-33（a）所示为不同 μ 值得出三条正态分布曲线，μ 越大，曲线右移，但曲线形状不变。

图 6-33（b）所示为不同 σ 值得出三条正态分布曲线，σ 越大，$y_{\max}$ 越小，曲线趋向平坦并向两端伸展。

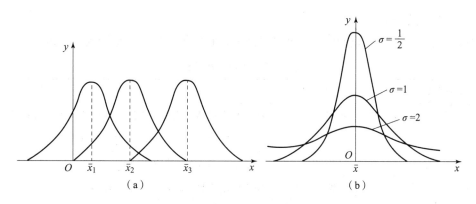

（a）　　　　　　　　　　　　　（b）

图 6-33　正态分布曲线的偏移和变化

（a）$\bar{x}$ 偏移；（b）σ 值变化

当对曲线下的面积进行积分可得：

$$A = \frac{1}{\sigma\sqrt{2\pi}}\int_{-\infty}^{+\infty} e^{-\frac{(x-\mu)^2}{2\sigma^2}}\mathrm{d}x = 1$$

即曲线下的面积等于1，相当于所有各种尺寸零件数之和占这批零件数的100%。

欲求任意尺寸范围内的零件数占这批零件数的百分比（即频率），可通过相应的定积分求得。例如，若$\mu = 0$，在$\pm \dfrac{x}{\sigma}$范围内的面积，可求积分如下：

$$A = \frac{1}{\sqrt{2\pi}} \int_{-\frac{x}{\sigma}}^{+\frac{x}{\sigma}} e^{-\frac{x^2}{2\sigma^2}} \mathrm{d}\left(\frac{x}{\sigma}\right)$$

各种不同的$\dfrac{x}{\sigma}$值时A的部分数值可由表6-1查得。

表6-1 不同的$\dfrac{x}{\sigma}$值时A的部分数值

$\dfrac{x}{\sigma}$	A	$\dfrac{x}{\sigma}$	A	$\dfrac{x}{\sigma}$	A	$\dfrac{x}{\sigma}$	A
0	0.000 0	0.3	0.235 9	1.5	0.866 4	3	0.997 3
0.1	0.074 6	0.5	0.383 0	2.0	0.954 2	3.5	0.999 4
0.2	0.185 6	1.0	0.682 6	2.5	0.987 6	4	0.999 9

由上述部分定积分表的数值可知，随机误差出现在$x = \pm 3\sigma$以外的概率仅占0.27%，在实际应用中，在$\mu - 3\sigma$到$\mu + 3\sigma$的范围内，曲线以下的面积为

$$A = \frac{1}{\sigma\sqrt{2\pi}} \int_{\mu+3\sigma}^{\mu-3\sigma} e^{-\frac{(x-\mu)^2}{2\sigma^2}} \mathrm{d}x = 0.997 3$$

所以一般认为工件的尺寸分布范围是从$\mu - 3\sigma$到$\mu + 3\sigma$，即6σ范围。

实际上，该结论通常用来判断工件的加工方法是否合适，通常用工艺能力系数C_p来表示：

$$C_\mathrm{p} = \frac{T}{6\sigma}$$

式中，T为工件的公差。

通过工艺能力系数，我们就可以根据表6-2来判断一个工艺是否满足要求。

表6-2 生产过程等级

工艺能力系数C_p	生产过程等级	特点
$C_\mathrm{p} > 1.67$	特级	加工精度过高，加工不经济，可做相应考虑和调整
$1.67 > C_\mathrm{p} > 1.33$	一级	加工精度足够，可以允许一定的外来波动
$1.33 > C_\mathrm{p} > 1.00$	二级	加工精度勉强，必须密切关注
$1.00 > C_\mathrm{p} > 0.67$	三级	加工精度不足，将出现少量不合格品
$0.67 > C_\mathrm{p}$	四级	加工精度完全不行，必须加以改进才能生产

复习思考题

1. 什么是原始误差？影响机械加工精度的原始误差有哪些？

2. 什么是加工原理误差？是否允许存在加工原理误差？

3. 什么是主轴回转误差，机床主轴回转误差对零件加工精度有何影响？

4. 影响机床主轴回转误差的因素有哪些？

5. 影响机床部件刚度的因素有哪些？为什么机床部件的刚度值远比其按实体估计的要小？

6. 如何减小工艺系统受力变形对加工精度的影响？

7. 什么是误差复映现象？误差复映系数的含义是什么？减小误差复映有哪些工艺措施？

第七章　机械加工表面质量

任何机械加工所得到的零件表面，事实上都不是完全理想的表面。实践表明，机械零件的破坏，一般总是从表面层开始的。这说明零件的表面质量是至关重要的，它对产品的质量有很大影响。近年来，在某些机械工业部门，特别是航空和航天工业部门，广泛采用高强度钢、耐热钢、高温合金和钛合金等新材料，这些材料的加工性差，难于加工。因此，除了研究这些难加工材料的加工方法外，还必须重视表面质量的研究。

研究加工表面质量的目的，就是要掌握机械加工中各种工艺因素对加工表面质量影响的规律，以便应用这些规律控制加工过程，最终达到提高表面加工质量，提高产品使用性能的目的。

第一节　机械表面加工质量的相关概念

一、机械加工表面质量的含义

经过机械加工后，工件表面上形成的结构和基体金属性能有所变异的表面层状态，称为加工表面质量。经对加工表面的测试和分析说明，零件表面加工后不仅存在微观几何形状误差，还会在加工过程中产生物理、机械性能的变化甚至化学性质的变化。图 7 - 1 （a）所示为零件加工表面层沿深度方向的变化情况，在最外层生成有氧化膜或其他化合物，并吸收渗

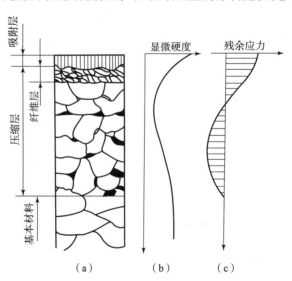

图 7 - 1　加工表面层沿深度方向的变化情况

（a）沿深度方向的变化；（b）显微硬度；（c）残余应力

进了某些气体、液体和固体的粒子，称为吸附层，其厚度一放不超过 8×10^{-3} μm。在加工过程中由切削力造成的表面塑性变形区称为压缩区，其厚度约为几十至几百微米。在此压缩区中的纤维层，则是由被加工材料与刀具之间的摩擦力所造成。加工过程中的切削热也会使加工表面层产生各种变化，如同淬火、回火一样将会使表面层的金属材料产生金相组织和晶粒大小的变化等。由上述种种因素综合作用的结果，最终使零件加工表面层的物理、机械性能与零件基体有所差异。产生了图 7 – 1 （b）、（c）所示的显微硬度变化和残余应力。

二、机械表面加工质量的评定

1. 加工表面的几何形状特征

机械加工表面的几何形状误差，一般由五部分组成，分别是：表面粗糙度、波度、形状误差、加工纹理和伤痕，如图 7 – 2 所示。

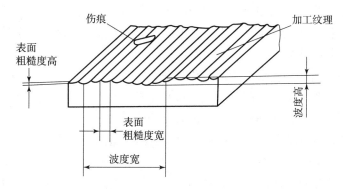

图 7 – 2　几何形状误差组成

在一个零件表面上，表面粗糙度、波度和形状误差与表面峰谷间距离紧密相关。图 7 – 3 所示为一个零件的表面结构。

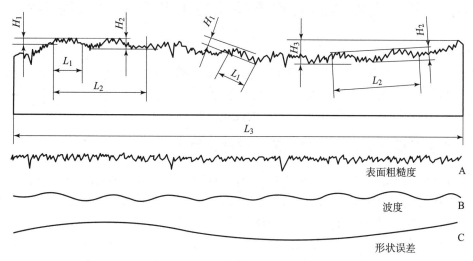

图 7 – 3　表面结构

（1）表面粗糙度。表面粗糙度是加工表面微观几何形状误差，其波长与波高比值一般小于50。表面粗糙度主要是由切削工具的形状和在切削过程中产生的塑性变形等因素引起的，用微观不平度的算术平均偏差或微观不平度的平均高来确定表面粗糙度的数值，其数值等级由 GB 1031—2009 规定。

（2）波度。加工表面不平度中波长与波高比值等于 50 ~ 1 000 的几何形状误差称为波度。波度主要是由切削过程中的振动引起的。波度尚无评定标准，一般常以波高为波度的表征参数，用测量长度上五个最大的波幅的算术平均值来表示。

（3）形状误差。当波长与波高比值大于 1 000 时，成为宏观几何形状误差。例如，圆度误差、圆柱度误差等属于加工精度范畴，不在本章讨论范围之内。

（4）纹理方向。纹理方向是指表面刀纹的方向，它取决于表面形成过程中所采用的机械加工方法。

（5）伤痕。伤痕是在加工表面上一些个别位置上出现的缺陷，如砂眼、气孔、裂痕等。

2. 表面层的物理性能和机械性能的变化

由于机械加工中力因素和热因素的综合作用，加工表面层金属的力学性能和化学性能将发生一定的变化，主要反映在以下几个方面：

（1）加工表面层因塑性变形产生的冷作硬化；

（2）加工表面层因切削或磨削热引起的金相组织变化；

（3）加工表面层因力或热的作用产生的残余应力。

随着科学技术的不断发展，人们对零件加工表面质量的研究日趋深入，表面质量的内涵不断扩大，已经出现了表面完整性的全新概念。它不但包括零件加工表面的几何形状特征和表面层的物理力学性能的变化，还包括表面曲线，如表面裂纹、伤痕和腐蚀现象；表面的工程技术特征，如表面层的摩擦、光反射、导电特性等。因此，对加工表面完整性研究的重要性必须予以足够的重视。

第二节　表面质量对零件使用性能和使用寿命的影响

在机器零件的机械加工中，加工表面产生的表面微观几何形状误差和表面层物理、机械性能的变化，虽然只发生在很薄的表面层，但长期的实践证明它们都影响机器零件的使用性能（即零件的工作精度及其保持性、零件的抗腐蚀性、零件的疲劳强度和零件与零件之间的配合性质等），从而进一步影响机器产品的使用性能和使用寿命。

一、表面质量对零件工作精度及其保持性的影响

机器零件的工作精度与零件工作表面的表面质量有关，如滑动轴承或滚动轴承的回转精度就与其工作表面是否存在表面波度以及波度的大小有关。机器零件工作精度的保持性，主要取决于零件工作表面的耐磨性，耐磨性越高则工作精度的保持性越好。

零件工作表面的耐磨性不仅与摩擦副的材料和润滑情况有关，而且还与两个相互运动零件的表面质量有关。在干摩擦时，两个互相摩擦的表面，最初只是在表面粗糙度的峰部接触，在外力作用下，凸峰接触部分就产生了很大的压强，从而造成表面变形、塑性变形及剪切等现象，即产生了工作表面的磨损。如一般车、镗、铣的表面，摩擦时实际上只有计算面

积的5%~15%接触,细磨后有30%~50%。因此,粗糙的顶峰有很大的挤压力,使粗糙表面产生弹性变形和塑性变形。在表面相互移动时,将有一部分凸峰被剪切掉。湿摩擦情况要复杂些,但在最初阶段,由于表面粗糙度过大造成接触点处单位面积压力过大,超过了润滑油膜存在的临界值,也产生与干摩擦类似的现象。

表面的磨损过程,一般分为三个阶段。

1. 初磨损阶段

在初磨损阶段,零件表面有较多的凸峰,实际接触面积很小,磨损较快。这个阶段的时间较短,有50%~75%的波峰高度被磨掉,表面粗糙度有所改善,如图7-4中的Ⅰ区所示。

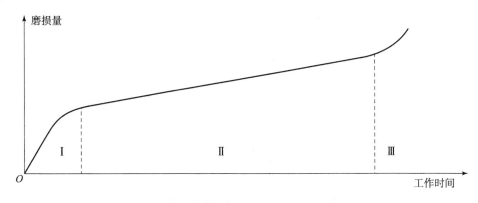

图7-4 表面磨损的三个阶段

2. 正常磨损阶段

经过初磨损阶段后,很快使接触面积增加至65%~75%,单位面积的压力大大减小,磨损进入正常阶段,如图7-4中Ⅱ区所示。这一阶段的时间较长,在有润滑的条件下,油膜就能很好起作用,使磨损慢而稳定。

3. 急剧磨损阶段

这阶段的磨损因接触面过于光滑而紧密贴合,润滑油被挤出而造成干摩擦,因表面间分子的亲和力,导致磨损急剧增加,如图7-4中Ⅲ区所示。

实验证明,摩擦副的初期磨损量与其表面粗糙度应有很大关系。如图7-5所示,在一定条件下有一个初期磨损量最小的表面粗糙度,称为最佳表面粗糙度。图7-5中的轻载曲线表示在轻载和良好润滑条件下的实验结果;当载荷加重或润滑条件恶化时,曲线将向右移,如图7-5所示重载曲线,此时最佳表面粗糙度也相应右移。实验还表明,在初期磨损过程中,摩擦副的表面粗糙度也在变化,当原有表面粗糙度高于最佳值时,磨损过程中表面粗糙度会不断下降,直到最后初期磨损结束时趋近于最佳值。当摩擦副原有表面粗糙度低于最佳值时,磨损过程中表面粗糙度会逐渐增高,直到最后也趋近于最佳值。若原有的表面粗糙度就等于最佳值时,则在磨损过程中摩擦副的表面粗糙

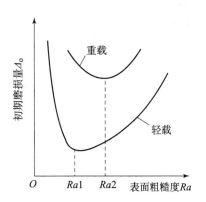

图7-5 初期磨损量与其表面粗糙度的关系

度基本不变，此时初期磨损量最小。

零件加工表面层的冷作硬化减少了摩擦副接触表面的弹性和塑性变形，从而提高了耐磨性。例如，A4钢在冷拔加工后硬度提高15%~45%，磨损实验中测得的磨损量减少20%~30%。但并不是冷作硬化程度越高表面耐磨性也越好，当加工表面过度硬化（即过度冷态塑性变形），将引起表面层金属组织的过度"疏松"，甚至产生微观裂纹和脱落，如图7-6所示。为此，对任何一种金属材料也都有一个表面冷作强化程度的最佳值，低于或高于这个数值时磨损量都会增加。

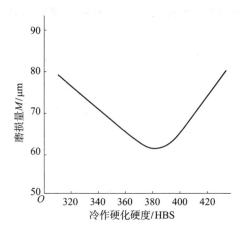

图7-6 磨损量与冷作硬化之间的关系

此外，加工表面产生金属组织变化，也会改变表面层的原有硬度从而影响表面耐磨性。例如，淬硬钢工件在磨削时产生的表面回火软化，将降低其表面的硬度而使表面耐磨性明显下降。

二、表面质量对零件抗腐蚀性的影响

当机器零件在潮湿的空气或有腐蚀性的介质中工作时，常常会产生与介质直接接触表面的化学腐蚀或电化学腐蚀。化学腐蚀是由于在加工表面的凹谷处易积聚腐蚀性介质而产生的化学反应。电化学腐蚀是由于两个不同金属材料的零件表面相接触时，在表面粗糙度的顶峰间产生电化学作用而被腐蚀。无论是化学腐蚀还是电化学腐蚀，其腐蚀程度均与表面粗糙度有关。如图7-7所示，腐蚀介质一般在表面粗糙度凹谷处，特别是在表面裂纹中作用最严重。腐蚀的过程往往是通过凹谷处的微小裂纹向金属层的内部进行，直至侵蚀的裂纹扩展相

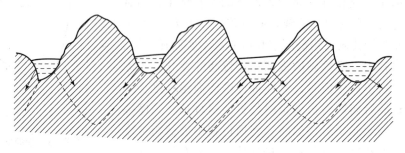

图7-7 零件腐蚀情况

交时，表面的凸峰从表面上脱落而又形成新的凹凸面，此后侵蚀的作用再重新进行。因此，表面粗糙度越高，凹处越尖，越容易被腐蚀。此外，当表面层存在有残余压应力时，有助于表面微小裂纹的封闭，阻碍侵蚀作用的扩展，从而提高了表面的抗腐蚀能力。

三、表面质量对零件疲劳强度的影响

在交变载荷作用下，零件的表面粗糙度、划痕和裂纹等缺陷会引起应力集中，在微观的低凹处的应力易于超过材料的疲劳极限而出现疲劳裂缝。不同加工方法得到的表面粗糙度不同，其疲劳强度也有所不同，见表 7 - 1。

表 7 - 1　钢的极限强度与加工方法之间的关系

加工方法	钢的极限强度 σ_b/MPa		
	470	950	1 420
	相对疲劳强度/%		
精细抛光或研磨	100	100	100
抛光或超精研	95	93	90
精磨或精车	93	90	85
粗磨或粗车	90	80	70
轧制钢材直接使用	70	50	30

从表 7 - 1 中可以看到，表面粗糙度越高，疲劳强度越低；越是优质钢材，晶相越细小，组织越致密，则表面粗糙度对疲劳强度的影响越大。此外，加工表面粗糙度的纹路方向对疲劳强度也有较大的影响，当其方向与受力方向垂直时，则疲劳强度将明显下降。

加工表面层的冷作硬化能阻碍已有裂纹的扩大和新的疲劳裂纹的产生，减轻表面缺陷和表面粗糙度的影响程度，可提高零件的疲劳强度。

加工表面层的残余应力对疲劳强度的影响很大，若表面层的残余应力为压应力，则能部分抵消交变载荷施加的拉应力，妨碍和延缓疲劳裂纹的产生或扩大，从而可以提高零件的疲劳强度，若表面层的残余应力为拉应力，则容易使零件在交变载荷作用下产生裂纹，从而大大降低零件的疲劳强度。

四、表面质量对零件之间配合性质的影响

对于机器中相配合的零件，无论是间隙配合、过渡配合，还是过盈配合，若加工表面的表面粗糙度过大，则必然要影响到它们的实际配合性质。

任何一台新机器正常持久的工作状态是从初期磨损后才开始的，也就是先要经过一个所谓"跑合"阶段才进入正常的工作状态。间隙配合表面的表面粗糙度过高，则经初期磨损后其配合间隙就会增大很多，从而改变了应有的配合性质，甚至可能造成新机器刚经过"跑合"阶段就已漏气、漏油或晃动而不能正常工作。为此，在配合间隙要求很小的情况下，不仅要保证配合表面具有较高的尺寸和形状精度，还应保证具有足够低的表面粗糙度。

对于过盈配合的组件，其配合表面的表面粗糙度对配合性质的影响也是很大的。用测量所得的配合件尺寸经计算得到的过盈量与组装后的实际过盈量相比，由于表面粗糙度的影响，常常是不一致的。因为过盈量是相配合组件轴和孔的半径差，而轴和孔的直径在测量时

都将受到表面粗糙度的影响。对于孔来说，应在测得的直径尺寸上加上一个 Rz 才是真正影响过盈配合松紧程度的有效尺寸，而轴则应减去一个 Rz 才是真正的有效尺寸。为了满足原有的过盈配合要求，可对表面粗糙度的影响做一补偿计算。但若加工表面的表面粗糙度过高，即使做了补偿计算，但其过盈配合的连接强度与具有同样有效过盈量的低表面粗糙度配合组件的过盈配合相比，还是低很多的。也就是说，即使实际有效过盈量符合要求，加工表面的表面粗糙度对过盈配合性质还是有较大影响的。

因此，对于精度高的配合组件，对其有关零件配合表面的表面粗糙度也必须提出相应的要求。根据实验研究的结果，可按下述关系选取：

零件尺寸大于 50 mm 时，$Rz = (0.10 - 0.15)T$；

零件尺寸在 18 ~ 50 mm 时，$Rz = (0.15 - 0.20)T$；

零件尺寸小于 18 mm 时，$Rz = (0.20 - 0.25)T$

式中，T——零件尺寸公差。

第三节 表面粗糙度的产生原因及其改善措施

一、切削加工中表面粗糙度及其改善措施

在用金属切削刀具对零件表面进行加工时，造成加工表面粗糙度的因素有几何因素、物理因素和工艺系统振动三个方面。

1. 几何因素

对车削加工，若主要是以刀刃的直线部分形成表面粗糙度（不考虑刀尖圆弧半径的影响），则如图 7 - 8（a）所示，可通过几何关系导出：

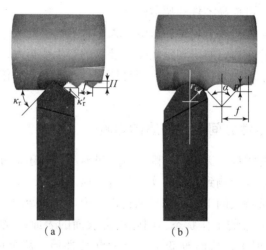

（a）   （b）

图 7 - 8 刀具几何形状与残留面积高度间的关系

$$H = \frac{f}{\cot\kappa_r + \cot\kappa_r'}$$

式中，f——刀具的进给量（mm/r）；

κ_r、κ_r'——刀具的主偏角和副偏角。

若加工时的切削深度和进给量均较小，则加工后表面粗糙度主要是由刀尖的圆弧部分构成，其间关系可由图7-8（b）所示的几何关系导出：

$$H = r_{\varepsilon}\left(1 - \cos\frac{\alpha}{2}\right) = 2r_{\varepsilon}\sin^2\frac{\alpha}{4}$$

当中心角 α 甚小时，可用 $\frac{1}{2}\sin\frac{\alpha}{2}$ 代替 $\sin\frac{\alpha}{4}$，且 $\sin\frac{\alpha}{2} = \frac{f}{2r_{\varepsilon}}$，故得：$H \approx 2r_{\varepsilon}\left(\frac{f}{4r_{\varepsilon}}\right)^2 = \frac{f^2}{8r_{\varepsilon}}$。

图7-9所示的虚线是按上式计算所得的 Rz 与 r_{ε}、f 的关系曲线，实线是实际加工所得的结果。相比较可知计算所得与实际结果是相似的。两者在数量上的一些差别是因为 Rz 不仅受刀具几何形状的影响，同时还受表面金属层塑性变形的影响。在进给量小、切屑薄及金属材料塑性较大的情况下，这个差别更大些。

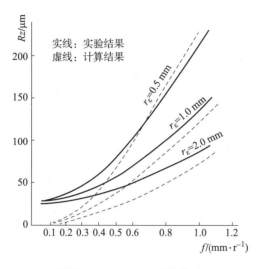

图7-9　Rz 与 r_{ε}、f 的关系

对铣削、钻削等加工，也可按几何关系导出类似的关系式，找出影响表面粗糙度的几何因素。但对铰孔加工来说，则与用宽刃车刀精车加工一样，刀具的进给量对加工表面粗糙度的影响不大。对用金刚镗床高速镗削加工，由于精细镗孔时的切削深度和进给量都很小，故加工后的表面粗糙度也主要是由几何因素造成的。

此外，前角 r_{o} 与加工表面粗糙度 Rz 没有直接的几何关系，但其对切削过程中的金属塑性变形有影响，从而间接影响加工表面的表面粗糙度。增大刃倾角 λ_{s} 对降低表面粗糙度有利。因为 λ_{s} 大，实际工作前角也随之增大，切削过程中的金属塑性变形程度随之下降，于是切削分力 F_y 也明显下降，这会显著地减轻工艺系统的振动，从而使加工表面的表面粗糙度降低。

为减少或消除几何因素对加工表面粗糙度的影响，可采取选用合理的刀具几何角度、减小进给量和选用具有直线过渡刃的刀具。

2. 物理因素

切削加工后表面的实际轮廓与纯几何因素所形成的理想轮廓往往都有较大差别（图7-10），在图7-11中，横向轮廓表示垂直于切削速度方向的表面粗糙度，它受几何因素和物理因素的综合影响，在切削速度方向的表面粗糙度，称为纵向粗糙度，它主要是受物理因素影响而形成的。这些物理因素的影响一般比较复杂，它与切削原理中所叙述的加工表面形成过程有关，如在加工过程中产生的积屑瘤、鳞刺和振动等对加工表面的表面粗糙度均有很大影响。从物理因素来分析，要减小表面粗糙度的数值，应减少加工过程中的塑性变形，并要避免产生积屑瘤和鳞刺。其主要的影响因素，有下列几方面：

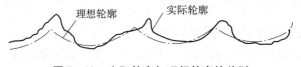

图 7 - 10　实际轮廓与理想轮廓的差别

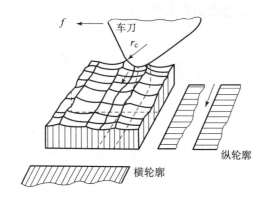

图 7 - 11　横向粗糙度与纵向粗糙度

（1）刀具前、后刀面表面粗糙度的影响。

在精加工中，刀具前、后刀面本身的表面粗糙度对加工表面的表面粗糙度有一定影响。一般刀具前、后刀面的表面粗糙度应比加工表面的表面粗糙度低，如硬质合金刀具的前、后刀面都应抛光到 $Rz0.8 \sim Rz3.2$。刀具磨钝后其前、后刀面的表面粗糙度提高，将使切削过程中金属塑性变形程度增加，从而造成加工表面的表面粗糙度也随之提高，其 Rz 值可能增大 $50\% \sim 60\%$。

保证刀具前、后刀面具有低到一定程度的表面粗糙度，必然增加了刀具刃磨成本，但加工表面质量和刀具耐用度却得以提高，故也是必要的。

（2）进给量 f 的影响。

通过图 7 - 9 可知，在粗加工和半精加工小，当 $f > 0.15$ mm/r 时，对表面粗糙度 Rz 影响很大，符合前述的几何因素的影响关系。当 $f < 0.15$ mm/r 时，则 f 的进一步减小就不能引起 Rz 明显的降低。当 $f < 0.02$ mm/r 时，就不再使 Rz 降低，这时加工表面的表面粗糙度主要取决于被加工表面的金属塑性变形程度。

（3）切削速度 v_c 的影响

切削速度 v_c 越高，切削过程中切屑和加工表面层的塑性变形的程度越轻，加工后表面粗糙度也就越低，如图 7 - 12 所示的 Rz 曲线。

当切削速度较低时，刀刃上易出现积屑瘤，它将使加工表面的表面粗糙度提高。实验证明，当切削速度 v_c 下降到某一临界值以下时，Rz 将明显提高（见图 7 - 12 中的 Rz 曲线）。产生积屑瘤的临界速度将随加工材料、冷却润滑及刀具状况等条件的不同而不同。

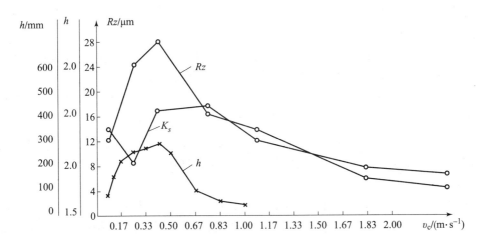

图 7－12 切削收缩系数 K_s、积屑瘤高度 h 和表面粗糙度 Rz
与切削速度 v_c 的关系（试验材料为 45 钢）

由此可见，用较高的切削速度，既可使生产率提高又可使表面粗糙度下降，所以不断地创造条件以提高切削速度，一直是提高工艺水平的重要方向。其中发展新刀具材料和采用先进刀具结构，可使切削速度大为提高。

（4）切削深度 a_p 的影响。

一般来说，切削深度 a_p 对加工表面的表面粗糙度的影响是不明显的。但当 a_p 小到一定数值以下时，出于刀刃不可能刃磨的绝对尖锐而具有一定的刃口半径 ρ，正常切削就不能维持，常出现挤压、打滑和周期性地切入加工表面等现象，从而使表面粗糙度提高。为降低加工表面的表面粗糙度，应根据刀具刃口刃磨的锋利情况选取相应的切削深度值。

（5）工件材料性能的影响。

工件材料的韧性和塑性变形倾向越大，切削加工后的表面粗糙度越高。如低碳钢的工件，加工后的表面粗糙度就高于中碳钢工件。由于黑色金属材料中的铁素体的韧性好，塑性变形大，若能将铁素体—珠光体组织转变为索氏体或屈氏体—马氏体组织，就可降低加工后的表面粗糙度。工件材料金相组织的晶粒越均匀、粒度越细，加工时越能获得较低的表面粗糙度。为此，对工件进行正火或回火处理后再加工，能使表面粗糙度明显降低。

（6）冷却润滑液的影响。

冷却润滑液的冷却和润滑作用均对降低加工表面的表面粗糙度有利，其中更直接的是润滑作用。当冷却润滑液中参有表面活性物质，如硫、氯等化合物时，润滑性能增强，能使切削区金属材料的塑性变形程度下降，从而降低了加工表面的表面粗糙度。

（7）刀具材料的影响。

不同的刀具材料，由于化学成分的不同，在加工时其前后刀面硬度及粗糙度的保持性、刀具材料与被加工材料金属分子的亲和程度以及刀具前后刀面与切屑和加工表面间的摩擦系数等均有所不同。实验证明，在相同的切削条件下，用硬质合金刀具加工所获得的表面粗糙度要比用高速钢刀具加工所获得的低。

采用金刚石刀具加工比采用硬质合金刀具加工所获得的表面粗糙度还要低很多，主要用于有色金属及其合金零件表面的镜面加工。用金刚石刀具加工所以能获得表面粗糙度极低的加工表面，其原因在于：

①金刚石刀具的硬度和强度高，并能在高温下保持其性能，因此在长时间的切削加工过程中，其刀尖圆弧半径和刃口半径均能保持不变，刀具刃口锋利；

②金刚石系共晶结合，与其他金属材料的亲和力很小，加工时切屑不会焊接或黏结在刀尖上（即不产生积屑瘤），这对降低加工表面的表面粗糙度十分有利；

③金刚石刀具前后刀面的摩擦系数非常小，加工时的切削力及表面金属的塑性变形程度也都比其他刀具材料小，故也可降低加工表面的表面粗糙度。

3. 工艺系统振动

工艺系统的低频振动，一般在工件的已加工表面上产生表面坡度，且工艺系统的高频振动将对已加工表面的表面粗糙度产生影响。为降低加工表面的表面粗糙度，则必须采取相应措施以防止加工过程中高频振动的产生。

在上述影响加工表面粗糙度的几何因素和物理因素中，究竟哪个为主，这要根据不同情况而定。一般来说，对脆性金属材料的加工是以几何因素为主；对塑性金属材料的加工，特别是韧性大的材料则是以物理因素为主。此外，还要考虑具体的加工方法和加工条件，如对切削截面很小和切削速度很高的高速加工，其加工表面的表面粗糙度主要是由几何因素引起的。对切削截面宽而薄的铰孔加工，由于刀刃很直很长，切削加工时从几何因素分析不应产生任何表面粗糙度，因此主要是物理因素引起的。

二、磨削加工中表面粗糙度及其改善措施

工件表面的磨削加工，是由在砂轮表面上几何角度不同且不规则分布的砂粒进行的。这些砂粒的分布情况还与砂轮的修整反磨削加工中的自励情况有关。由于在砂轮外圆表面上每个砂粒所处位置的高低、切削刃口方向和切削角度的不同，在磨削过程中将产生滑擦、刻划或切削作用。在滑擦作用下，被加工表面只有弹性变形，根本不产生切屑；在刻划作用下，砂粒在工件表面上刻划出一条沟痕，工件材料被挤向两旁产生隆起，此时虽产生塑性变形但仍没有切屑产生，只是在多次刻划作用下才会因疲劳而断裂和脱落；只有在产生切削作用时，才能形成正常的切屑。磨削加工表面粗糙度的形成，也与加工过程中的几何因素、物理因素和工艺系统振动等有关。

从纯几何角度考虑，可以认为在单位加工面积上，由砂粒的刻划和切削作用形成的刻痕数越多越浅，则表面粗糙度越低。或者说，通过单位加工表面的砂粒数越多，表面粗糙度越低。

1. 砂轮自身状况对表面粗糙度的影响

砂轮的粒度及修整状况对表面粗糙度都有较大影响。

1）砂轮粒度

砂轮粒度表示砂轮中镶嵌的磨粒的大小程度。粒度号是以磨粒刚刚能通过哪一号筛网的网号来表示，网号数是每英寸长度上筛网上的孔眼数。如60#粒度是每英寸长度上60个孔眼。当砂轮磨粒的直径小于40微米时，这种磨粒称为微粉。微粉的粒度是以最大颗粒的磨粒直径的尺寸表示，以微米为单位，前面加 W 标记，如 W28 是指直径为 28 微米的磨粒。

砂轮粒度对加工表面的表面粗糙度的影响，如图 7-13 所示。粒度号越大加工表面的表

面粗糙度越低。但若粒度号过大，只能采用很小的磨削深度（$a_p = 0.0025$ mm 以下），还需很长的空走刀时间，否则砂轮易被堵塞，造成工件烧伤。为此，在一般磨削所采用的砂轮粒度号都不超过 80 号，常用的是 46～60 号。

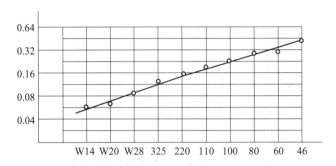

图 7 – 13　砂轮粒度对加工表面粗糙度的影响

2）砂轮的修整

影响磨削加工表面粗糙度的另一重要因素是对砂轮工作表面的修整。若砂轮工作表面修整得不好，其上砂粒不处在同一高度，就相当于其中部分较低的砂粒将不起磨削作用，加工时单位面积上通过的砂粒数就会减少，加工后的表面粗糙度必然增高。当在磨削加工的最后几次走刀之前，对砂轮进行一次精细修整，使每个砂粒产生很多个等高的微刃（见图 7 – 14），这相当于选用粒度号大的砂轮进行磨削，从而达到 $Ra0.04$ μm 以下的表面粗糙度。这种低粗糙度磨削所使用的磨料是常用的 46～60 号粒度，砂轮是普通的氧化铝砂轮，关键是对砂轮工作表面的精细修整。砂轮修整的要求是用金刚石修整器，修整切深为 0.005 mm 以下，修整时的纵向进给量为砂轮每转 0.02 mm 以下，修整完毕后应对砂轮边角进行倒角并用冷却润滑液冲洗砂轮工作表面。当机床工作状况正常、磨削用量合适时，加工表面的表面粗糙度可达 $Ra\,0.016$ ～ $Ra0.032$。

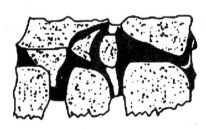

图 7 – 14　微刃

2. 磨削参数对表面粗糙度的影响

加工实践表明，在磨削过程中不仅有几何因素影响，而且还有塑性变形等物理因素的影响。虽然从切削角度这方面分析，磨削速度远比一般切削加工时的切削速度高，但不能认为磨削加工中的塑性变形不严重。在磨削加工过程中，由于砂粒的切削刃并不锋利，其圆弧半径可达十几个微米，而每个砂粒所切下的切削厚度一般仅为 0.2 μm 左右。因此大多数砂粒在磨削过程中只在加工表面上挤压过，根本没有切削，磨除量是在很多后继砂粒的多次挤压下，经过充分的塑性变形出现疲劳后剥落的。所以，加工表面的塑性变形不是很轻，而是很重的。磨削参数影响塑性变形进而影响表面粗糙度的关系如下：

1）砂轮速度

砂轮速度越高，有可能使表层金属塑性变形的传播速度大于切削速度，工件材料来不及变形，致使表层金属的塑性变形减小，磨削表面的表面粗糙度值将明显减小，如图 7-15 所示。

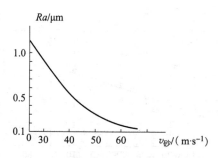

图 7-15 砂轮速度与表面粗糙度的关系

加工材料：30CrMnsiA；砂轮：GD60ZR$_2$A；

$v_{工}$ =0.67 m/s；f =2.36 m/min；a_p =0.01 mm

2）工件速度和进给量

工件速度和进给量的增大，均可以引起塑性变形增加，表面粗糙度值将增大，如图 7-16、图 7-17 所示。

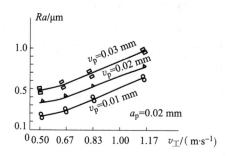

图 7-16 工件速度与表面粗糙度的关系

加工材料：30CrMnsiA；砂轮：GD60ZR$_2$A；

$v_{砂}$ =50 m/s；f =2.36 m/min

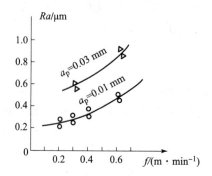

图 7-17 进给量与表面粗糙度的关系

加工材料：30CrMnsiA；砂轮：GD60ZR$_2$A；

$v_{砂}$ =50 m/s；$v_{工}$ =0.67 m/s

3）磨削深度

磨削深度 a_p 的增大将增加塑性变形程度，从而影响加工表面的粗糙度。如图 7 - 18 所示的实验曲线，也说明了这一点。

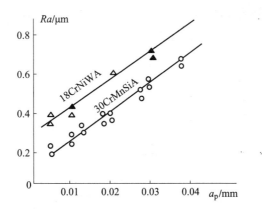

图 7 - 18　磨削深度与表面粗糙度的关系

加工材料：18CrNiWA 及 30CrMnsiA；砂轮：GD60ZR$_2$A；

$v_{砂}$ = 50 m/s；$v_{工}$ = 0.67 m/s；f = 2.2 m/min

根据上述实验结果，可得出如下经验公式：

$$Ra = C \frac{v_{工}^{0.8} f^{0.66} a_p^{0.48}}{v_{砂}^{2.7}}$$

由于磨削深度 a_p 对加工表面的表面粗糙度有较大的影响，在精密磨削加工的最后几次走刀总是采用极小的磨削深度。实际上这种极小的磨削深度不是靠磨头进给获得，而是靠工艺系统在前几次进给走刀中磨削力作用下的弹性变形逐渐恢复实现的，在这种情况下的走刀常称为空走刀或无进给磨削。精密磨削的最后阶段，一般均应进行这样的几次空走刀，以便得到较低的表面粗糙度。实验证明，采用粗粒度砂轮磨削时，增加无进给磨削次数可使表面粗糙度由 $Ra0.05$ 降到 $Ra0.04$ 以下；采用细粒度砂轮需进行 $20 \sim 30$ 次无进给磨削才能使加工表面达到 $Ra0.01$ 以下的镜面要求。

此外，在磨削加工过程中，冷却润滑液的成分和洁净程度、工艺系统的抗振性能等对表面粗糙度的影响也很大，亦是不容忽视的因素。

第四节　表面物理力学性能产生原因及其改善措施

一、表面层冷作硬化及其改善措施

1. 冷作硬化的成因及衡量标准

在切削或磨削加工过程中，若加工表面层产生的塑性变形使晶体间产生剪切滑移，晶格严重扭曲，并产生晶粒的拉长、破碎和纤维化，引起表面层的强度和硬度都提高的现象，就是冷作硬化现象（又称强化）。金属冷作硬化的结果，会增大金属变形的阻力，减小金属的塑性，改变金属的物理性能，并使金属处于高能位不稳定状态，只要一有条件，金属的冷硬结构本能地向比较稳定的结构转化，这一现象统称为弱化。而机械加工过程中产生的切削热，将使金属在塑性变形中产生的冷硬现象得到恢复。

由于金属在机械加工过程中同时受到力和热的作用，机械加工后表面层金属的最后性质取决于强化和弱化两个过程的综合。

加工表面层的冷作硬化指标主要以硬化层深度 h、表面层的显微硬度 H 及硬化程度 H/H_0 表示，如图 7-19 所示。一般硬化程度越大，硬化层的深度也越大。

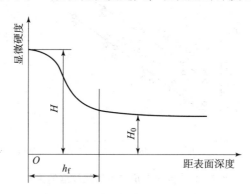

图 7-19　显微硬度与深度间关系

表面层的硬化程度取决于产生塑性变形的力、变形速度及变形时的温度。力越大，塑性变形越大，产生的硬化程度也越大。变形速度越大，塑性变形越不充分，产生的硬化程度也就相应减小。变形时的温度 θ 不仅影响塑性变形程度，还会影响变形后的金相组织的恢复程度。若变形时温度超过 $(0.25 \sim 0.3)\theta_{熔}$（金属的熔化温度）时，即会产生金相组织的恢复，也就会部分甚至全部地消除冷作硬化现象。各种机械加工方法加工钢件表面层的冷作硬化情况见表 7-2。

表 7-2　各种机械加工方法下钢件表面层冷作硬化情况

加工方法	硬化程度 $N/\%$		硬化层深度 $h/\mu m$	
	平均值	最大值	平均值	最大值
车削	20 ~ 50	100	30 ~ 50	200
精细车削	40 ~ 80	120	20 ~ 60	
端铣	40 ~ 60	100	40 ~ 100	200
圆周铣	20 ~ 40	80	40 ~ 80	110
钻、扩孔	60 ~ 70		180 ~ 200	250
拉孔	50 ~ 100		20 ~ 75	
滚、插齿	60 ~ 100		120 ~ 150	
低碳钢	60 ~ 100	150	30 ~ 60	
未淬硬中碳钢	40 ~ 60	100	30 ~ 60	
平面磨	50		16 ~ 35	
研磨	12 ~ 17		3 ~ 7	

2. 影响冷作硬化的因素

1）刀具

刀具的刃口圆角和后刀面的磨损对表面层的冷作硬化有很大影响，刃口圆角和后刀面的磨损量越大，冷作硬化程度和深度也越大。

2）切削用量

在切削用量中，影响较大的是切削速度 v 和进给量 f。v 增大，则表面层的硬化程度和深度都有所减小。这是由于一方面切削速度增大会使温度增高，有助于冷作硬化的恢复，另一方面由于切削速度的增大，刀具与工件接触时间短，也会使塑性变形程度减小。进给量 f 增大时，切削力增大，塑性变形程度也增大，因此表面层的冷作硬化现象也严重。但当 f 较小时，由于刀具的刃口圆角再加上表面上的挤压次数增多，所示表面层的冷作硬化现象也会增大。切削用量对冷作硬化程度的影响如图 7−20 所示。

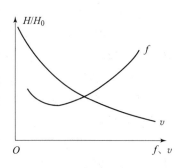

图 7−20　切削用量对冷作硬化程度的影响

3）被加工材料

被加工材料的硬度越低和塑性越大，则切削加工后其表面层的冷作硬化现象越严重。

3. 减小表面层冷作硬化的措施

（1）合理选择刀具的几何形状，采用较大的前角和后角，并在刃磨时尽量减小其切削刀口半径。

（2）使用刀具时，应合理限制其后刀面的磨损限度。

（3）合理选择切削用量，采用较高的切削速度和较小的进给量。

（4）加工时采用有效的冷却润滑液。

二、表层金属的金相组织变化及其改善措施

机械加工过程中，在加工区加工时所消耗的能量绝大部分转化为热能而使加工表面出现温度升高。当温度升高到超过金相组织变化的临界点时，就会产生金相组织变化。对一般的切削加工来说，不一定严重到如此程度；但对单位切削截面消耗功率特别大的磨削加工，就可能出现表面层的金相组织变化。

表 7−3 所示为常用机械加工方法中的单位切削截面的切削力。

表 7−3　常用机械加工方法中的单位切削截面的切削力

机械加工方法	单位切削截面切削力/（N·mm^{-2}）
车削	2 000 ~ 2 500
钻削	3 000 ~ 3 500
铣削	5 000 ~ 5 700
磨削	100 000 ~ 200 000

由于磨削加工时的单位切削截面切削力及切削速度比其他加工方法大，所以磨削加工时单位切削截面的功率消耗远远超过其他加工方法。如此大的功率消耗绝大部分转化为热，这些热量部分由切屑带走，很小一部分传入砂轮，若冷却效果不好，则很大一部分将传入工件

表面。因此，磨削加工是一种典型的易于出现加工表面金相组织变化的加工方法。

1. 磨削烧伤及其分类

影响磨削加工时金相组织变化的因素有工件材料、磨削温度、温度梯度及冷却速度等。对于已淬火的钢件，很高的磨削温度往往会使表层金属的金相组织发生变化，使表层金属硬度下降，使工件表面呈现氧化膜的颜色，这种现象称为磨削烧伤。

磨削淬火钢时，在工件表面形成的瞬间高温将使表层金属产生以下三种金相组织变化：

（1）若磨削区温度超过马氏体转变温度而未超过其相变临界温度，则工件表面原来的马氏体组织将产生回火现象，转化成硬度降低的回火组织（索氏体或屈氏体），称之为回火烧伤；

（2）若磨削区温度超过相变临界温度，由于冷却液的急冷作用，使工件表面的最外层会出现二次淬火的马氏体组织，硬度较原来的回火马氏体高，而其下层因冷却速度较慢仍为硬度降低的回火组织，称之为淬火烧伤；

（3）若不用冷却液进行干磨时超过相变的临界温度，由于工件冷却速度较慢使磨削后表面硬度急剧下降，则产生了退火烧伤。

此外，对一些高合金钢，如轴承钢、高速钢、镍铬钢等，由于其传热性能特别差，在不能得到充分冷却时，常易出现相当深度的金相组织变化，并伴随出现极大的表面残余拉应力，甚至产生裂纹。零件加工表面层的烧伤和裂纹格使它的使用性能大幅度下降，使用寿命也可能数倍、数十倍地下降，甚至根本不能使用。

2. 改善磨削烧伤的工艺途径

1）合理选择磨削用量

为了合理地选取磨削用量，首先必须分析磨削区表面温度与磨削用量之间的关系。现以平面磨削为例，通过实验及有关温度场的理论分析计算可知，磨削区表面温度 θ 与工件速度 $v_工$、磨削深度 a_p、砂轮速度 $v_砂$ 及横向进给量 f 间的关系如下：

$$\theta = C_\theta \cdot v_工^{0.2} \cdot a_p^{0.35} \cdot v_砂^{0.25} \cdot f^{-0.3}$$

式中，C_θ 为常数。

由上述磨削区表面温度与磨削用量的关系式可知，磨削深度 a_p 的增大会使表面温度升高，工件速度 $v_工$ 和砂轮速度 $v_砂$ 的增大也会影响表面温度的升高，但影响的程度不如磨削深度大。横向进给量 f 的增大，反而会使表面温度下降。

当进一步观察和分析 $v_工$ 对磨削区温度场的影响时，可以看到 $v_工$ 越大，表面附近处的温度梯度越大，即曾发生高温的表面金属层越薄。从表 7-4 中可以看到曾发生 600℃ 以上温度的金属层厚度和曾发生 800℃ 以上温度的金属层厚度，都随 $v_工$ 的增大而减小。

表 7-4　工件速度对温度场的影响

工件速度 $v_工/(m \cdot s^{-1})$	表面温度 $\theta/℃$	处在 600℃ 以上的金属层厚度/mm	处在 800℃ 以上的金属层厚度/mm
0.5	1 075	0.096	0.043
1.0	1 206	0.072	0.042
2.0	1 380	0.060	0.040
3.0	1 510	0.052	0.039

如表 7-4 所示，温度在 600℃ 左右是淬火钢最易回火的温度，这温度只要保持 0.5 s 左右马氏体即开始分解，向屈氏体转化，从而硬度下降并产生残余拉应力。低于此温度时，如 400℃，则要保持 10 s 左右才开始变化。对于磨削加工来说，表面处于磨削区的时间 t 约在百分之一秒以内，一出磨削区就会得到有效冷却，故高温保持时间不可能达到几秒钟之久，因此来不及回火。

在生产中，磨削加工产生的烧伤层如果很薄，常常在本工序中通过最后几次无进给磨削，或通过稻磨、研磨、抛光等工序把烧伤层除去，甚至在使用时的初期磨损也能把它除去。所以，问题不在于有没有表面烧伤，而在于烧伤层有多厚。根据表 7-4 数据，可以认为进一步提高 $v_工$ 能减轻磨创表面的烧伤。所以，提高 $v_工$ 是一项既能减轻磨削烧伤又能提高生产率的有效措施。

但是提高 $v_工$ 会导致表面粗糙度增高，为了弥补这个缺陷，可以相应提高砂轮速度 $v_砂$。根据前一节所述的实验公式

$$Ra = C \frac{v_工^{0.8} f^{0.66} a_p^{0.48}}{v_砂^{2.7}}$$

可知，如 $v_工$ 增大 3 倍，Ra 将增高 $3^{0.8} = 2.41$ 倍，而 $v_砂$ 只需增加 39%（因为 $1.39^{2.7} = 2.41$）即可补偿。即 $v_砂$ 不用增大太多，就可以补偿 $v_工$ 大幅度提高所引起的粗糙度的升高。

实践证明，同时提高砂轮速度和工件速度可以避免烧伤。图 7-21 所示为磨削 18CrNZwA 钢时，工件速度和砂轮速度无烧伤的临界比值曲线。图 7-21 所示曲线的右下方是容易出现烧伤的危险区（Ⅰ区），曲线左上方是安全区（Ⅱ区）。由此可以得出发展高速磨削能够避免烧伤的结论，这是磨削工艺的一个重要发展方向。我国现已取得了速度超过 80 m/s 的高速磨削经验。

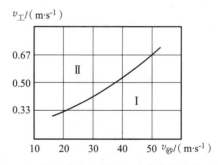

图 7-21　工件速度和砂轮速度无烧伤的临界比值曲线

2）提高冷却效果

根据日常生活实践说明，若在数百度或上千度的高温表面上有效地注上冷却水，就可以带走大部分热量，而使表面温度明显下降。在室温下，1 mL 水转化成 100℃ 以上的水蒸气就可带走 2 500 J 的热量。而磨削区热源每秒的总发热量 Q 在一般磨削用量下为 4 200 J 左右，很少超过 6 300 ~ 8 400 J。根据上述的推算，若在磨削区每秒确有 2 mL 的冷却水在起作用，将有相当部分的热量被带走，表面不应该出现烧伤。然而，目前通用的冷却方法往往效果很差，由于高速旋转的砂轮表面上产生强大气流层，以致没有多少冷却液能进入磨削区，而常常是将冷却液大量地喷注在已经离开磨削区的工件表面上。此时磨削热量已进入工件的加工表面而造成表面烧伤或裂纹，为此改进冷却方法提高冷却效果是非常必要的。具体改进的措

施如下：

（1）采用高压大流量冷却。这样不但能加强冷却作用，而且还可以对砂轮表面进行冲洗，使其空隙不易被切屑堵塞。如有的磨床就是使用流量每分钟 200 L 和压力为 8～12 大气压的冷却液。为防止冷却液飞溅，机床需安装有防护罩。

（2）在砂轮上安装带有空气挡板的冷却液喷嘴。为减轻高速旋转砂轮表面的高压附着气流作用，可加装如图 7 - 22 所示的带有空气挡板的冷却液喷嘴，以使冷却液能顺利地喷注到磨削区，这对于高速磨削则更为必要。

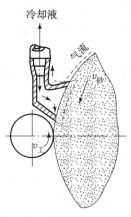

图 7 - 22　带有空气挡板的冷却液喷嘴

（3）利用砂轮的孔隙实现内冷却。由于砂轮上的孔隙均能渗水，故可采用如图 7 - 23 所示的内冷却方式。冷却液由锥形盖 1 经主轴法兰套 2 的通道孔引入到砂轮的中心腔 3 内。由于离心力的作用，冷却液即会通过砂轮内部有径向小孔的薄壁套 4 的孔隙向砂轮四周的边缘洒出。这样，冷却液就有可能直接与处在磨削区内正在加工的工件表面接触，从而起到时效冷却的作用。

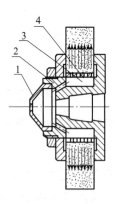

图 7 - 23　砂轮内冷却

1—锥形盖；2—主轴法兰套；3—中心腔；4—薄壁套

日前内冷却方式还未得到广泛应用，其原因之一是使用内冷却时，磨床附近有大量水雾，操作工人劳动条件差；其二是精密加工时无法通过观察火花进行试切吃刀。此外，内冷却磨削所使用的冷却液必须经严格过滤，以防砂轮内部孔隙堵塞。为此，对冷却液中的杂质要求不应超过 0.02%。

3）提高砂轮的磨削性能

要解决磨削烧伤问题，除了合理选择磨削用量、改进冷却方法、改善传热条件等各项措施外，在不影响磨削生产率的条件下，降低磨削区发热强度也是一个主要措施。

如前所述，磨削时的单位磨削截面切削力为 100 000 ~ 200 000 N/mm²，这已数十倍地超过了材料的强度极限。产生如此大的切削力，主要不是由被加工材料的强反抗力所造成，而是由不正常的极大摩擦力所引起的。这说明磨削过程是一个很不理想的切削过程，切削所占的比重很小，大部分磨粒只是与加工面进行摩擦而不是进行切削。所以，改善切削过程就可以在不影响生产率的情况下，减少功率消耗而达到降低磨削区温度的目的。

（1）锐化磨粒，减小摩擦。

磨削时，作为刀刃的刚玉磨粒，其刃口是非常钝的。图 7 - 24（a）所示就是一个磨粒放大的图像，其最尖锐的刃口也有相当大的圆弧半径而呈球面状。而在磨削过程中，每个磨检的切削厚度常在 0.02 ~ 0.2 μm。磨粒的切削过程如图 7 - 24（b）所示。

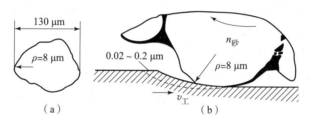

图 7 - 24 磨粒的切削过程

在大多数情况下，图 7 - 24（b）所示的那层金属只是被挤压了一下，并没有切除。这层金属只是在后续的大量磨粒反复挤压多次而呈现疲劳时才剥落。因此在切削抗力中绝大部分是摩擦力。如果磨粒的切削刃口再尖锐锋利些，磨削力会下降，功率消耗也会减少，从而磨削区的温度必然也会相应下降。但磨粒的刃尖是自然形成的，刃尖的圆弧半径 ρ 取决于磨粒的硬度和强度。若磨粒的硬度和强度不够，就不能得到很小的 ρ，即使偶然得到了，在磨削时也不能保持。磨料硬度和强度的提高显然是提高砂轮磨削性能的一个重要方向。

我国的磨粒研究和生产部门一直在研究这类课题。现在我国的磨料行业，除了生产传统的棕刚玉（Gz）、白刚玉（GB）、黑色碳化硅（TH）及绿色碳化硅（TL）等四种基本磨料外，还生产了一系列新的优质磨料，如单晶刚玉（GD）、微晶刚玉（Gw）、铬刚玉（Gc），以及人造金刚石和立方氮化硼（BN）等。

金刚石砂轮磨削硬质合金不产生烧伤和裂纹的主要原因是磨粒的强度、硬度大，刃尖锋利，改善了切除薄切屑的条件，从而使磨削力及磨削区温度下降。另一个原因是金刚石与金属在无润滑液情况下的摩擦系数极低，只有 0.05。

目前立方氮化硼的制造和应用也提高了加工硬质合金的效率。虽然立方氮化硼在硬度和强度上略逊于金刚石，但它能在高达 1 360℃（金刚石是 920℃）的高温下工作。

（2）保持砂轮自锐性。

由于磨料的磨削性能有较大的随机性，因此无法确保砂轮工作表面每颗磨粒的高质量。对那些质量差和较快用钝的磨粒，因为刃尖较钝，摩擦力较大，可能引起磨削表面的局部烧伤，一般总是希望它们能在工作时自动地从砂轮脱落下来，即希望结合剂的黏结力不要太强，砂轮软一些。

（3）增加弹性，避免过载。

也可采用具有一定弹性的结合剂来解决磨削烧伤问题。例如，用橡胶作为结合剂，当某种偶然性因素导致磨削力增大时，磨粒就会做一定程度的退让，使切削深度自动下降，由于切削力不会过大而避免了表面局部烧伤。树脂结合剂也有类似性能，采用树脂砂轮能减轻与避免烧伤的主要原因是当磨削温度达到230℃以上时，树脂即碳化失去黏结性能，表现出良好的自励性，这样就可避免结合剂与工件表面的挤压和摩擦，并使砂轮工作表面保持锋利的磨粒。例如，某厂将一般砂轮改用树脂砂轮，磨削12CrNi3A钢、12CrNi4A钢等导热性差的合金材料，解决了生产中长期存在的磨削烧伤问题。

（4）使用新型砂轮。

此外，为了提高磨削性能，还可采用如图7-25所示的开槽砂轮。由于砂轮的工作部位上开有一定宽度、一定深度和一定数量等距或不等距的斜构槽，当其高速旋转时不仅易于将冷却液带入磨削区改善了散热条件，而且提高了砂轮的自励性，使整个磨削过程都有锋利的磨粒在工作，从而降低了磨削区温度。

国外介绍一种直接在磨床上用带螺旋线的滚轮在砂轮上滚挤出带有螺旋槽的砂轮，滚挤出的沟槽浅而窄，其宽度为1.5～2 mm，其方向与砂轮轴线约呈60°角。用这种砂轮磨削零件，不仅不影响表面粗糙度，表面无烧伤，而且还能减少磨削力和能量消耗的30%，提高砂轮耐用度十倍以上。

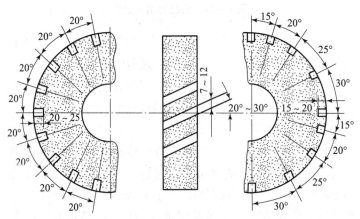

图7-25　开槽砂轮

三、表面残余应力及其改善措施

各种机械加工方法所得到的零件表面层都存在或大或小，或拉或压的残余应力。机械加工表面层残余应力产生的原因主要是在加工过程中表面层曾出现过高温，引起局部高温塑性变形；加工过程中表面层曾发生过局部冷态塑性变形，加工过程中表面层产生了局部金相组织变化；以及在加工过程中，表面层经冷态塑性变形后，金属比重下降，比容积增大而引起表面层受力状况变化等。

1. 表层金属产生残余应力的原因

1）冷态塑性变形

在切削力的作用下，已加工表面产生强烈的塑性变形。当表面层在切削时受刀具后面的挤压和摩擦的影响较大时，表面层产生伸长塑性变形，表面积趋于增大，此时里层金属受到影响，处于弹性变形状态。当外力消失后，里层金属趋向复原，但受到已产生塑性变形的表面层的限制，恢复不到原来的状态，因而在里层产生拉伸应力、外层产生残余压缩应力。同理，若表面层产生收缩性变形时，则由于基体金属的影响，表面层将产生残余拉伸应力，而里层则产生压缩残余应力。

另外，在冷态塑性变形时，同时使金属的晶格被扭曲，晶粒受到破坏，导致金属的密度下降，比容积增大。因此，在表面层要产生残余压缩应力。比容积增大和冷态塑料变形所产生的残余应力，若其压或拉的性质相反，则可互相抵消其部分影响。

　2）热态塑性变形

在机械加工时，表面层受切削热的影响而产生热膨胀，由于基体的温度较低，因而表面层的热胀受到基体金属的限制，而在表面层产生压缩应力。若该应力没有超过材料的屈服极限时，不会产生塑性变形，当温度下降时，压缩应力逐渐消失，冷却到原有的室温时，恢复到加工前的状态。若表面层在加工时温度很高，产生的压缩应力超过材料的屈服极限时，就会产生热塑性变形。应力与温度的关系如图 7 – 26 所示。

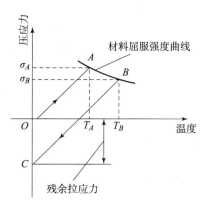

图 7 – 26　应力与温度的关系

当切削区温度升高时，表面层受热膨胀而产生压缩应力，该应力随温度增加而线性地加大，当未达到 A 点时就开始冷却，因未产生热塑性变形而仍回至 O 点，表面层不产生残余应力。

当切削区温度升高到 A 点时，热应力达到材料的屈服强度值，若在 A 点处温度再升高至 T_B，表面层产生热塑性变形，热应力值将停留在材料在不同温度时的屈服强度值处（σ_B：材料在温度 T_B 时的屈服强度），当磨削完毕温度下降时，热应力按原斜率下降（沿 BC 线），直到与基体温度一致时即到达 C 点。加工后表面层将有残余拉应力。

温度越高，越容易产生热塑性变形，产生的残余应力也越大。残余应力的大小，除与温度有关外，也与材料的特性有关，即与屈服极限的曲线及温度升降的斜率有关。

　3）金相组织的变化

切削加工时，尤其是磨削加工时的高温，会引起表面层金属组织的相变。由于不同的金相组织有不同的比重，因此，不同的组织的体积也不相同。若表面层的体积增加时，由于受基体的影响，表面产生压应力。反之，表面层体积缩小时，则产生拉应力。

各种组织中，马氏体比重最小，奥氏体比重最大。各种组织的比重值如下所列：

马氏体：$\gamma_M = 7.65$；

奥氏体：$\gamma_A = 7.96$；

屈氏体：$\gamma_T = 7.78$；

索氏体：$\gamma_S = 7.78$。

磨淬火钢时，若表面层产生回火现象，马氏体转化成屈氏体和索氏体，因体积缩小，表面层产生残余拉应力，里层产生残余压应力。若表面层产生二次淬火时，由于二次淬火马氏体的体积比里层回火组织的体积大，因而表面层产生压应力。

在实际生产中，机械加工后表面层残余应力是由上述三方面因素综合作用的结果。例如，在切削加工中如果切削热的影响不大，表面层中没有产生热塑性变形，而是以冷塑性变形为主，此时，表面层中将产生残余压应力，磨削加工，一般因磨削温度较高，常以相变和热塑性变形产生的拉应力为主，所以表面层常带有残余拉应力。

实际上机械加工后表面层的残余应力是上述几个方面原因的综合结果。在一定的条件下，其中某一种或某两种原因可能起主导作用。例如，在切削加工过程中，若切削热不多，加工表面层以冷态塑性变形为主，将产生残余压应力；若切削热量较多，这时在表面层中由于局部高温产生的残余拉应力将与冷态塑性交形产生的残余压应力相互抵消一部分。磨削加工时，一般由于磨削热量大，常以局部高温和金相组织变化产生的拉应力为主。故加工后的表面层常常带有残余拉应力。当残余拉应力超过金属材料的强度极限时，在表面上就会产生裂纹。有时磨削裂纹也可能不在零件的外表面上，而是在外表面层下成为难以发现的缺陷。磨削裂纹的方向大都与磨削方向垂立或呈网状，且常与表面烧伤同时出现。

2. 减小表面拉应力的措施

当零件表面具有残余拉应力时，其疲劳强度会明显下降，特别是对有应力集中或在有腐蚀性介质中工作的零件，残余拉应力对零件疲劳强度的影响更为突出，为此，应尽可能在机械加工中减小残余拉应力，最好能避免产生残余拉应力。

通过前面的分析可知，在切削加工中，由于切削热不是很高，因此表面不易形成残余拉应力，因此，工件表面的残余拉应力往往是形成于磨削加工中。在磨削加工过程中，产生残余拉应力的主要原因是磨削区的温度过高而导致的金属相变，因此，只要能改善磨削烧伤的情况，都有利于减小表面残余拉应力。避免磨削烧伤的措施前文已分析过，这里不再累述。除了通过某些改善磨削状况避免磨削烧伤外，还可以通过表面强化的手段使工件表面产生残余压应力，并提高硬度。

四、表面强化工艺

这里主要介绍通过冷压使表面层发生冷塑变形，从而使表面硬度提高并在表面层产生残余压应力的加工方法。

冷压强化工艺方法简单、效果显著，其名目也十分繁多，常用的一些方法有如图 7-27 所示的单滚柱或多滚柱滚压、单滚珠或多滚珠弹性滚压、钢球挤压、涨孔和喷丸强化等，其中喷丸强化主要用于零件的毛坯表面。现仅对应用广泛的喷丸强化和滚珠滚压强化方法加以说明。

1. 喷丸强化

此种工艺方法是利用大量快速运动中的珠丸打击零件表面，使其产生冷硬层和残余压应力。这时表层金属结晶颗粒的形状和方向也得到改变，因而有利于提高零件的抗疲劳强度和使用寿命，如图 7 - 27（d）所示。

所使用的珠丸一般是铸铁的，或是切成小段的钢丝（使用一段时间后自然变成球状），其尺寸为 0.2 ~ 4 mm。对小零件和表面粗糙度低的零件，需用较细小的珠丸。当零件是铝制品时，为了避免喷丸加工后在表面残留铁质微粒面引起电解腐蚀，应使用铝丸或玻璃丸。若在零件上有凹槽、凸起等应力集中的部位，珠丸一般应小于其过渡圆弧半径以使这些部位也得到强化。

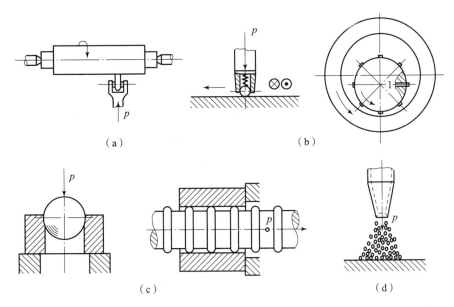

图 7 - 27 常用的冷压工艺强化方法

（a）单滚柱或多滚柱滚压；（b）单滚珠或多滚珠弹性滚压；

（c）钢珠挤压和涨孔；（d）喷丸强化

所使用的设备是压缩空气喷丸装置和机械离心式喷丸装置，这些装置可使喷丸以 35 ~ 50 m/s 的速度喷出。

喷丸强化工艺主要用于强化形状比较复杂不宜用其他方法强化的零件，如板弹簧、螺旋弹簧、深井钻杆、连杆、齿轮、曲轴等。对于在腐蚀性环境中工作的零件，特别是淬过火而在腐蚀性环境中工作的零件，喷丸强化加工的效果就更为显著。

2. 滚珠滚压强化

此种工艺方法是通过淬火钢滚珠在零件表面上进行滚压，也能使零件表面产生冷硬层和表面残余压应力，从而提高零件的承载能力和抗疲劳强度。加工时可用单个滚珠滚压，也可用几个滚珠滚压，如图 7 - 28 所示。

图 7 - 29 所示的曲线是不同结构试件的疲劳试验结果，曲线 1 是未经滚压加工的实验结果，曲线 2 是经滚压加工后的实验结果。

从这些实验曲线可知，滚压加工对零件的疲劳强度的提高是非常显著的。从图 7 - 29（a）可见试件的疲劳强度从 245 MPa 提高到 305 MPa，提高约为 24%；对于有应力集中的试件来说，滚压加工的作用更为明显，如图 7 - 29（b）所示其疲劳强度由 150 MPa 提高到 240 MPa，提高约 60%。又如图 7 – 29（c）所示，其疲劳强度也由 150 MPa 提高到 220 MPa，提高约 46%。

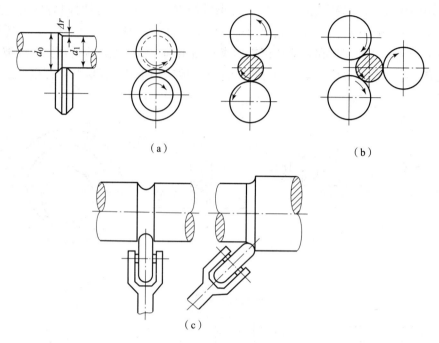

图 7 – 28　滚珠滚压强化

（a）单滚柱滚压加工；（b）多滚柱滚压加工；（c）槽和凸肩滚压加工

d_0—滚压前工件直径；d_1—滚压后工件直径；Δr—剩余变形量

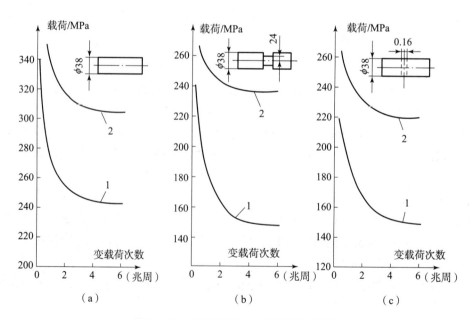

图 7 – 29　不同结构试件的疲劳试验结果

（a）无应力集中的试件；（b）带槽的试件；（c）钻有横向小孔的试件

第五节　机械加工中的振动及其控制措施

机械加工过程中，在工件和刀具之间常常产生振动。产生振动时，工艺系统的正常切削过程便受到干扰和破坏，从而使零件加工表面出现振纹，降低了零件的加工精度和表面质量。强烈的振动会使切削过程无法进行，甚至造成刀具"崩刃"。振动还影响刀具的耐用度和机床的使用寿命，还会发出刺耳的噪声，恶化了工作环境，影响工人的健康。

所以，研究机械加工过程中产生振动的机理，掌握振动发生和变化的规律，探讨如何提高工艺系统的抗振性和消除振动的措施，使机械加工过程既能保证较高的生产率，又可以保证零件的几何尺寸和表面质量，仍是在机械加工方面应研究的一个重要课题。

机械加工过程中产生的振动，按其产生的原因来分，与所有的机械振动一样，也分为自由振动、强迫振动和自激振动三大类。自由振动往往是由于切削力的突然变化或其他外界力的冲击等原因所引起的。这种振动一般可以迅速衰减，因此对机械加工过程的影响较小。而强迫振动和自激振动都是不能自然衰减而且危害较大的振动。据统计，自由振动只占5%左右，而强迫振动约占30%，自激振动则占65%。

一、自由振动

当振动系统的平衡被破坏，只靠系统的弹性恢复力来维持的振动，称为自由振动。它是一种最简单的振动，在机械加工过程中，有不少自由振动的实例。例如，在内圆或外圆磨床上磨削零件的内孔或外圆表面，在砂轮和工件刚接触时，砂轮轴由于受到冲击，而产生自由振动。振动的结果，使在砂轮开始磨削处的工件表面出现振纹，类似的现象也常发生在刨刀和工件刚接触的地方。此外，悬臂杠杆强扎时也极易产生自由振动。总之，所有弹性物体受到冲击都会产生自由振动。

二、强迫振动

1. 强迫振动产生的原因

强迫振动是由振动系统外的振源补充能量来维持振动的。因此，激振力的来源是强迫振动发生的最主要因素。振源从来源可分为机内振源和机外振源。振源来自机床内部的，称为机内振源；来自机床外部的，称为机外振源。

机外振源甚多，但它们多半是通过地基传给机床的，可以通过加设隔振地基把振动隔除或削弱。

机内振源主要有以下几方面：

（1）机床上各个电动机的振动，包括电动机转子旋转不平衡及电磁力不平衡引起的；

（2）机床上各回转零件的不平衡，如砂轮、皮带轮、卡盘、刀盘和工件等的不平衡引起的振动；

（3）运动传递过程中引起的振动，如齿轮啮合时的冲击，皮带传动中平皮带的接头，三角皮带的厚度不均匀，皮带轮不圆，轴承滚动体尺寸从形状误差等引起的振动；

（4）往复部件运动的惯性力；

（5）不均匀或断续切削时的冲击，例如铣削、拉削加工中，刀齿在切入或切出工件时，都会有很大的冲击发生。此外，在车削带有键箔的工件表面时也会发生由于周期冲击而引起的强迫振动；

（6）液压传动系统的压力脉动引起强迫振动等。

2. 强迫振动的模型

强迫振动是在外界周期性干扰力持续作用下，振动系统被迫产生的振动。它是由外界振源补充能量来维持振动的。图 7 – 30（a）所示为一个安装在简支梁上的电动机，以 ω 的角速度旋转时，假如由于电动机转子不平衡而产生离心力 P_0，则 P_0 沿 x 方向的分力 P_x（$P_x = P_0 \sin\omega t$），就是该梁的外界周期性干扰力。在这一干扰力作用下，简支梁将做不衰减的振动。我们可以将上述实际的振动系统简化为图 7 – 30（b）所示的一个单自由应有阻尼强迫振动系统的振动模型。

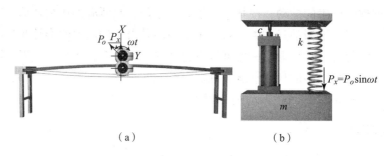

（a）   （b）

图 7 – 30 强迫振动模型

（a）强迫振动机构；（b）强迫振动模型

该系统运行过程中将产生振动，振动的振幅变化如图 7 – 31（c）所示，该振动曲线可分解为图 7 – 31（a）所示的自由振动和图 7 – 31（b）所示的强迫振动，而经过一段时间后，自由振动振幅逐渐衰减为零，则系统稳定的在振源的驱动下保持振动状态，其频率与振源频率相同。

3. 强迫振动的特征

强迫振动的主要特征如下：

（1）强迫振动是在外界周期性干扰力的作用下产生的，但振动本身并不能引起干扰力的变化；

（2）不管振动系统本身的固有频率如何，强迫振动的频率总是与外界干扰力的频率相同或者它的整数倍；

（3）强迫振动的振幅大小在很大程度上取决于干扰力的频率与系统固有频率的比值。当这一比值等于或接近于1时，振幅将达到最大值，这种现象通常称为"共振"；

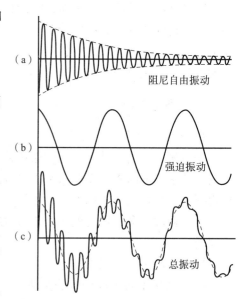

图 7 – 31 强迫振动振幅组成

（a）阻尼自由振动；（b）强迫振动；

（c）总振动

（4）强迫振动的振幅大小还与干扰力、系统刚度及其阻尼系数有关。干扰力越大，刚度及阻尼系数越小，则振幅越大。

4. 强迫振动的诊断

在机械加工过程中出现的持续振动有可能是强迫振动，也有可能是自激振动。要区别强迫振动与自激振动，最简便的方法是找出振动频率，一般情况下可以从工件上的振纹数推算出振动频率，而后与可能存在的振源频率相比较，如果两者一致或相近，则此振源可能就是引起振动的主要原因。

另外还可以采用测振仪器来测量机械加工过程中的振动频率和振幅。通过对加工现场中拾取的振动信号做频谱分析，确定强迫振动的频率成分。

正确测得振动频率以后，就要对整个工艺系统可能产生的强迫振动频率进行估算，并把频率数列表备查。凡是与测得的频率相近的可能振源，都要做仔细地检查和进一步的试验。

5. 减小强迫振动的措施和途径

一般来说，可采用下列措施：

（1）减小或消除振源的激振力。例如，精确平衡各回转零、部件，对电动机的转子和砂轮不但要做静平衡，还要进行动平衡。轴承的制造精度以及装配和调试质量常常对减小强迫振动有较大的影响；

（2）隔振。隔振是在振动的传递路线中安放具有弹性性能的隔振装置，使振源所产生的大部分振动由隔振装置来吸收，以减少振源对加工过程的干扰。如将机床安置在防振地基上及在振源与刀具和工件之间设置弹簧或橡皮垫片等；

（3）提高工艺系统的动刚度及阻尼。其目的是使强迫振动的频率远离系统的固有频率，如前所述使其避开共振区，使在 $\omega/\omega_0 \ll 1$ 或 $\omega/\omega_0 \gg 1$ 的情况下加工。刮研接触面来提高部件的接触刚度，调整镶条加强连接刚度等都会收到一定的效果；

（4）采用减震器和阻尼器。当在机床上使用上述方法仍无效时，可考虑使用减震器和阻尼器。

此外，常采用的减小冲击切削振动的途径还有：

（1）按照需要，改变刀具转速或改变机床结构，以保证刀具冲击频率远离机床共振频率及其倍数；

（2）增加刀具齿数；

（3）减小切削用量，以便减小切削力；

（4）设计不等齿距的端铣刀，可以明显减小冲击切削时引起的强迫振动。

需要指出，实际的振动系统往往是很复杂的多自由度系统。要精确描述这样系统的振动状态，理论上就需要多个独立的坐标，但为了研究方便，常将其简化为有限的自由度数，其中最简单的是两自由度系统。

振动理论证明，从单自由度系统过渡到两自由度系统，其振动特性发生了一些本质的变化，但从两自由度系统过渡到多自由度系统，在振动特性上没有本质的差别。只是自由度数越多，描述其振动特性的方程越多越复杂，计算过程越烦琐。为此，常用实验方法求振动系统的各个参数。

三、自激振动

1. 自激振动产生的原因

由振动系统本身引起的交变力作用而产生的振动称为自激振动。在大多数情况下，其振动频率与系统的固有频率相近。由于维持振动所需的交变力是由振动过程本身产生的，所以系统运动一停止，交变力也随之消失，自激振动也就停止。图 7 – 32 所示的框图说明了自激振动系统的四个环节。

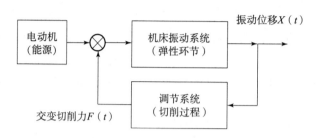

图 7 – 32　自激振动系统的四个环节

（1）不变的（非振动的）能源机构；

（2）控制进入振动系统能量的调节系统；

（3）振动系统；

（4）振动系统对调节系统的反馈，以此来控制进入系统能量的大小。

由此可见，自激振动系统是一个由振动系统和调节系统组成的闭环系统。振动系统的运动控制着调节系统的作用，而调节系统所产生的交变力又控制着振动系统的运动，两者相互作用，相互制约，形成了一个封闭的自振系统。

2. 关于自激振动的几种学说

关于机械加工过程中的自激振动，虽然进行了大量的研究，但至今还没有较成熟的理论来解释各种状态下产生自振的原因，现将几种主要的学说分别介绍如下。

1）再生颤振理论

在机械加工过程中，后一次走刀和前一次走刀的切削区有时会有重叠部分，图 5 – 17 所示为外圆磨削的情况。设砂轮宽度为 B，工件每转进给量为 f，砂轮前一转的磨削区和后一转的磨削区有重叠部分，其大小可用重叠系数 K 来表示，则

$$K = (B - f) / B$$

前后两次完全重叠时，$K = 1$，无重叠时，$K = 0$。在一般情况下，$0 < K < 1$。

在稳定切削过程中，由于随机因素的扰动，工件和刀具产生振动，从而在加工表面上留下了振痕，当第二次走刀时，刀具就在有波纹的表面上切削，从而使切削厚度有周期性的变化，引起了切削力的周期变化，产生了自激振动。

在切削过程中，前一次走刀和后一次走刀有如图 7 – 33 所示的三种情况。

图 7 – 33 中 Y_0 表示前一次走刀后的工件表面，Y 表示后一次走刀后的工件表面。

从图 7 – 33（a）可以看出，工件在前后两次走刀间没有相位差。因此，切削厚度基本保持不变，切削力保持稳定，不产生自激振动。

图 7 – 33（b）中，则表示了 Y 比 Y_0 滞后一个相位角 φ。因此，刀具切入时的半个周期

中的平均切削厚度比切出时的平均厚度小，因此，切入时平均切削力比切出时小。所以在一个周期中，切削力的正功大于负功，有多余的能量输入系统中，振动得以加强与维持。

图 7－33（c）与图 7－33（b）相反，Y 比 Y_0 超前了一个相位角 φ，切入时的平均厚度大于切出时的平均厚度。在一个周期中，切削力所做的负功大于正功，Y 就不断减小，不会产生自激振动。

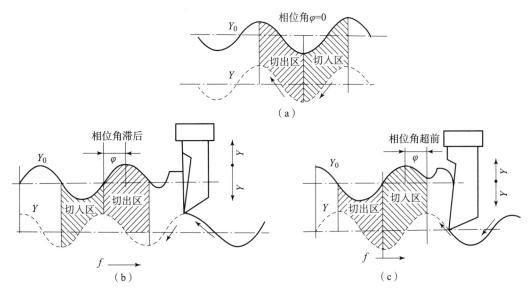

图 7－33　再生切削振动分析

2）负摩擦自振理论

在加工韧性钢材时，切削分力 F 随切削速度的增加而加大，当达到一定速度后，切削分力 F 随速度增加而下降。

由切削原理知，径向切削分力 F 的大小主要取决于切屑和刀具相对运动所产生的摩擦力，F 的改变主要是摩擦力的改变。摩擦力是随摩擦时的相对速度增加而减小的，这称为负摩擦特性。

在机械加工系统中，具有负摩擦特性的系统容易激发自激振动。图 7－34 所示为车削时的情况。

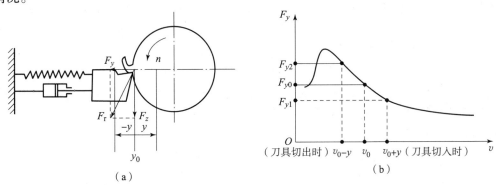

图 7－34　负摩擦自振原理
（a）车削加工示意图；（b）径向分力 F_y

图 7 - 34（a）是车削加工示意图，图 7 - 34（b）所示为径向分力 F_y，与切屑和刀具前面相对摩擦速度 v 的关系曲线。

在稳定切削时，刀具和切屑的相对滑动速度为 v_0。当刀具发生振动时，刀具前面和切屑的相对摩擦速度便要附加一个振动速度 y，刀具切入时，相对速度为 $v_0 + y$，刀具退出时，其相对速度为 $v_0 - y$，它们分别使径向分力由 F_{y0} 改变为 F_{y1}、F_{y2}。所以，刀具切入的半个周期中，切削力所做的负功小于刀具在切出时所做的正功。在一个振动周期中，便有多余的能量输入振动系统。

3）模态耦合自振理论

当在加工无切削振痕的表面时，如加工矩形螺纹的外圆时，在一定切削条件下，也会产生自激振动。振型耦合原理是以工艺系统作为一个多自由度系统，各个自由度上的振动相互联系而使系统获得能量，以维护其振动的一种假说。

模态耦合自振原理如图 7 - 35 所示。

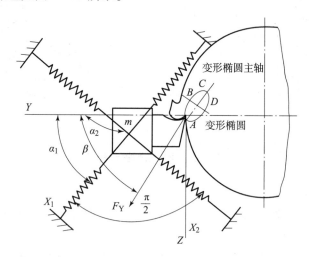

图 7 - 35　模态耦合自振原理

设切削过程中的工艺系统为具有两个自由度的二维振动系统。

质量为 m 的刀具和刀架系统分别以弹性系统数为 k_1 和 k_2 的两根互相垂直的弹簧支持着，并在（X_1）和（X_2）两个不同的方向上以频率 ω 做平面振动，由于 k_1、k_2 以及弹簧和切削力的方向等因素的组合影响，使刀尖的运动轨迹近似于图中的 $ABCD$ 椭圆。若振动时刀具沿着 ABC 的轨迹切入工件，它的运动方向和切削力 F_r 相反，切削力 F_r 做负功；若沿着 CDA 轨迹退出时，则切削力 F_r 做正功。由于切出时的切削深度比切入时大，切削力做的正功大于负功。在一个周期中，便有多余能量输入系统，支持并加强系统的自振。

若工件和刀具的相对运动轨迹沿着 $ADCB$ 的方向进行，则切削力 F_r 所做负功大于正功，振动无法维持，原有的振动会不断衰减。

3. 自激振动的特征

从上面的分析中不难看出，自激振动的特点主要有以下几方面：

（1）自激振动是一种不衰减的振动。外部振源在最初起触发作用，但维持振动所需的交变力是由振动过程本身产生的，所以系统运动一停止，交变力也随之消失，自激振动也就停止；

（2）自激振动的频率等于或接近于系统的固有频率；

（3）自激振动是否产生以及振幅的大小取决于振动系统在每周期内输入和消耗的能量的对比情况。

上述分析只强调了自激振动系统本身产生维持自激振动交变力的能力，只说明了产生自激振动的必要条件而不是充分的条件，因为振动系统的动态特性也对是否产生自激振动有着重要的影响。只有振动系统的动态特性具备了产生自激振动的条件，在交变力的作用下才会产生自激振动。否则即使有交变力的作用，也不一定会产生自激振动。对切削加工过程的自激振动而言，振动系统就是机床—刀具—工件所组成的工艺系统。

4. 减小和控制自激振动的主要措施

1）尽量减小重叠系数 μ

重叠系数 μ 直接影响再生效应的大小。重叠系数值又取决于加工方式、刀具的几何形状和切削用量等，图7-36列出了各种不同加工方式的 μ 值。车螺纹［图7-36（a）］时，$\mu=0$，工艺系统不会有再生型自激振动产生。切断加工［图7-36（b）］时，$\mu=1$，再生效应最大，对于一般外圆纵向车削［图7-36（d）］时，$\mu=0\sim1$，此时应通过改变切削用量和刀具几何形状，使 μ 尽量减小，以利于提高机床切削的稳定性。图7-36（c）就是用主偏角为 $90°$ 的车刀车外圆的情况，此时 $\mu=0$，工艺系统不会有再生型自激振动发生。

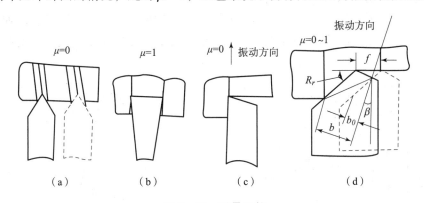

图7-36 重叠系数

（a）车螺纹；（b）切断加工；（c）主偏角为 $90°$ 的车刀车外圆；（d）外圆纵向车削

2）尽量增加切削阻尼

适当减小刀具的后角，可以加大工件和刀具后刀面之间的摩擦阻尼，对提高切削稳定性是有利的。但后角不宜过小，否则会引起负摩擦型自振。后角取 $2°\sim3°$ 较为适当，必要时还可以在后刀面上磨出带有负后角的消振棱，如图7-37所示。

在切削塑性金属时，应避免使用 $30\sim70$ m/min 的切削速度，以防止产生由于切削力的下降特性而引起的负摩擦型自激振动。

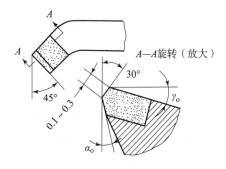

图7-37 消振棱

3）合理布置小刚度主轴的位置

图7-38（a）所示尾座结构小刚度主轴 x_1，刚好落在切削力 F 与 y 轴的夹角 β 范围内，

容易产生振型耦合型颤振。图7-38（b）所示尾座结构较好，小刚度主轴 x_1 落在 F 与 y 轴的夹角范围之外。除改进机床结构设计之外，合理安排刀具与工件的相对位置，也可以调整小刚度主轴的相对位置。

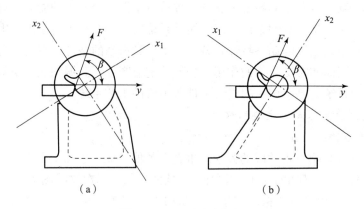

图7-38　两种尾座结构

x_1—小刚度主轴；x_2—大刚度主轴

4）提高工艺系统的刚度

在加工时，工件的刚度对加工稳定性也有极大的影响，尤其是在加工细长轴和薄壁盘时，更容易产生振动。如图7-39所示，工件越细长，刚度就越差，越容易引起振动。

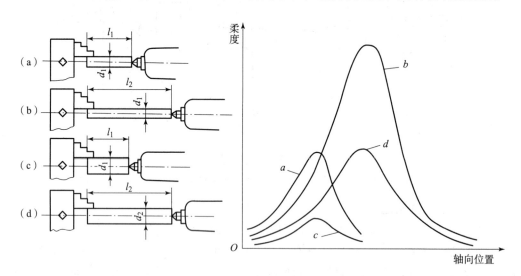

图7-39　工件尺寸与柔度曲线

对于提高机床结构系统的刚度，主要是准确地找出机床的薄弱环节，而后采取一定的措施来提高系统的抗振性。例如在上述情况下，应采用辅助支撑，在车床上可采用中心架或跟刀架。薄壁盘形零件一般可采用双面车床，在两边同时加工，以减少变形和振动。在镗床上加工时，刀杆也可采用支撑件，以提高刚度，减少振动。此外，薄弱环节的动柔度和固有频率，很大程度上受连接面接触刚度和接触阻尼的影响，故往往可以用刮研连接面，增强连接面刚度等方法，提高结构系统的抗振性。

5）增大工艺系统阻尼

由材料的内摩擦产生的阻尼称为材料的内阻尼。实验证明铸铁件的阻尼比大于焊接钢件，但远远小于混凝土或钢筋混凝土。由于铸铁比钢阻尼大，故机床上的床身、立柱等大型支撑件均用铸铁制造。此外，除了选用内阻较好的材料制造零件外，还可把高内阻材料附加到零件上去，如图 7-40 所示。

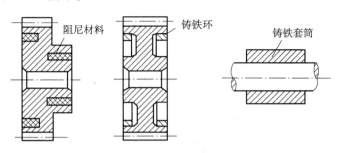

图 7-40　在零件上灌注阻尼材料和压入阻尼环

除内阻尼外，机床阻尼大多数来自零部件结合面间的摩擦阻尼，有时它可占总阻尼的90%。应通过各种途径提高结合面间的摩擦阻尼。对于机床的活动结合面，首先应当注意调整间隙，必要时可施加预紧力以增大摩擦力。实验证明，滚动轴承在无须加载荷作用且有间隙的情况下工作时，其阻尼比为 0.01~0.03；当有预加载荷而无间隙时，阻尼比可提高至0.02~0.03。

除了增加材料的内阻尼和结合面间的摩擦阻尼外，还可在机床振动系统上附加阻尼减震器。总之，阻尼问题是一个很重要的问题，而且是行之有效的一种消振方式，但是目前人们对阻尼的研究还很不够，急待开发。

6）采用各种消振减振措施

如果不能从根本上消除产生切削振动的条件，又无法有效地提高工艺系统的动态特性，为保证必要的加工质量和生产率，可以采用消振减振装置。常用的减震器有以下四种类型。

（1）阻尼减震器。它是利用固体或液体的摩擦阻尼来消耗振动能量从而达到减振的目的。图 7-41 所示为车床上用的一种液体摩擦阻尼减震器。

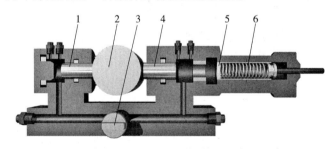

图 7-41　车床用液体摩擦阻尼减震器

1，4，5—活塞；2—工件；3—节流阀；6—弹簧

工件 2 振动时，活塞 1 和 4 要随工件一起振动，为此油液要从一腔挤入另一腔，节流阀用来调节阻尼的大小，由于油液流通时存在阻尼，因而能够减振。弹簧 6 是用来推动活塞 5而使活塞 1 和 4 压在工件上，它的弹力可由螺杆调节。

（2）摩擦减震器。它利用摩擦阻尼消耗振动能量。图 7 - 42 所示为滚齿机用的固体摩擦减震器，机床主轴与摩擦盘 4 相连，弹簧 3 使摩擦盘 4 与飞轮 1 间的摩擦垫 2 压紧，当摩擦盘 4 随主轴一起扭振时，因飞轮的惯性大，不可能与摩擦盘同步运动，飞轮与摩擦盘之间有相对转动，摩擦垫起了消耗能量的作用。此种减震器的减振效果与弹簧压力值关系甚大，压力太小，消耗的能量小，减振效果不大；压力太大，飞轮和摩擦盘之间的相对转动减小，消耗的能量也不大。因此，要用螺母 5 反复调节弹簧压力，以求获得最佳的消振效果。

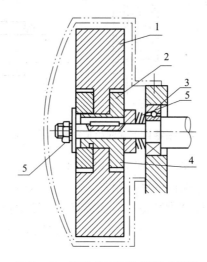

图 7 - 42　滚齿机用固体摩擦减震器

1—飞轮；2—摩擦垫；3—弹簧；4—摩擦盘；5—螺母

图 7 - 43 所示为一个装在车床尾架上的摩擦减震器。这种减震器靠填料圈的摩擦阻尼来减少车床尾架套筒和后顶尖的振动。

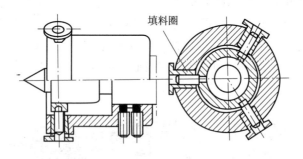

图 7 - 43　装在车床尾架上的摩擦减震器

（3）冲击减震器。冲击减震器是由一个与振动系统刚性连接的壳体和一个在体内可自立冲击的质量所组成。当系统振动时，出于质量反复地冲击壳体消耗了振动的能量，因而可以显著地消减振动。

冲击减震器虽有因碰撞产生噪声的缺点，但出于具有结构简单、重量轻、体积小等特点，在某些条件下减振效果好，以及在较大的频率范围内适用的优点，所以应用较广。特别适于减小高频振动的振幅，如用来减小镗杆从刀具的振动。

图 7 - 44 所示为冲击减震器应用的几个实例。

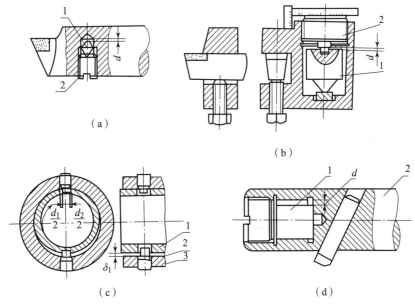

（a）

（b）

（c）　　　　　　　　　　　　　　（d）

图 7 – 44　冲击减震器应用实例

（a）冲击减震锉刀；1—冲击块；2—活塞；

（b）冲击减震车刀；1—冲击块；2—螺塞；

（c）消除扭转振动与横向振动的冲击减震器；

1—壳体；2—螺钉；3—冲击块；

（d）冲击减震镗杆；1—冲击块；2—镗杆

（4）动力减震器。它是用弹性元件 k_2 将一个附加质量 m_2 连接到主振系统 m_1、k_1 上，如图 7 – 45 所示，利用附加质量的动力作用，使其加到主振系统上的作用力（或力矩）与激振力（或力矩）大小相等、方向相反，从而达到抑制上振系统振动的目的。

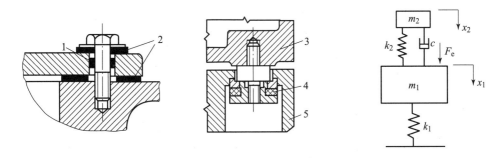

图 7 – 45　动力减震器

1—橡皮圈；2—橡皮垫；3—机床；4—弹簧阻尼元件；5—附加质量

复习思考题

1. 机械加工质量包括哪些具体内容？

2. 为什么机器零件总是从表面层开始破坏的？加工表面质量对机器使用性能有哪些影响？

3. 为什么提高砂轮速度能降低磨削表面的粗糙度数值，而提高工件速度却得到相反的结果？

4. 为什么在切削加工中一般都会产生冷作硬化现象？

5. 为什么切削速度增大，硬化现象减小？而进给量增大，硬化现象却增大？

6. 为什么刀具的切削刃钝圆半径增大及后刀面磨损增大，会使冷作硬化现象增大？而其前角增大，却使硬化现象减小了？

7. 在相同的切削条件下，为什么切削钢件比切削工业纯铁冷硬现象小？而切削钢件却比切削有色金属工件的冷硬现象大？

8. 什么是回火烧伤、淬火烧伤和退火烧伤？

9. 什么是强迫振动？它有哪些主要特征？

10. 如何诊断强迫振动的机内振源？

11. 什么是自激振动？它与强迫振动、自由振动相比，有哪些主要特征？

参 考 文 献

[1] 孙大涌. 先进制造技术 [M]. 北京：机械工业出版社，2000.

[2] 李伟光. 现代制造技术 [M]. 北京：机械工业出版社，2001.

[3] 机械工程手册编辑委员会. 机械工程手册：机械制造工艺及设备卷（二）[M]. 第2版. 北京：机械工业出版社，1997.

[4] 邓文英. 金属工艺学 [M]. 第5版. 北京：高等教育出版社，2008.

[5] 吴桓文. 工程材料及机械制造基础（Ⅲ）机械加工工艺基础 [M]. 北京：高等教育出版社，1990.

[6] 卢秉恒. 机械制造技术基础 [M]. 北京：机械工业出版社，1999.

[7] 张世昌，李旦，等. 机械制造技术基础 [M]. 北京：高等教育出版社，2001.

[8] 傅水根. 机械制造工艺基础（金属工艺学冷加工部分）[M]. 北京：清华大学出版社，1998.

[9] 李爱菊，工守成，等. 现代工程材料成形与制造工艺基础（下册）[M]. 北京：机械工业出版社，2001.

[10] 吉卫喜. 机械制造技术 [M]. 北京：机械工业出版社，2001.

[11] 胡传. 特种加工手册 [M]. 北京：北京工业大学出版社，2001.

[12] 金庆同. 特种加工 [M]. 北京：北京航空工业出版社，1988.

[13] 刘晋春，赵家齐. 特种加工（第2版）[M]. 北京：北京工业大学出版社，1994.

[14] 骆志斌. 金属工艺学 [M]. 北京：高等教育出版社，2000.

[15] 荆学俭，许本枢. 机械制造基础 [M]. 济南：山东大学出版社，1995.

[16] 李爱菊. 现代工程材料成形与机械制造基础 [M]. 北京：高等教育出版社，2005.

[17] 余承业，等. 特种加工新技术 [M]. 北京：国防工业出版社，1995.

[18] 钱易，郝吉明，吴天宝. 工业性环境污染的防治 [M]. 北京：中国科学技术出版社，1990.

[19] 肖锦. 城市污水处理及回用技术 [M]. 北京：化学工业出版社，2002.

[20] 陈汝龙. 环境工程概论 [M]. 上海：上海科学技术出版社，1986.

[21] 李锡川. 工业污染源控制 [M]. 北京：化学工业出版社，1987.

[22] 游海，林波. 工业生产污染与控制 [M]. 南昌：江西高校出版社，1990.

[23] 徐志毅. 环境保护技术和设备 [M]. 上海：上海交通大学出版社，1999.

［24］郑铭．环保设备原理设计应用［M］．北京：化学工业出版社，2001．

［25］谢家瀛．机械制造技术概论［M］．北京：机械工业出版社，2001．

［26］侯书林，朱海．机械制造基础（下册）——机械加工工艺基础［M］．北京：北京大学出版社，2006．

［27］杨宗德．机械制造技术基础［M］．北京：国防工业出版社，2006．

［28］周宏甫．机械制造技术基础［M］．北京：高等教育出版社，2004．

［29］隋秀凛．现代制造技术［M］．北京：高等教育出版社，2003．

［30］王隆太．现代制造技术［M］．北京：机械工业出版社，1998．

［31］周桂莲，付平．机械制造基础［M］．西安：西安电子科技大学出版社，2009．

［32］王启平．机械制造工艺学（第5版）［M］．哈尔滨：哈尔滨工业大学出版社，2005．

［33］王先奎．机械制造工艺学（第2版）［M］．北京：清华大学出版社，2010．

［34］付平．机械制造技术基础［M］．北京：化学工业出版社，2013．